从零开始学

明日科技　编著

JavaScript

全国百佳图书出版单位

化学工业出版社

·北京·

内容简介

本书从零基础读者的角度出发，通过通俗易懂的语言、丰富多彩的实例，循序渐进地让读者在实践中学习 JavaScript编程知识，并提升自己的实际开发能力。

全书共分为4篇25章，内容包括JavaScript简介、JavaScript语言基础、条件判断语句、循环控制语句、函数、自定义对象、Math对象和Date对象、数组、String对象、JavaScript事件处理、文档对象、表单对象、图像对象、文档对象模型（DOM）、Window对象、Style对象、JavaScript中使用XML、Ajax技术、jQuery基础、jQuery控制页面、jQuery的事件处理、jQuery的动画效果、Vue.js基础、幸运大抽奖、51购商城等。书中知识点讲解细致，侧重介绍每个知识点的使用场景，涉及的代码给出了详细的注释，可以使读者轻松领会JavaScript程序开发的精髓，快速提高开发技能。同时，本书配套了大量教学视频，扫码即可观看，还提供所有程序源文件，方便读者实践。

本书适合JavaScript初学者、软件开发入门者自学使用，也可用作高等院校相关专业的教材及参考书。

图书在版编目（CIP）数据

从零开始学 JavaScript / 明日科技编著 . —北京：
化学工业出版社，2022.3
　ISBN 978-7-122-40550-0

Ⅰ . ①从… Ⅱ . ①明… Ⅲ . ① JAVA 语言 – 网页制作工具 – 教材　Ⅳ . ① TP312 ② TP393.092

中国版本图书馆 CIP 数据核字（2022）第 000882 号

责任编辑：耍利娜　张　赛　　　　　　　文字编辑：林　丹　吴开亮
责任校对：边　涛　　　　　　　　　　　装帧设计：尹琳琳

出版发行：化学工业出版社（北京市东城区青年湖南街13号　邮政编码100011）
印　　装：河北鑫兆源印刷有限公司
787mm×1092mm　1/16　印张24　字数584千字　2022年6月北京第1版第1次印刷

购书咨询：010-64518888　　　　　　　售后服务：010-64518899
网　　址：http://www.cip.com.cn
凡购买本书，如有缺损质量问题，本社销售中心负责调换。

定　　价：99.00元　　　　　　　　　　　　　　　　　版权所有　违者必究

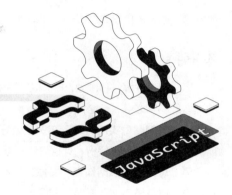

前　言

JavaScript 是 Web 开发的一种脚本编程语言，也是一种通用、跨平台、基于对象和事件驱动并具有安全性的脚本语言。它不需要进行编译，而是直接嵌入 HTML 页面中，即可把静态页面转变成支持用户交互并响应相应事件的动态页面。

本书内容

本书包含了学习 JavaScript 编程开发的各类必备知识，全书共分为 4 篇 25 章，结构如下。

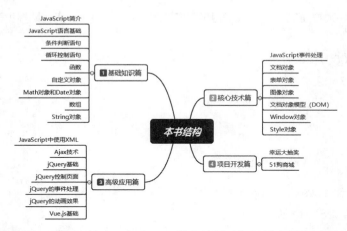

第 1 篇：基础知识篇。本篇主要对 JavaScript 语言的基础知识进行详解，包括 JavaScript 简介、JavaScript 语言基础、条件判断语句、循环控制语句、函数、自定义对象、Math 对象和 Date 对象、数组、String 对象等内容。

第 2 篇：核心技术篇。本篇主要讲解 JavaScript 的核心技术，包括 JavaScript 事件处理、文档对象、表单对象、图像对象、文档对象模型（DOM）、Window 对象、Style 对象等内容。

第 3 篇：高级应用篇。本篇主要包括 JavaScript 中使用 XML、Ajax 技术、jQuery 基础、jQuery 控制页面、jQuery 的事件处理、jQuery 的动画效果、Vue.js 基础等内容，通过本篇可以使读者熟悉 XML 技术、jQuery 技术，以及 Vue.js 框架技术。

第 4 篇：项目开发篇。学习编程的最终目的是进行开发，解决实际问题，本篇通过幸运大抽奖和 51

购商城这两个不同类型的项目，讲解如何使用所学的 JavaScript 知识开发项目。

本书特点

☑ **知识讲解详尽细致。**本书以零基础入门学员为对象，力求将知识点划分得更加细致，讲解更加详细，使读者能够学必会，会必用。

☑ **案例侧重实用有趣。**实例是最好的编程学习方式，本书在讲解知识时，通过有趣、实用的案例对所讲解的知识点进行解析，让读者不止学会知识，还能够知道所学知识的真实使用场景。

☑ **思维导图总结知识。**每章最后都使用思维导图总结本章重点知识，使读者能一目了然地回顾本章知识点，以及重点需要掌握的知识。

☑ **配套高清视频讲解。**本书资源包中提供了同步高清教学视频，读者可以通过这些视频更快速地学习，感受编程地快乐和成就感，增强进一步学习的信心，从而快速成为编程高手。

读者对象

☑ 初学编程的自学者

☑ 大中专院校的老师和学生

☑ 做毕业设计的学生

☑ 程序测试及维护人员

☑ 编程爱好者

☑ 相关培训机构的老师和学员

☑ 初、中、高级程序开发人员

☑ 参加实习的"菜鸟"程序员

读者服务

为了方便解决本书中的疑难问题，我们提供了多种服务方式，并由作者团队提供在线技术指导和社区服务，服务方式如下：

√ 企业 QQ：4006751066

√ QQ 群：515740997

√ 服务电话：400-67501966、0431-84978981

本书约定

开发环境及工具如下：

√ 操作系统：Windows 7、Windows 10 等。

√ 开发工具：WebStorm 2021.1。

致读者

本书由明日科技 JavaScript 程序开发团队组织编写，主要人员有王小科、申小琦、赵宁、李菁菁、何平、张鑫、周佳星、王国辉、李磊、赛奎春、杨丽、高春艳、冯春龙、张宝华、庞凤、宋万勇、葛忠月等。在编写过程中，我们以科学、严谨的态度，力求精益求精，但不足之处仍在所难免，敬请广大读者批评指正。

感谢您阅读本书，零基础编程，一切皆有可能，希望本书能成为您编程路上的敲门砖。

祝读书快乐！

编著者

目 录

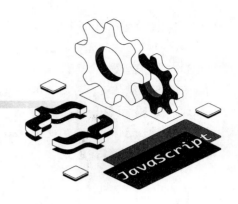

🌳 第1篇　基础知识篇

第 1 章　JavaScript 简介 / 2

▶视频讲解：6 节，50 分钟

第 2 章　JavaScript 语言基础 / 16

▶视频讲解：15 节，135 分钟

第3章　条件判断语句 / 37

▶视频讲解：5 节，49 分钟

第4章　循环控制语句 / 46

▶视频讲解：6 节，56 分钟

第5章　函数 / 55

▶视频讲解：13 节，80 分钟

第6章　自定义对象 / 70

▶视频讲解：8 节，71 分钟

第7章　Math 对象和 Date 对象 / 81

▶视频讲解：2 节，58 分钟

第8章　数组 / 91

▶视频讲解：14 节，111 分钟

第 9 章　String 对象 / 109

▶视频讲解：9 节，65 分钟

第 2 篇　核心技术篇

第 10 章　JavaScript 事件处理 / 124

▶视频讲解：13 节，45 分钟

第11章　文档对象 / 138

▶视频讲解：7 节，39 分钟

第12章　表单对象 / 146

▶视频讲解：7 节，46 分钟

第13章　图像对象 / 158

▶视频讲解：9 节，55 分钟

第 14 章 文档对象模型（DOM）/ 169

▶ 视频讲解：11 节，41 分钟

第 15 章 Window 对象 / 182

▶ 视频讲解：14 节，54 分钟

第 16 章 Style 对象 / 198

▶视频讲解：2 节，29 分钟

 第 3 篇 高级应用篇

第 17 章 JavaScript 中使用 XML / 220

▶视频讲解：8 节，40 分钟

第 18 章 Ajax 技术 / 234

第 19 章 jQuery 基础 / 247

第 4 篇　项目开发篇

第 24 章　幸运大抽奖 / 330

▶视频讲解：1 节，2 分钟

第 25 章　51 购商城 / 338

▶视频讲解：24 节，64 分钟

JavaScript

从零开始学 JavaScript

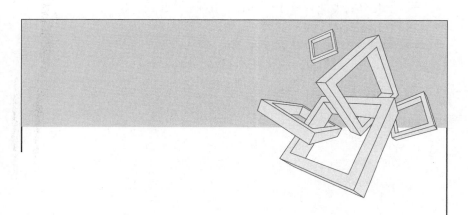

第1篇
基础知识篇

第 1 章

JavaScript 简介

扫码领取
- 配套视频
- 配套素材
- 学习指导
- 交流社群

 本章学习目标

- JavaScript 简述。
- 熟悉 WebStorm 的下载和安装步骤。
- 掌握 JavaScript 在 HTML 中的使用方法。
- 熟悉 JavaScript 的基本语法。

1.1 JavaScript 简述

JavaScript 是 Web 页面中的一种脚本编程语言，也是一种通用、跨平台、基于对象和事件驱动并具有安全性的脚本语言。它不需要进行编译，而是直接嵌入 HTML 页面中，把静态页面转变成支持用户交互并响应相应事件的动态页面。

（1）JavaScript 的起源

JavaScript 语言的前身是 LiveScript 语言。由美国 Netscape（网景）公司的布瑞登·艾克（Brendan Eich）为即将在 1995 年发布的 Navigator 2.0 浏览器的应用而开发的脚本语言。在与 Sun 公司联手及时完成了 LiveScript 语言的开发后，就在 Navigator 2.0 即将正式发布前，Netscape 公司将其改名为 JavaScript，也就是最初的 JavaScript 1.0 版本。虽然当时 JavaScript 1.0 版本还有很多缺陷，但拥有着 JavaScript 1.0 版本的 Navigator 2.0 浏览器几乎主宰着浏览器市场。

因为 JavaScript 1.0 如此成功，所以 Netscape 公司在 Navigator 3.0 中发布了 JavaScript 1.1 版本。同时微软开始进军浏览器市场，发布了 Internet Explorer 3.0 并搭载了一个 JavaScript 的类似版本，其注册名称为 JScript，这成为 JavaScript 语言发展过程中的重要一步。

在微软进入浏览器市场后，此时有 3 种不同的 JavaScript 版本同时存在：Navigator 中的 JavaScript、IE 中的 JScript 以及 CEnvi 中的 ScriptEase。与其他编程语言不同的是，JavaScript 并没有一个标准来统一其语法或特性，而这 3 种不同的版本恰恰突出了这个问题。1997 年，JavaScript 1.1 版本作为一个草案提交给欧洲计算机制造商协会（ECMA）。最终由来自 Netscape、Sun、微软、Borland 和其他一些对脚本编程感兴趣的公司的程序员组成了 TC39 委员会，该委员会被委派来标准化一个通用、跨平台、中立于厂商的脚本语言的语法和语义。TC39 委员会制定了"ECMAScript 程序语言的规范书"（又称为"ECMA-262 标准"），该标准通过国际标准化组织 (ISO) 采纳通过，作为各种浏览器生产开发所使用的脚本程序的统一标准。

（2）JavaScript 的主要特点

JavaScript 脚本语言的主要特点如下。

◆ 解释性。JavaScript 不同于一些编译性的程序语言（例如 C、C++ 等），它是一种解释性的程序语言，它的源代码不需要经过编译，而是直接在浏览器中运行时被解释。

◆ 基于对象。JavaScript 是一种基于对象的语言。这意味着它能运用自己已经创建的对象。因此，许多功能可以来自脚本环境中对象的方法与脚本的相互作用。

◆ 事件驱动。JavaScript 可以直接对用户或客户输入做出响应，无须经过 Web 服务程序。它对用户的响应，是以事件驱动的方式进行的。所谓事件驱动，就是指在主页中执行了某种操作所产生的动作，此动作称为"事件"。比如按下鼠标、移动窗口、选择菜单等都可以视为事件。当事件发生后，可能会引起相应的事件响应。

◆ 跨平台。JavaScript 依赖于浏览器本身，与操作环境无关，只要计算机能运行浏览器并支持 JavaScript 就可以正确执行。

◆ 安全性。JavaScript 是一种安全性语言，它不允许访问本地的硬盘，并不能将数据存入服务器上，不允许对网络文档进行修改和删除，只能通过浏览器实现信息浏览或动态交互。这样可有效地防止数据的丢失。

（3）JavaScript 的应用

使用 JavaScript 脚本实现的动态页面，在 Web 上随处可见。下面将介绍几种 JavaScript 常见的应用。

◆ 验证用户输入的内容。使用 JavaScript 脚本语言可以在客户端对用户输入的数据进行验证。例如在制作用户注册信息页面时，要求用户输入确认密码，以确定用户输入密码是否准确。如果用户在"确认密码"文本框中输入的信息与"密码"文本框中输入的信息不同，将弹出相应的提示信息，如图 1.1 所示。

◆ 动画效果。在浏览网页时，经常会看到一些动画效果，使页面显得更加生动。使用 JavaScript 脚本语言也可以实现动画效果，例如在页面中实现下雪的效果，如图 1.2 所示。

图 1.1　验证两次密码是否相同

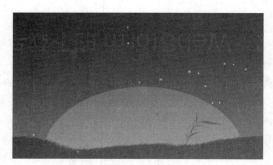

图 1.2　动画效果

◆ 窗口的应用。在打开网页时经常会看到一些浮动的广告窗口，这些广告窗口是网站最大的盈利手段。我们也可以通过 JavaScript 脚本语言来实现，如图 1.3 所示的广告窗口。

◆ 文字特效。使用 JavaScript 脚本语言可以使文字实现多种特效。例如使文字旋转，如图 1.4 所示。

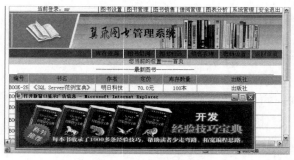

图 1.3　窗口的应用

图 1.4　文字特效

◆ 明日学院应用的 jQuery 效果。在明日学院的"读书"栏目中，应用 jQuery 实现了滑动显示和隐藏子菜单的效果。当鼠标单击某个主菜单时，将滑动显示相应的子菜单，而其他子菜单将会滑动隐藏，如图 1.5 所示。

◆ 京东网上商城应用的 jQuery 效果。在京东网上商城的话费充值页面，应用 jQuery 实现了标签页的效果。当鼠标单击"话费快充"选项卡时，标签页中将显示话费快充的相关内容，如图 1.6 所示，当鼠标单击其他选项卡时，标签页中将显示相应的内容。

图 1.5　明日学院应用的 jQuery 效果

图 1.6　京东网上商城应用的 jQuery 效果

◆ 应用 Ajax 技术实现百度搜索提示。在百度首页的搜索文本框中输入要搜索的关键字时，下方会自动给出相关提示。如果给出的提示有符合要求的内容，可以直接选

图 1.7　百度搜索提示页面

择，这样可以方便用户。例如，输入"明日科"后，在下面将显示如图 1.7 所示的提示信息。

1.2　WebStorm 的下载与安装

编辑 JavaScript 程序可以使用任何一种文本编辑器，如 Windows 中的记事本、写字板等应用软件。由于 JavaScript 程序可以嵌入 HTML 文件中，因此，读者可以使用任何一种编辑 HTML 文件的工具软件，如 WebStorm 和 Dreamweaver 等。由于本书使用的编写工具为 WebStorm，因此这里只对该工具进行介绍。

WebStorm 是 JetBrains 公司旗下一款 JavaScript 开发工具。软件支持不同浏览器的提示，还包括所有用户自定义的函数（项目中）。代码补全包含了所有流行的库，比如 jQuery、YUI、Dojo、Prototype 等。被广大中国 JavaScript 开发者誉为"Web 前端开发神器""最强大的 HTML5 编辑器""最智能的 JavaScript IDE"等。由于 WebStorm 的版本会不断更新，因此这里以目前的最新版本 WebStorm 2021.1（以下简称 WebStorm）为例，介绍 WebStorm 的下载和安装。

（1）WebStorm 的下载

WebStorm 的不同版本可以通过官方网站进行下载。下载 WebStorm 的步骤如下。

① 在浏览器的地址栏中输入"https://www.jetbrains.com/webstorm"，按下"Enter"键进入 WebStorm 的主页面，如图 1.8 所示。

② 单击图 1.8 中右上角的 "Download" 按钮，进入 WebStorm 的下载页面，如图 1.9 所示。

图 1.8　WebStorm 的主页面

图 1.9　WebStorm 的下载页面

③ 单击图 1.9 中的 "Download" 按钮，弹出下载对话框，如图 1.10 所示。单击对话框中的 "保存文件" 按钮即可将 WebStorm 的安装文件下载到本地计算机上。

图 1.10　弹出下载对话框

（2）WebStorm 的安装

① WebStorm 下载完成后，双击 "WebStorm-2021.1.exe" 安装文件，打开 WebStorm 的安装欢迎界面，如图 1.11 所示。

② 单击图 1.11 中的 "Next" 按钮，打开 WebStorm 的选择安装路径界面，如图 1.12 所示。在该界面中可以设置 WebStorm 的安装路径，这里将安装路径设置为 "E:\WebStorm 2021.1"。

图 1.11　WebStorm 安装欢迎界面

图 1.12　WebStorm 选择安装路径界面

③ 单击图 1.12 中的 "Next" 按钮，打开 WebStorm 的安装选项界面，如图 1.13 所示。在该界面中可以设置是否创建 WebStorm 的桌面快捷方式，以及选择创建关联文件。

④ 单击图 1.13 中的 "Next" 按钮，打开 WebStorm 的选择开始菜单文件夹界面，如图 1.14 所示。

⑤ 单击图 1.14 中的 "Install" 按钮开始安装 WebStorm，正在安装界面如图 1.15 所示。

⑥ 安装结束后会打开如图 1.16 所示的完成安装界面，在该界面中选中 "I want to manually reboot later" 前面的单选按钮，然后单击 "Finish" 按钮完成安装。

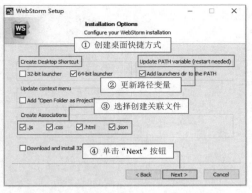

图 1.13　WebStorm 安装选项界面

图 1.14　WebStorm 选择开始菜单文件夹界面

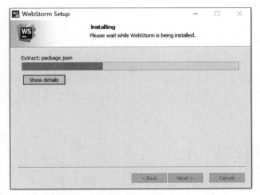

图 1.15　WebStorm 正在安装界面

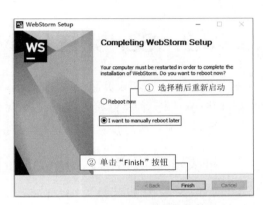

图 1.16　WebStorm 完成安装界面

⑦ 单击桌面上的 "WebStorm 2021.1 x64" 快捷方式运行 WebStorm。在首次运行 WebStorm 时会弹出如图 1.17 所示的对话框，提示用户是否需要导入 WebStorm 之前的设置，这里选择 "Do not import settings"。

⑧ 单击图 1.17 中的 "OK" 按钮，打开 WebStorm 的许可证激活界面，如图 1.18 所示。由于 WebStorm 是收费软件，因此这里选择的是 30 天试用版。如果读者想使用正式版可以通过官方渠道购买。

图 1.17　是否导入 WebStorm 设置提示对话框

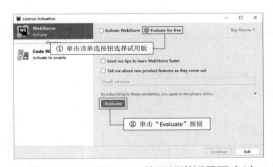

图 1.18　WebStorm 许可证激活界面（1）

⑨ 单击图 1.18 中的 "Evaluate for free" 单选按钮选择 30 天试用版，然后单击 "Evaluate" 按钮，此时会打开如图 1.19 所示的界面，单击 "Continue" 按钮，此时将会打开 WebStorm 的欢迎界面，如图 1.20 所示。这时就表示 WebStorm 启动成功。

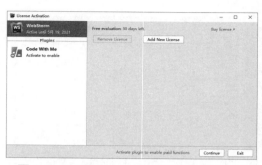

图 1.19　WebStorm 许可证激活界面（2）

图 1.20　WebStorm 欢迎界面

1.3　JavaScript 在 HTML 中的使用

通常情况下，在 Web 页面中使用 JavaScript 有以下三种方法：一种是在页面中直接嵌入 JavaScript 代码，另一种是链接外部 JavaScript 文件，还有一种是作为特定标签的属性值使用。下面分别对这三种方法进行介绍。

1.3.1　在页面中直接嵌入 JavaScript 代码

在 HTML 文档中可以使用 <script>…</script> 标记将 JavaScript 脚本嵌入到其中，在 HTML 文档中可以使用多个 <script> 标记，每个 <script> 标记中可以包含多个 JavaScript 的代码集合，并且各个 <script> 标记中的 JavaScript 代码之间可以相互访问，如同将所有代码放在一对 <script>…</script> 标签之中的效果。<script> 标记常用的属性及说明如表 1.1 所示。

表 1.1　<script> 标记常用的属性及说明

属性	说明
language	设置所使用的脚本语言及版本
src	设置一个外部脚本文件的路径位置
type	设置所使用的脚本语言，此属性已代替 language 属性
defer	此属性表示当 HTML 文档加载完毕后再执行脚本语言

◆ language 属性。language 属性指定在 HTML 中使用的哪种脚本语言及其版本。language 属性使用的格式如下。

```
<script language="JavaScript1.5">
```

👑 说明：

如果不定义 language 属性，浏览器默认脚本语言为 JavaScript 1.0 版本。

◆ src 属性。src 属性用来指定外部脚本文件的路径，外部脚本文件通常使用 JavaScript 脚本，其扩展名为 .js。src 属性使用的格式如下。

```
<script src="01.js">
```

◆ type 属性。type 属性用来指定 HTML 中使用的是哪种脚本语言及其版本，自 HTML 4.0 标准开始，推荐使用 type 属性来代替 language 属性。type 属性使用格式如下。

```
<script type="text/javascript">
```

◆ defer 属性。defer 属性的作用是当文档加载完毕后再执行脚本，当脚本语言不需要立即运行时，设置 defer 属性后，浏览器将不必等待脚本语言装载。这样页面加载会更快。但当有一些脚本需要在页面加载过程中或加载完成后立即执行时，就不需要使用 defer 属性。defer 属性使用格式如下。

```
<script defer>
```

 [实例 1.1]　　　　　　　　　　　　　　（源码位置：资源包 \Code\01\01）

编写第一个 JavaScript 程序

编写第一个 JavaScript 程序，在 WebStorm 工具中直接嵌入 JavaScript 代码，在页面中输出"我喜欢学习 JavaScript"。具体步骤如下。

① 启动 WebStorm，如果还未创建过任何项目，会弹出如图 1.21 所示的对话框。

② 单击图 1.21 中的"New Project"选项弹出创建新项目对话框，如图 1.22 所示。在对话框中输入项目名称"Code"，并选择项目存储路径，将项目文件夹存储在计算机中的 E 盘，然后单击 Create 按钮创建项目。

图 1.21　WebStorm 欢迎界面

图 1.22　创建新项目对话框

③ 在项目名称"Code"上单击鼠标右键，然后依次选择"New"→"Directory"选项，如图 1.23 所示。

④ 单击"Directory"选项，弹出新建目录对话框，如图 1.24 所示，在文本框中输入新建目录的名称"01"作为本章实例文件夹，然后单击键盘中的"Enter"键，完成文件夹的创建。

⑤ 按照同样的方法，在文件夹 01 下创建第一个实例文件夹 01。

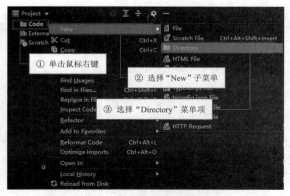

图 1.23　在项目中创建目录

⑥ 在第一个实例文件夹 01 上单击鼠标右键，然后依次选择"New"→"HTML File"选项，如图 1.25 所示。

图1.24　输入新建目录名称　　　　　　　图1.25　在文件夹下创建 HTML 文件

⑦ 单击"HTML File"选项，弹出新建 HTML 文件对话框，如图 1.26 所示，在文本框中输入新建文件的名称"index"，然后单击键盘中的"Enter"键，完成 index.html 文件的创建。此时，开发工具会自动打开刚刚创建的文件，结果如图 1.27 所示。

图1.26　新建 HTML 文件对话框　　　　　　图1.27　打开新创建的文件

⑧ 在 <title> 标记中将标题设置为"第一个 JavaScript 程序"，在 <body> 标记中编写 JavaScript 代码，如图 1.28 所示。

使用谷歌浏览器运行"E:\Code\01\01"目录下的 index.html 文件，在浏览器中将会查看到运行结果，如图 1.29 所示。

图1.28　在 WebStorm 中编写的 JavaScript 代码　　　图1.29　程序运行结果

说明:

① <script> 标记可以放在 Web 页面的 <head></head> 标记中，也可以放在 <body></body> 标记中。

② 脚本中使用的 document.write 是 JavaScript 语句，其功能是直接在页面中输出括号中的内容。

1.3.2　链接外部 JavaScript 文件

在 Web 页面中引入 JavaScript 的另一种方法是采用链接外部 JavaScript 文件的形式。如果代码比较复杂或是同一段代码可以被多个页面所使用，则可以将这些代码放置在一个单独的文件中（保存文件的扩展名为 .js），然后在需要使用该代码的 Web 页面中链接该 JavaScript 文件即可。

在 Web 页面中链接外部 JavaScript 文件的语法格式如下：

```
<script type="text/javascript" src="javascript.js"></script>
```

 说明:

如果外部 JavaScript 文件保存在本机中，src 属性可以是绝对路径或是相对路径；如果外部 JavaScript 文件保存在其他服务器中，src 属性需要指定绝对路径。

[实例 1.2]　　　　　　　　　　　　　　　　　　　（源码位置：资源包 \Code\01\02 ）

调用外部 JavaScript 文件

在 HTML 文件中调用外部 JavaScript 文件，运行时在页面中显示对话框，对话框中输出"我喜欢学习 JavaScript"。具体步骤如下。

① 在本章实例文件夹 01 下创建第二个实例文件夹 02。

② 在文件夹 02 上单击鼠标右键，然后依次选择"New"→"JavaScript File"选项，如图 1.30 所示。

图 1.30　在文件夹下创建 JavaScript 文件

③ 单击"JavaScript File"选项，弹出新建 JavaScript 文件对话框，如图 1.31 所示，在文本框中输入 JavaScript 文件的名称"index"，然后单击键盘中的"Enter"键，完成 index.js 文件的创建。此时，开发工具会自动打开刚刚创建的文件。

图 1.31　新建 JavaScript 文件对话框

④ 在 index.js 文件中编写 JavaScript 代码，代码如图 1.32 所示。

图 1.32　index.js 文件中的代码

11

👑 说明：

　　代码中使用的 alert 是 JavaScript 语句，其功能是在页面中弹出一个对话框，对话框中显示括号中的内容。

　　⑤ 在 02 文件夹下创建 index.html 文件，在该文件中调用外部 JavaScript 文件 index.js，代码如图 1.33 所示。

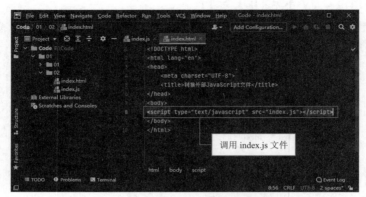

图 1.33　调用外部 JavaScript 文件

　　使用谷歌浏览器运行 "E:\Code\01\02" 目录下的 index.html 文件，结果如图 1.34 所示。

图 1.34　程序运行结果

👑 注意：

　　① 在外部 JavaScript 文件中，不能将代码用 <script> 和 </script> 标记括起来。
　　② 在使用 src 属性引用外部 JavaScript 文件时，<script></script> 标签中不能包含其他 JavaScript 代码。
　　③ 在 <script> 标签中使用 src 属性引用外部 JavaScript 文件时，</script> 结束标签不能省略。

1.3.3　作为标签的属性值使用

　　在 JavaScript 脚本程序中，有些 JavaScript 代码可能需要立即执行，而有些 JavaScript 代码可能需要单击某个超链接或者触发了一些事件（如单击按钮）之后才会执行。下面介绍将 JavaScript 代码作为标签的属性值使用。

（1）通过 "javascript:" 调用

　　在 HTML 中，可以通过 "javascript:" 的方式来调用 JavaScript 的函数或方法。示例代码如下：

```
<a href="javascript:alert(' 您单击了测试超链接 ')"> 测试 </a>
```

　　在上述代码中通过使用 "javascript:" 来调用 alert() 方法，但该方法并不是在浏览器解析到 "javascript:" 时就立刻执行，而是在单击该超链接时才会执行。

（2）与事件结合调用

JavaScript 可以支持很多事件，事件可以影响用户的操作。比如单击鼠标左键、按下键盘或移动鼠标等。与事件结合，可以调用执行 JavaScript 的方法或函数。示例代码如下：

```
<input type="button" value=" 测试 " onclick="alert(' 您单击了测试按钮 ')">
```

在上述代码中，onclick是单击事件，意思是当单击对象时将会触发JavaScript的方法或函数。

1.4　JavaScript 基本语法

JavaScript 作为一种脚本语言，其语法规则和其他语言有相同之处也有不同之处。下面简单介绍 JavaScript 的一些基本语法。

（1）执行顺序

JavaScript 程序按照在 HTML 文件中出现的顺序逐行执行。如果需要在整个 HTML 文件中执行（如函数、全局变量等），最好将其放在 HTML 文件的 <head>...</head> 标记中。某些代码，比如函数体内的代码，不会被立即执行，只有当所在的函数被其他程序调用时，该代码才会被执行。

（2）大小写敏感

JavaScript 对字母大小写是敏感（严格区分字母大小写）的，也就是说，在输入语言的关键字、函数名、变量以及其他标识符时，都必须采用正确的大小写形式。例如，变量 username 与变量 userName 是两个不同的变量，这一点要特别注意，因为同属于与 JavaScript 紧密相关的 HTML 是不区分大小写的，所以很容易混淆。

> 注意：
> HTML 并不区分大小写。由于 JavaScript 和 HTML 紧密相连，因此这一点很容易混淆。许多 JavaScript 对象和属性都与其代表的 HTML 标签或属性同名，在 HTML 中，这些名称可以以任意的大小写方式输入而不会引起混乱，但在 JavaScript 中，这些名称通常都是小写的。例如，HTML 中的事件处理器属性 ONCLICK 通常被声明为 onClick 或 OnClick，而在 JavaScript 中只能使用 onclick。

（3）空格与换行

在 JavaScript 中会忽略程序中的空格、换行和制表符，除非这些符号是字符串或正则表达式中的一部分。因此，可以在程序中随意使用这些特殊符号来进行排版，让代码更加易于阅读和理解。

JavaScript 中的换行有"断句"的意思，即换行能判断一个语句是否已经结束。如以下代码表示两个不同的语句。

```
01  m = 10
02  return true
```

如果将第二行代码写成

```
01  return
02  true
```

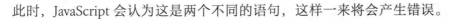

此时，JavaScript 会认为这是两个不同的语句，这样一来将会产生错误。

（4）每行结尾的分号可有可无

与 Java 语言不同，JavaScript 并不要求必须以英文分号（;）作为语句的结束标记。如果语句的结束处没有分号，JavaScript 会自动将该行代码的结尾作为语句的结尾。

例如，下面的两行代码都是正确的。

```
01   alert(" 欢迎访问明日学院！ ")
02   alert(" 欢迎访问明日学院！ ");
```

👑 注意：

最好的代码编写习惯是在每行代码的结尾处加上分号，这样可以保证每行代码的准确性。

（5）注释

为程序添加注释可以起到以下两种作用。

① 可以解释程序某些语句的作用和功能，使程序更易于理解，通常用于代码的解释说明。

② 可以用注释来暂时屏蔽某些语句，使浏览器对其暂时忽略，等需要时再取消注释，这些语句就会发挥作用，通常用于代码的调试。

JavaScript 提供了两种注释符号："//" 和 "/*…*/"。其中，"//" 用于单行注释，"/*…*/" 用于多行注释。多行注释符号分为开始和结束两部分，即在需要注释的内容前输入 "/*"，同时在注释内容结束后输入 "*/" 表示注释结束。下面是单行注释和多行注释的示例。

```
01   // 这是单行注释
02   /* 多行注释的第一行
03    多行注释的第二行
04    ……
05   */
06   /* 多行注释在一行 */
```

本章知识思维导图

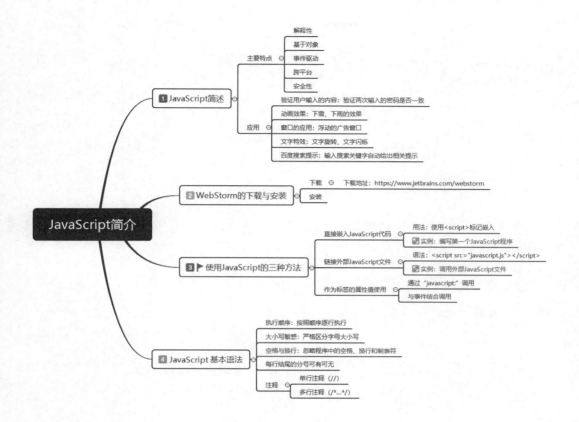

第 2 章

JavaScript 语言基础

 本章学习目标

- 熟悉 JavaScript 中的数据类型。
- 掌握 JavaScript 中的变量。
- 熟悉 JavaScript 运算符的使用。
- 了解数据类型的转换规则。

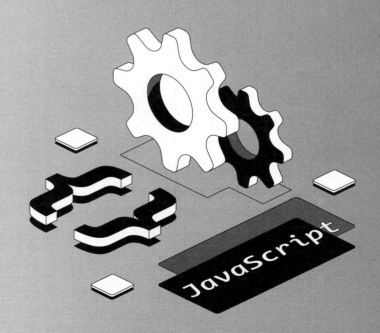

2.1 数据类型

每一种编程语言都有自己所支持的数据类型。JavaScript 的数据类型分为基本数据类型和复合数据类型。关于复合数据类型中的对象、数组和函数等，将在后面的章节进行介绍。在本节中，将详细介绍 JavaScript 的基本数据类型。JavaScript 的基本数据类型有数值型、字符串型、布尔型以及两个特殊的数据类型。

2.1.1 数值型

数值型（number）是 JavaScript 中最基本的数据类型。在 JavaScript 中，和其他程序设计语言（如 C 和 Java）的不同之处在于，它并不区别整型数值和浮点型数值。在 JavaScript 中，所有的数值都是由浮点型表示的。JavaScript 采用 IEEE 754 标准定义的 64 位浮点格式表示数字，这意味着它能表示的最大值是 ±1.7976931348623157e+308，最小值是 5e-324。

当一个数字直接出现在 JavaScript 程序中时，我们称它为数值直接量（numericliteral）。JavaScript 支持数值直接量的形式有几种，下面将对这几种形式进行详细介绍。

> 👑 **注意：**
> 在任何数值直接量前加负号（-）可以构成它的负数。但是负号是一元求反运算符，它不是数值直接量语法的一部分。

（1）十进制

在 JavaScript 程序中，十进制的整数是一个由 0~9 组成的数字序列。例如：

```
0
16
-21
```

JavaScript 的数字格式允许精确地表示 -900719925474092（-2^{53}）和 900719925474092（2^{53}）之间的所有整数 [包括 -900719925474092（-2^{53}）和 900719925474092（2^{53}）]。但是使用超过这个范围的整数，就会失去尾数的精确性。需要注意的是，JavaScript 中的某些整数运算是对 32 位的整数执行的，它们的范围为 -2147483648（-2^{31}）～ 2147483647（$2^{31}-1$）。

（2）十六进制

JavaScript 不但能够处理十进制的整型数据，还能识别十六进制（以 16 为基数）的数据。所谓十六进制数据，是以 "0X" 或 "0x" 开头，其后跟随十六进制的数字序列。十六进制的数字可以是 0 ～ 9 中的某个数字，也可以是 a（A）～ f（F）中的某个字母，它们用来表示 0 ～ 15 之间（包括 0 和 15）的某个值，下面是十六进制整型数据的例子：

```
0xff
0X123
0xCCEE66
```

（3）八进制

尽管 ECMAScript 标准不支持八进制数据，但是 JavaScript 的某些实现却允许采用八进制（基数为 8）格式的整型数据。八进制数据以数字 0 开头，其后跟随一个数字序列，这个序列中的每个数字都在 0 ～ 7 之间（包括 0 和 7），例如：

```
07
0263
```

由于某些 JavaScript 实现支持八进制数据，而有些则不支持，所以最好不要使用以 0 开头的整型数据，因为不知道某个 JavaScript 的实现是将其解释为十进制，还是解释为八进制。

（4）浮点型数据

浮点型数据可以具有小数点，它的表示方法有以下两种。

① 传统计数法　传统计数法是将一个浮点数分为整数部分、小数点和小数部分，如果整数部分为 0，可以省略整数部分。例如：

```
1.7
96.3265
.365
```

② 科学计数法　此外，还可以使用科学计数法表示浮点型数据，即实数后跟随字母 e 或 E，后面加上一个带正号或负号的整数指数，其中正号可以省略。例如：

```
8e+3
2.63e10
1.234E-9
```

👑 说明：

在科学计数法中，e（或 E）后面的整数表示 10 的指数次幂，因此，这种计数法表示的数值等于前面的实数乘以 10 的指数次幂。

（5）特殊值 Infinity

在 JavaScript 中有一个特殊的数值 Infinity（无穷大），如果一个数值超出了 JavaScript 所能表示的最大值的范围，JavaScript 就会输出 Infinity；如果一个数值超出了 JavaScript 所能表示的最小值的范围，JavaScript 就会输出 -Infinity。例如：

```
01  document.write(1/0);              // 输出 1 除以 0 的值
02  document.write("<br>");           // 输出换行标记
03  document.write(-1/0);             // 输出 -1 除以 0 的值
```

运行结果为：

```
Infinity
-Infinity
```

（6）特殊值 NaN

JavaScript 中还有一个特殊的数值 NaN（Not a Number 的简写），即"非数字"。在进行数学运算时产生了未知的结果或错误，JavaScript 就会返回 NaN，它表示该数学运算的结果是一个非数字。例如，用 0 除以 0 的输出结果就是 NaN，代码如下：

```
document.write(0/0);                  // 输出 0 除以 0 的值
```

运行结果为：

```
NaN
```

2.1.2　字符串型

字符串（string）是由 0 个或多个字符组成的序列，它可以包含大小写字母、数字、标点符号或其他字符，也可以包含汉字。它是 JavaScript 用来表示文本的数据类型。程序中的字符串型数据是包含在单引号或双引号中的，由单引号定界的字符串中可以含有双引号，由双引号定界的字符串中也可以含有单引号。

👑 说明：

空字符串不包含任何字符，也不包含任何空格，用一对引号表示，即 "" 或 "。

例如：

① 单引号括起来的字符串，代码如下：

```
'Hello JavaScript'
'mingrisoft@mingrisoft.com'
```

② 双引号括起来的字符串，代码如下：

```
" "
"Hello JavaScript"
```

③ 单引号定界的字符串中可以含有双引号，代码如下：

```
'abc"efg'
'Hello "JavaScript"'
```

④ 双引号定界的字符串中可以含有单引号，代码如下：

```
"I'm a legend"
"You can call me 'Jack'!"
```

👑 注意：

包含字符串的引号必须匹配，如果字符串前面使用的是双引号，那么在字符串后面也必须使用双引号，反之都使用单引号。

有的时候，字符串中使用的引号会产生匹配混乱的问题。例如：

```
" 字符串是包含在单引号 ' 或双引号 " 中的 "
```

对于这种情况，必须使用转义字符。JavaScript 中的转义字符是 "\"，通过转义字符可以在字符串中添加不可显示的特殊字符，或者防止引号匹配混乱的问题。例如，字符串中的单引号可以使用 "\'" 来代替，双引号可以使用 "\"" 来代替。因此，上面一行代码可以写成如下的形式：

```
" 字符串是包含在单引号 \' 或双引号 \" 中的 "
```

JavaScript 常用的转义字符如表 2.1 所示。

表 2.1　JavaScript 常用的转义字符

转义字符	描述	转义字符	描述
\b	退格	\v	垂直制表符
\n	换行符	\r	回车符
\t	水平制表符，Tab 空格	\\	反斜杠
\f	换页	\OOO	八进制整数，范围 000~777
\'	单引号	\xHH	十六进制整数，范围 00~FF
\"	双引号	\uhhhh	十六进制编码的 Unicode 字符

例如，在 alert 语句中使用转义字符"\n"的代码如下：

```
alert(" 网站前端核心技术: \nHTML\nCSS\nJavaScript"); // 输出换行字符串
```

图 2.1　换行输出字符串

运行结果如图 2.1 所示。

由图 2.1 可知，转义字符"\n"在警告框中会产生换行，但是在 document.write(); 语句中使用转义字符时，只有将其放在格式化文本块中才会起作用，所以脚本必须放在 <pre> 和 </pre> 的标签内。

例如，下面是应用转义字符使字符串换行，程序代码如下：

```
01  document.write("<pre>");                    // 输出 <pre> 标记
02  document.write(" 轻松学习 \nJavaScript 语言！"); // 输出换行字符串
03  document.write("</pre>");                    // 输出 </pre> 标记
```

运行结果为：

```
轻松学习
JavaScript 语言！
```

如果上述代码不使用 <pre> 和 </pre> 的标签，则转义字符不起作用，代码如下：

```
document.write(" 轻松学习 \nJavaScript 语言！");    // 输出字符串
```

运行结果为：

```
轻松学习 JavaScript 语言！
```

 [实例 2.1]

（源码位置：资源包 \Code\02\01 ）

输出奥尼尔的中文名、英文名和别名

在 <pre> 和 </pre> 的标签内使用转义字符，分别输出前 NBA 球星奥尼尔的中文名、英文名以及别名，关键步骤如下。

① 在文件夹 Code 下创建本章实例文件夹 02，然后，在该文件夹下创建第一个实例文件夹 01。

② 在 01 文件夹下创建 index.html 文件，在文件中编写 JavaScript 代码，该文件的完整代码如下。

```
01  <!DOCTYPE html>
```

```
02  <html lang="en">
03  <head>
04      <meta charset="UTF-8">
05  <title>输出奥尼尔的中文名、英文名和别名</title>
06  <style type="text/css">
07  *{
08  font-size:18px;}
09  </style>
10  </head>
11  <body>
12  <script type="text/javascript">
13      document.write('<pre>');// 输出 <pre> 标记
14      document.write(' 中文名: 沙奎尔·奥尼尔 ');              // 输出奥尼尔中文名
15      document.write('\n 英文名: Shaquille O\'Neal');        // 输出奥尼尔英文名
16      document.write('\n 别名: 大鲨鱼 ');                     // 输出奥尼尔别名
17      document.write('</pre>');                              // 输出 </pre> 标记
18  </script>
19  </body>
20  </html>
```

实例运行结果如图 2.2 所示。

由上面的实例可以看出，在单引号定义的字符串内出现单引号，必须进行转义才能正确输出。

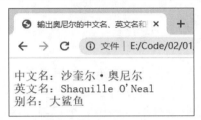

👑 说明：

在后面的实例中只给出关键代码，完整代码请参考本书附带光盘。

图 2.2　输出奥尼尔的中文名、英文名和别名

2.1.3　布尔型

数值数据类型和字符串数据类型的值都无穷多，但是布尔数据类型只有两个值，一个是 true（真），一个是 false（假），它说明了某个事物是真还是假。

布尔值通常在 JavaScript 程序中用来作为比较所得的结果。例如：

```
n==10
```

这行代码测试了变量 n 的值是否和数值 1 相等。如果相等，比较的结果就是布尔值 true，否则结果就是 false。

布尔值通常用于 JavaScript 的控制结构。例如，JavaScript 的 if/else 语句就是在布尔值为 true 时执行一个动作，而在布尔值为 false 时执行另一个动作。通常将一个创建布尔值与使用这个比较的语句结合在一起。例如：

```
01  if (n==10)                      // 如果 n 的值等于 10
02      m=m+10;                     //m 的值加 10
03  else
04      n=n+10;                     //n 的值加 10
```

本段代码检测了 n 是否等于 10。如果相等，就给 m 的值加 10，否则给 n 的值加 10。

有时候可以把两个可能的布尔值看作是"on（true）"和"off（false）"，或者看作是"yes（true）"和"no（false）"，这样比将它们看作是"true"和"false"更为直观。有时候把它们看作是 1（true）和 0（false）会更加有用（实际上 JavaScript 确实是这样做的，在必要时

会将 true 转换成 1，将 false 转换成 0）。

2.1.4　特殊数据类型

（1）未定义值

未定义值就是 undefined，表示变量还没有赋值（如 var a;）。

（2）空值（null）

JavaScript 中的关键字 null 是一个特殊的值，它表示为空值，用于定义空的或不存在的引用。这里必须要注意的是：null 不等同于空的字符串（""）或 0。当使用对象进行编程时可能会用到这个值。

由此可见，null 与 undefined 的区别是，null 表示一个变量被赋予了一个空值，而 undefined 则表示该变量尚未被赋值。

2.2　变量

每一种计算机语言都有自己的数据结构。在 JavaScript 中，变量是数据结构的重要组成部分。本节将介绍变量的概念以及变量的使用方法。

变量是指程序中一个已经命名的存储单元，它的主要作用就是为数据操作提供存放信息的容器。变量是相对常量而言的。常量是一个不会改变的固定值，而变量的值可能会随着程序的执行而改变。变量有两个基本特征，即变量名和变量值。为了便于理解，可以把变量看作是一个贴着标签的盒子，标签上的名字就是这个变量的名字（即变量名），而盒子里面的东西就相当于变量的值。对于变量的使用首先必须明确变量的命名、变量的声明、变量的赋值以及变量的类型。

2.2.1　变量的命名

JavaScript 变量的命名规则如下：

◆ 必须以字母或下画线开头，其他字符可以是数字、字母或下画线。

◆ 变量名不能包含空格或加号、减号等符号。

◆ JavaScript 的变量名是严格区分大小写的。例如，UserName 与 username 代表两个不同的变量。

◆ 不能使用 JavaScript 中的关键字。JavaScript 中的关键字如表 2.2 所示。

👑 说明：

JavaScript 关键字（Reserved Words）是指在 JavaScript 语言中有特定含义，成为 JavaScript 语法中一部分的那些字。JavaScript 关键字是不能作为变量名和函数名使用的。使用 JavaScript 关键字作为变量名或函数名，会使 JavaScript 在载入过程中出现语法错误。

表 2.2　JavaScript 的关键字

abstract	continue	finally	instanceof	private	this
boolean	default	float	int	public	throw

续表

break	do	for	interface	return	typeof
byte	double	function	long	short	true
case	else	goto	native	static	var
catch	extends	implements	new	super	void
char	false	import	null	switch	while
class	final	in	package	synchronized	with

👑 说明:

虽然 JavaScript 的变量可以任意命名, 但是在进行编程的时候, 最好还是使用便于记忆且有意义的变量名称, 以提高程序的可读性。

2.2.2　变量的声明

在 JavaScript 中, 使用变量前需要先声明变量, 所有的 JavaScript 变量都由关键字 var 声明, 语法格式如下:

```
var variablename;
```

variablename 是声明的变量名, 例如, 声明一个变量 username, 代码如下:

```
var username;                          // 声明变量 username
```

另外, 可以使用一个关键字 var 同时声明多个变量, 例如:

```
var i,j,k;                             // 同时声明 i、j 和 k 三个变量
```

2.2.3　变量的赋值

在声明变量的同时也可以使用等号 (=) 对变量进行初始化赋值, 例如, 声明一个变量 lesson 并对其进行赋值, 值为一个字符串 "从零开始学 JavaScript", 代码如下:

```
var lesson=" 从零开始学 JavaScript";      // 声明变量并进行初始化赋值
```

另外, 还可以在声明变量之后再对变量进行赋值, 例如:

```
01  var lesson;                        // 声明变量
02  lesson=" 从零开始学 JavaScript";       // 对变量进行赋值
```

在 JavaScript 中, 变量可以不先声明而直接对其进行赋值。例如, 给一个未声明的变量赋值, 然后输出这个变量的值, 代码如下:

```
01  str = " 这是未声明的变量 ";            // 给未声明的变量赋值
02  document.write(str);                // 输出变量的值
```

运行结果为:

```
这是未声明的变量
```

虽然在 JavaScript 中可以给一个未声明的变量直接进行赋值, 但是建议在使用变量前就对其声明, 因为声明变量的最大好处就是能及时发现代码中的错误。由于 JavaScript 是采用

动态编译的，而动态编译是不易于发现代码中的错误的，特别是变量命名方面的错误。

👑 常见错误：

　　使用变量时忽略了字母的大小写。例如，下面的代码在运行时就会产生错误。

```
01  var name = " 张无忌 ";                    // 声明变量并赋值
02  document.write(NAME);                      // 输出变量 NAME 的值
```

上述代码中，定义了一个变量 name，但是在使用 document.write 语句输出变量的值时忽略了字母的大小写，因此在运行结果中就会出现错误。

👑 说明：

　　① 如果只是声明了变量，并未对其赋值，则其值默认为 undefined。
　　② 可以使用 var 语句重复声明同一个变量，也可以在重复声明变量时为该变量赋一个新值。

例如，定义一个未赋值的变量 a 和一个进行重复声明的变量 b，并输出这两个变量的值，代码如下：

```
01  var a;                                     // 声明变量 a
02  var b = "Hello JavaScript";                // 声明变量 b 并初始化
03  var b = " 从零开始学 JavaScript";          // 重复声明变量 b
04  document.write(a);                         // 输出变量 a 的值
05  document.write("<br>");                    // 输出换行标记
06  document.write(b);                         // 输出变量 b 的值
```

运行结果为：

```
undefined
从零开始学 JavaScript
```

👑 注意：

　　在 JavaScript 中的变量必须要先定义后使用，没有定义过的变量不能直接使用。

👑 常见错误：

　　直接输出一个未定义的变量。例如，下面的代码在运行时就会产生错误。

```
document.write(n);                             // 输出未定义的变量 n 的值
```

上述代码中，并没有定义变量 n，却使用 document.write 语句直接输出 n 的值，因此在运行结果中就会出现错误。

2.2.4 变量的类型

变量的类型是指变量的值所属的数据类型，可以是数值型、字符串型和布尔型等，因为 JavaScript 是一种弱类型的程序语言，所以可以把任意类型的数据赋值给变量。

例如：先将一个数值型数据赋值给一个变量，在程序运行过程中，可以将一个字符串型数据赋值给同一个变量，代码如下：

```
01  var num=10;                                // 定义数值型变量
02  num="飞雪连天射白鹿 " ;                    // 定义字符串型变量
```

[实例 2.2]　　　　　　　　　　　　　（源码位置：资源包 \Code\02\02 ）

输出球员信息

迈克尔 · 乔丹是前 NBA 最著名的篮球运动员之一。将乔丹的别名、身高、总得分、主要成就以及场上位置分别定义在不同的变量中，并输出这些信息，关键代码如下：

```
01  <h1 style="font-size:24px;">迈克尔 · 乔丹 </h1>
02  <script type="text/javascript">
03  var alias = " 飞人 ";                      // 定义别名变量
04  var height = 198;                         // 定义身高变量
05  var score = 32292;                        // 定义总得分变量
06  var achievement = "6 次 NBA 总冠军 ";       // 定义主要成就变量
07  var position = " 得分后卫 ";               // 定义场上位置变量
08  document.write(" 别名: ");                 // 输出字符串
09  document.write(alias);                    // 输出变量 alias 的值
10  document.write("<br> 身高: ");             // 输出换行标记和字符串
11  document.write(height);                   // 输出变量 height 的值
12  document.write(" 厘米 <br> 总得分: ");      // 输出换行标记和字符串
13  document.write(score);                    // 输出变量 score 的值
14  document.write(" 分 <br> 主要成就: ");      // 输出换行标记和字符串
15  document.write(achievement);              // 输出变量 achievement 的值
16  document.write("<br> 场上位置: ");          // 输出换行标记和字符串
17  document.write(position);                 // 输出变量 position 的值
18  </script>
```

实例运行结果如图 2.3 所示。

图 2.3　输出球员信息

2.3　运算符

运算符也称为操作符，它是完成一系列操作的符号。运算符用于将一个或几个值进行计算而生成一个新的值，对其进行计算的值称为操作数，操作数可以是常量或变量。

JavaScript 的运算符按操作数的个数可以分为单目运算符、双目运算符和三目运算符；按运算符的功能可以分为算术运算符、比较运算符、赋值运算符、字符串运算符、逻辑运算符、条件运算符和其他运算符。

2.3.1　算术运算符

算术运算符用于在程序中进行加、减、乘、除等运算。在 JavaScript 中常用的算术运算符如表 2.3 所示。

表 2.3　JavaScript 中的算术运算符

运算符	描述	示例
+	加运算符	3+6 //返回值为 9
−	减运算符	5-2 //返回值为 3
*	乘运算符	3*9 //返回值为 27
/	除运算符	15/3 //返回值为 5
%	求模运算符	10%4 //返回值为 2

运算符	描述	示例

++	自增运算符。该运算符有两种情况：i++（在使用i之后，使i的值加1）；++i（在使用i之前，先使i的值加1）	i=1;j=i++ //j的值为1，i的值为2
		i=1;j=++i //j的值为2，i的值为2

——	自减运算符。该运算符有两种情况：i——（在使用i之后，使i的值减1）；——i（在使用i之前，先使i的值减1）	i=6;j=i—— //j的值为6，i的值为5
		i=6;j=——i //j的值为5，i的值为5

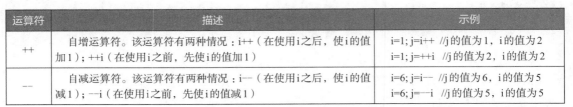

[实例 2.3]

将华氏度转换为摄氏度

（源码位置：资源包 \Code\02\03）

美国使用华氏度来作为计量温度的单位。将华氏度转换为摄氏度的公式为"摄氏度 = 5 / 9×（华氏度 −32）"。假设纽约市的当前气温为 59 华氏度，分别输出该城市以华氏度和摄氏度表示的气温。关键代码如下：

```
01  <h2> 纽约市当前气温 </h2>
02  <script type="text/javascript">
03  var degreeF=59;                              // 定义表示华氏度的变量
04  var degreeC=0;                               // 初始化表示摄氏度的变量
05  degreeC=5/9*(degreeF-32);                    // 将华氏度转换为摄氏度
06  document.write(" 华氏度: "+degreeF+"&deg;F");  // 输出华氏度表示的气温
07  document.write("<br> 摄氏度: "+degreeC+"&deg;C"); // 输出摄氏度表示的气温
08  </script>
```

本实例运行结果如图 2.4 所示。

👑 注意：

在使用"/"运算符进行除法运算时，如果被除数不是 0，除数是 0，得到的结果为 Infinity；如果被除数和除数都是 0，得到的结果为 NaN。

👑 说明：

"+"除了可以作为算术运算符之外，还可用于字符串连接的字符串运算符。

图 2.4　输出以华氏度和摄氏度表示的气温

2.3.2　字符串运算符

字符串运算符是用于两个字符串型数据之间的运算符，它的作用是将两个字符串连接起来。在 JavaScript 中，可以使用 + 和 += 运算符对两个字符串进行连接运算。其中，+ 运算符用于连接两个字符串，而 += 运算符则连接两个字符串，并将结果赋给第一个字符串。表 2.4 给出了 JavaScript 中的字符串运算符。

表 2.4　JavaScript 中的字符串运算符

运算符	描述	示例
+	连接两个字符串	" 从零开始学 "+"JavaScript"
+=	连接两个字符串并将结果赋给第一个字符串	var name = " 从零开始学 " name += "JavaScript"// 相当于 name = name+" JavaScript"

[实例 2.4]

（源码位置：资源包 \Code\02\04）

字符串运算符的使用

将电影《功夫》的影片名称、导演、类型、主演和票房分别定义在变量中，应用字符串运算符对多个变量和字符串进行连接并输出。代码如下：

```
01  <script type="text/javascript">
02  var movieName,director,type,actor,boxOffice;    // 声明变量
03  movieName = " 功夫 ";                            // 定义影片名称
04  director = " 周星驰 ";                           // 定义影片导演
05  type = " 喜剧、动作 ";                           // 定义影片类型
06  actor = " 周星驰、黄圣依 ";                      // 定义影片主演
07  boxOffice = 1.73;                               // 定义影片票房
08  alert(" 影片名称: "+movieName+"\n 导演: "+director+"\n 类型: "+type+"\n 主演: "+actor+"\n 票房: "+boxOffice+" 亿元 ");                            // 连接字符串并输出
09  </script>
```

运行代码，结果如图 2.5 所示。

👑 说明：

　　JavaScript 脚本会根据操作数的数据类型来确定表达式中的 "+" 是算术运算符还是字符串运算符。在两个操作数中只要有一个是字符串类型，那么这个 "+" 就是字符串运算符，而不是算术运算符。

图 2.5　对多个字符串进行连接

👑 常见错误：

使用字符串运算符对字符串进行连接时，字符串变量未进行初始化。例如下面的代码：

```
01  var str;                          // 正确代码: var str="";
02  str+=" 从零开始学 ";              // 连接字符串
03  str+="JavaScript";               // 连接字符串
04  document.write(str);             // 输出变量的值
```

上述代码中，在声明变量 str 时并没有对变量初始化，这样在运行时会出现不想要的结果。

2.3.3　比较运算符

比较运算符的基本操作过程是：首先对操作数进行比较，这个操作数可以是数字也可以是字符串，然后返回一个布尔值 true 或 false。在 JavaScript 中常用的比较运算符如表 2.5 所示。

表 2.5　JavaScript 中的比较运算符

运算符	描述	示例
<	小于	3<6 //返回值为 true
>	大于	7>13 //返回值为 false
<=	小于等于	100<=100 //返回值为 true
>=	大于等于	32>=36 //返回值为 false
==	等于。只根据表面值进行判断，不涉及数据类型	"15"==15 //返回值为 true
===	绝对等于。根据表面值和数据类型同时进行判断	"15"===15 //返回值为 false
!=	不等于。只根据表面值进行判断，不涉及数据类型	"15"!=15 //返回值为 false
!==	不绝对等于。根据表面值和数据类型同时进行判断	"15"!==15 //返回值为 true

常见错误：

对操作数进行比较时，将比较运算符"=="写成"="。例如下面的代码：

```
01  var a=100;                          // 声明变量并初始化
02  document.write(a=100);              // 正确代码：document.write(a==100);
```

上述代码中，在对操作数进行比较时使用了赋值运算符"="，而正确的比较运算符应该是"=="。

[实例 2.5]　　　　　　　　　　　　　　　　　　（源码位置：资源包 \Code\02\05）

比较运算符的使用

应用比较运算符实现两个数值之间的大小比较。代码如下：

```
01  <script type="text/javascript">
02  var age = 20;                       // 定义变量
03  document.write("age 变量的值为："+age);   // 输出字符串和变量的值
04  document.write("<p>");              // 输出换行标记
05  document.write("age>18: ");         // 输出字符串
06  document.write(age>18);             // 输出比较结果
07  document.write("<br>");             // 输出换行标记
08  document.write("age<18: ");         // 输出字符串
09  document.write(age<18);             // 输出比较结果
10  document.write("<br>");             // 输出换行标记
11  document.write("age==18: ");        // 输出字符串
12  document.write(age==18);            // 输出比较结果
13  </script>
```

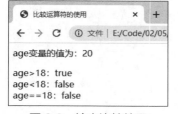

图 2.6　输出比较结果

运行本实例，结果如图 2.6 所示。

比较运算符也可用于两个字符串之间的比较，返回结果同样是一个布尔值 true 或 false。当比较两个字符串 A 和 B 时，JavaScript 会首先比较 A 和 B 中的第一个字符，例如第一个字符的 ASCII 码值分别是 a 和 b，如果 a 大于 b，则字符串 A 大于字符串 B，否则字符串 A 小于字符串 B。如果第一个字符的 ASCII 码值相等，就比较 A 和 B 中的下一个字符，以此类推。如果每个字符的 ASCII 码值都相等，那么字符数多的字符串大于字符数少的字符串。

例如，在下面字符串的比较中，结果都是 true。

```
01  document.write("abc"=="abc");       // 输出比较结果
02  document.write("ac"<"bc");          // 输出比较结果
03  document.write("abcd">"abc");       // 输出比较结果
```

2.3.4　赋值运算符

JavaScript 中的赋值运算可以分为简单赋值运算和复合赋值运算。简单赋值运算是将赋值运算符（=）右边表达式的值保存到左边的变量中；而复合赋值运算混合了其他操作（例如算术运算操作）和赋值操作。例如：

```
sum+=i;                                 // 等同于 sum=sum+i;
```

JavaScript 中的赋值运算符如表 2.6 所示。

表2.6　JavaScript 中的赋值运算符

运算符	描述	示例
=	将右边表达式的值赋给左边的变量	userName="张三"
+=	将运算符左边的变量加上右边表达式的值赋给左边的变量	m+=n //相当于m=m+n
-=	将运算符左边的变量减去右边表达式的值赋给左边的变量	m-=n //相当于m=m-n
*=	将运算符左边的变量乘以右边表达式的值赋给左边的变量	m*=n //相当于m=m*n
/=	将运算符左边的变量除以右边表达式的值赋给左边的变量	m/=n //相当于m=m/n
%=	将运算符左边的变量用右边表达式的值求模，并将结果赋给左边的变量	m%=n //相当于m=m%n

[实例 2.6]

（源码位置：资源包 \Code\02\06）

赋值运算符的使用

应用赋值运算符实现两个数值之间的运算并输出结果。代码如下：

```
01  <script type="text/javascript">
02  var a = 5;                                // 定义变量
03  var b = 6;                                // 定义变量
04  document.write("a=5,b=6");                 // 输出 a 和 b 的值
05  document.write("<p>");                     // 输出段落标记
06  document.write("a+=b 运算后: ");           // 输出字符串
07  a+=b;                                      // 执行运算
08  document.write("a="+a);                    // 输出此时变量 a 的值
09  document.write("<br>");                    // 输出换行标记
10  document.write("a-=b 运算后: ");           // 输出字符串
11  a-=b;                                      // 执行运算
12  document.write("a="+a);                    // 输出此时变量 a 的值
13  document.write("<br>");                    // 输出换行标记
14  document.write("a*=b 运算后: ");           // 输出字符串
15  a*=b;                                      // 执行运算
16  document.write("a="+a);                    // 输出此时变量 a 的值
17  document.write("<br>");                    // 输出换行标记
18  document.write("a/=b 运算后: ");           // 输出字符串
19  a/=b;                                      // 执行运算
20  document.write("a="+a);                    // 输出此时变量 a 的值
21  document.write("<br>");                    // 输出换行标记
22  document.write("a%=b 运算后: ");           // 输出字符串
23  a%=b;                                      // 执行运算
24  document.write("a="+a);                    // 输出此时变量 a 的值
25  </script>
```

运行本实例，结果如图 2.7 所示。

2.3.5　逻辑运算符

逻辑运算符用于对一个或多个布尔值进行逻辑运算。在 JavaScript 中有 3 个逻辑运算符，如表 2.7 所示。

图 2.7　输出赋值运算结果

表 2.7　逻辑运算符

运算符	描述	示例
&&	逻辑与	m && n //当m和n都为真时，结果为真，否则为假
||	逻辑或	m || n //当m为真或者n为真时，结果为真，否则为假
!	逻辑非	!m //当m为假时，结果为真，否则为假

 [实例 2.7]

（源码位置：资源包 \Code\02\07）

逻辑运算符的使用

应用逻辑运算符对逻辑表达式进行运算并输出结果。代码如下：

```
01  <script type="text/javascript">
02  var num = 30;                              // 定义变量
03  document.write("num="+num);                // 输出变量的值
04  document.write("<p>num>10 && num<20 的结果: ");  // 输出字符串
05  document.write(num>10 && num<20);          // 输出运算结果
06  document.write("<br>num>10 || num<20 的结果: ");  // 输出字符串
07  document.write(num>10 || num<20);          // 输出运算结果
08  document.write("<br>!num<20 的结果: ");      // 输出字符串
09  document.write(!num<20);                   // 输出运算结果
10  </script>
```

本实例运行结果如图 2.8 所示。

2.3.6　条件运算符

条件运算符是 JavaScript 支持的一种特殊的三目运算符，其语法格式如下：

表达式 ? 结果 1: 结果 2

图 2.8　输出逻辑运算结果

如果"表达式"的值为 true，则整个表达式的结果为"结果 1"，否则为"结果 2"。

例如：定义两个变量，值都为 100，然后判断两个变量是否相等，如果相等则输出"相等"，否则输出"不相等"，代码如下：

```
01  var a=100;                                 // 定义变量
02  var b=100;                                 // 定义变量
03  document.write(a==b?" 相等 ":" 不相等 ");   // 应用条件运算符进行判断并输出结果
```

运行结果为：

相等

 [实例 2.8]

（源码位置：资源包 \Code\02\08 ）

条件运算符的使用

如果某年的年份值是 4 的倍数并且不是 100 的倍数，或者该年份值是 400 的倍数，那么这一年就是闰年。应用条件运算符判断 2021 年是否是闰年。代码如下：

```
01  <script type="text/javascript">
```

```
02   var year = 2021;                          // 定义年份变量
03                                              // 应用条件运算符进行判断
04   result = (year%4 == 0 && year%100 != 0) || (year%400 == 0)?" 是闰年 ":" 不是闰年 ";
05   alert(year+" 年 "+result);                 // 输出判断结果
06   </script>
```

本实例运行结果如图 2.9 所示。

2.3.7　其他运算符

图 2.9　判断 2021 年是否是闰年

（1）逗号运算符

逗号运算符用于将多个表达式排在一起，整个表达式的值为最后一个表达式的值。
例如：

```
01   var a,b,c,d;                              // 声明变量
02   a=(b=5,c=6,d=9);                          // 使用逗号运算符为变量 a 赋值
03   alert("a 的值为 "+a);                     // 输出变量 a 的值
```

执行上面的代码，运行结果如图 2.10 所示。

（2）typeof 运算符

typeof 运算符用于判断操作数的数据类型。
它可以返回一个字符串，该字符串说明了操作数
是什么数据类型。这对于判断一个变量是否已被定义特别有用。其语法格式如下：

图 2.10　输出变量 a 的值

```
typeof  操作数
```

不同类型的操作数使用 typeof 运算符的返回值如表 2.8 所示。

表 2.8　不同类型数据使用 typeof 运算符的返回值

数 据 类 型	返回值	数 据 类 型	返回值
数值	number	null	object
字符串	string	对象	object
布尔值	boolean	函数	function
undefined	undefined		

例如，应用 typeof 运算符分别判断 4 个变量的数据类型，代码如下：

```
01   var a,b,c,d;                              // 声明变量
02   a=16;                                      // 为变量赋值
03   b="JavaScript";                            // 为变量赋值
04   c=true;                                    // 为变量赋值
05   d=null;                                    // 为变量赋值
06   alert("a 的类型为 "+(typeof a)+"\nb 的类型为 "+(typeof b)+"\nc 的类型为 "+(typeof c)+"\nd 的类型
     为 "+(typeof d));                          // 输出变量的类型
```

执行上面的代码，运行结果如图 2.11 所示。

（3）new 运算符

在 JavaScript 中有很多内置对象，如字符串对象、日

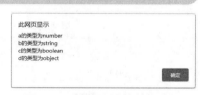

图 2.11　输出不同的数据类型

期对象和数值对象等，通过 new 运算符可以用来创建一个新的内置对象实例。

语法：

```
对象实例名称 = new 对象类型（参数）
对象实例名称 = new 对象类型
```

当创建对象实例时，如果没有用到参数，则可以省略圆括号，这种省略方式只限于 new 运算符。

例如：应用 new 运算符来创建新的对象实例，代码如下：

```
01  myObj = new Object;                        // 创建自定义对象
02  Arr = new Array();                         // 创建数组对象
03  date = new Date("2021/10/10");             // 创建日期对象
```

2.3.8　运算符优先级

JavaScript 运算符都有明确的优先级与结合性。优先级较高的运算符将先于优先级较低的运算符进行运算。结合性则是指具有同等优先级的运算符将按照怎样的顺序进行运算。JavaScript 运算符的优先级顺序及其结合性如表 2.9 所示。

表 2.9　JavaScript 运算符的优先级与结合性

优先级	结合性	运算符
最高	向左	.、[ ]、( )
由高到低依次排列		++、--、-、!、delete、new、typeof、void
	向左	*、/、%
	向左	+、-
	向左	<<、>>、>>>
	向左	<、<=、>、>=、in、instanceof
	向左	==、!=、===、!===
	向左	&
	向左	^
	向左	|
	向左	&&
	向左	||
	向右	?:
	向右	=
	向右	*=、/=、%=、+=、-=、<<=、>>=、>>>=、&=、^=、|=
最低	向左	,

例如，下面的代码显示了运算符优先顺序的作用。

```
01  var a;                          // 声明变量
02  a = 20-(5+6)<10&&20>10;         // 为变量赋值
03  alert(a);                       // 输出变量的值
```

运行结果如图 2.12 所示。

图 2.12　输出结果（1）

当在表达式中连续出现的几个运算符优先级相同时，其运算的优先顺序由其结合性决定。结合性有向左结合和向右结合，例如，由于运算符"+"是左结合的，因此在计算表达式"a+b+c"的值时，会先计算"a+b"，即"(a+b)+c"；而赋值运算符"="是右结合的，因此在计算表达式"a=b=1"的值时，会先计算"b=1"。下面的代码说明了"="的右结合性。

```
01  var m = 1;                          // 声明变量并赋值
02  n=m=100;                            // 对变量 n 赋值
03  alert("n="+n);                      // 输出变量 n 的值
```

运行结果如图 2.13 所示。

图 2.13　输出结果（2）

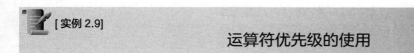

[实例 2.9]　（源码位置：资源包 \Code\02\09）

运算符优先级的使用

假设手机原来的话费余额是 10 元，通话资费为 0.2 元 / 分钟，流量资费为 0.5 元 / 兆，在使用了 10 兆流量后，计算手机话费余额还可以进行多长时间的通话。代码如下：

```
01  <script type="text/javascript">
02  var balance = 10;                              // 定义手机话费余额变量
03  var call = 0.2;                                // 定义通话资费变量
04  var traffic = 0.5;                             // 定义流量资费变量
05  var minutes = (balance-traffic*10)/call;       // 计算余额可通话分钟数
06  document.write(" 手机话费余额还可以通话 "+minutes+" 分钟 ");  // 输出字符串
07  </script>
```

运行结果如图 2.14 所示。

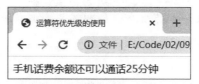

图 2.14　输出手机话费余额可以进行通话的分钟数

2.4　表达式

表达式是运算符和操作数组合而成的式子，表达式的值就是对操作数进行运算后的结果。

由于表达式是以运算为基础的，因此表达式按其运算结果可以分为如下 3 种：

◆ 算术表达式：运算结果为数字的表达式称为算术表达式。

◆ 字符串表达式：运算结果为字符串的表达式称为字符串表达式。

◆ 逻辑表达式：运算结果为布尔值的表达式称为逻辑表达式。

👑 说明：

表达式是一个相对的概念，在表达式中可以含有若干个子表达式，而且表达式中的一个常量或变量都可以看作是一个表达式。

2.5 数据类型的转换规则

在对表达式进行求值时，通常需要所有的操作数都属于某种特定的数据类型，例如，进行算术运算要求操作数都是数值类型，进行字符串连接运算要求操作数都是字符串类型，而进行逻辑运算则要求操作数都是布尔类型。

然而，JavaScript 语言并没有对此进行限制，而且允许运算符对不匹配的操作数进行计算。在代码执行过程中，JavaScript 会根据需要进行自动类型转换，但是在转换时也要遵循一定的规则。下面介绍几种数据类型之间的转换规则。

① 其他数据类型转换为数值型数据，如表 2.10 所示。

表 2.10　转换为数值型数据

类型	转换后的结果
undefined	NaN
null	0
逻辑型	若其值为 true，则结果为 1；若其值为 false，则结果为 0
字符串型	若内容为数字，则结果为相应的数字，否则为 NaN
其他对象	NaN

② 其他数据类型转换为逻辑型数据，如表 2.11 所示。

表 2.11　转换为逻辑型数据

类型	转换后的结果
undefined	false
null	false
数值型	若其值为 0 或 NaN，则结果为 false，否则为 true
字符串型	若其长度为 0，则结果为 false，否则为 true
其他对象	true

③ 其他数据类型转换为字符串型数据，如表 2.12 所示。

表 2.12　转换为字符串型数据

类型	转换后的结果
undefined	"undefined"
null	"null"
数值型	NaN、0或者与数值相对应的字符串
逻辑型	若其值 true，则结果为 "true"，若其值为 false，则结果为 "false"
其他对象	若存在，则为其结果为 toString() 方法的值，否则其结果为 "undefined"

例如，根据不同数据类型之间的转换规则输出以下表达式的结果：10+"20"、10-"20"、true+10、true+"10"、true+false 和 "a"-10。代码如下：

```
01    document.write(10+"20");            // 输出表达式的结果
02    document.write("<br>");             // 输出换行标记
03    document.write(10-"20");            // 输出表达式的结果
04    document.write("<br>");             // 输出换行标记
05    document.write(true+10);            // 输出表达式的结果
06    document.write("<br>");             // 输出换行标记
07    document.write(true+"10");          // 输出表达式的结果
08    document.write("<br>");             // 输出换行标记
09    document.write(true+false);         // 输出表达式的结果
10    document.write("<br>");             // 输出换行标记
11    document.write("a"-10);             // 输出表达式的结果
```

运行结果为：

```
1020
-10
11
true10
1
NaN
```

本章知识思维导图

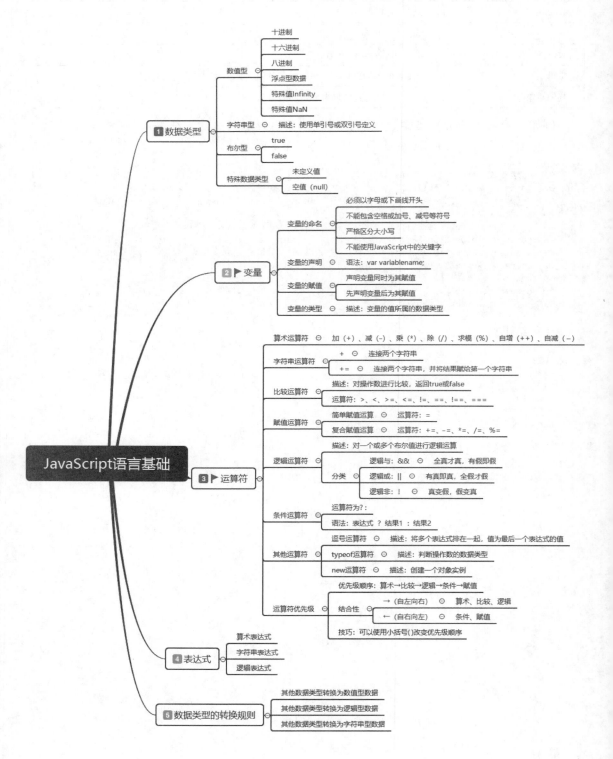

第 3 章

条件判断语句

 本章学习目标

- 掌握简单 if 语句的使用。
- 掌握 if…else 语句的使用。
- 掌握 if…else if 语句的使用。
- 熟悉 if 语句嵌套的使用。
- 熟悉 switch 语句的使用。

3.1　if 语句

条件判断语句主要包括两类：一类是 if 语句，另一类是 switch 语句。其中，应用最广泛的是 if 语句。if 语句是最基本、最常用的条件判断语句，通过判断条件表达式的值来确定是否执行一段语句，或者选择执行哪部分语句。

3.1.1　简单 if 语句

在实际应用中，if 语句有多种表现形式。简单 if 语句的语法格式如下：

```
if( 表达式 ){
      语句
}
```

参数说明：

◆ 表达式：必选项，用于指定条件表达式，可以使用逻辑运算符。

◆ 语句：用于指定要执行的语句序列，可以是一条或多条语句。当表达式的值为 true 时，执行该语句序列。

简单 if 语句的执行流程如图 3.1 所示。

在简单 if 语句中，首先对表达式的值进行判断，如果它的值是 true，则执行相应的语句，否则就不执行。

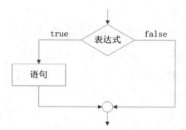

图 3.1　简单 if 语句的执行流程

例如，根据比较两个变量的值，判断是否输出比较结果。代码如下：

```
01  var m=20;                                   // 定义变量 m, 值为 20
02  var n=10;                                   // 定义变量 n, 值为 10
03  if(m>n){                                    // 判断变量 m 的值是否大于变量 n 的值
04      document.write("m 大于 n");             // 输出 "m 大于 n"
05  }
06  if(m<n){                                    // 判断变量 m 的值是否小于变量 n 的值
07      document.write("m 小于 n");             // 输出 "m 小于 n"
08  }
```

运行结果为：

```
m 大于 n
```

👑 说明：

当要执行的语句为单一语句时，其两边的大括号可以省略。

例如，下面的这段代码和上面代码的执行结果是一样的，都可以输出 "m 大于 n"。

```
01  var m=20;                                   // 定义变量 m, 值为 20
02  var n=10;                                   // 定义变量 n, 值为 10
03  if(m>n)                                     // 判断变量 m 的值是否大于变量 n 的值
04      document.write("m 大于 n");             // 输出 "m 大于 n"
05  if(m<n)                                     // 判断变量 m 的值是否小于变量 n 的值
06      document.write("m 小于 n");             // 输出 "m 小于 n"
```

👑 常见错误：

在 if 语句的条件表达式中，应用比较运算符 "=="对操作数进行比较时，将比较运算符 "=="写成 "="。例如下面的代码：

```
01  var m=20;
02  if(m=10){                              // 正确代码: if(m==10)
03      alert("m 的值是 10");
04  }
```

上述代码中，在对操作数进行比较时使用了赋值运算符 "="，而正确的比较运算符应该是 "=="。

[实例 3.1]

（源码位置：资源包 \Code\03\01）

获取 3 个数中的最大值

将 3 个数字 100、200、300 分别定义在变量中，应用简单 if 语句获取这 3 个数中的最大值。代码如下：

```
01  <script type="text/javascript">
02  var a,b,c,maxValue;                    // 声明变量
03  a=100;                                 // 为变量赋值
04  b=200;                                 // 为变量赋值
05  c=300;                                 // 为变量赋值
06  maxValue=a;                            // 假设 a 的值最大，定义 a 为最大值
07  if(maxValue<b){                        // 如果最大值小于 b
08      maxValue=b;                        // 定义 b 为最大值
09  }
10  if(maxValue<c){                        // 如果最大值小于 c
11      maxValue=c;                        // 定义 c 为最大值
12  }
13  alert(a+"、"+b+"、"+c+" 三个数的最大值为 "+maxValue);    // 输出结果
14  </script>
```

运行结果如图 3.2 所示。

3.1.2 if…else 语句

if…else 语句是 if 语句的标准形式，在 if 语句简单形式的基础之上增加一个 else 从句，当表达式的值是 false 时执行 else 从句中的内容。

图 3.2 获取 3 个数的最大值

语法：

```
if( 表达式 ){
    语句 1
}else{
    语句 2
}
```

参数说明：

◆ 表达式：必选项，用于指定条件表达式，可以使用逻辑运算符。

◆ 语句 1：用于指定要执行的语句序列。当表达式的值为 true 时，执行该语句序列。

◆ 语句 2：用于指定要执行的语句序列。当表达式的值为 false 时，执行该语句序列。

if…else 语句的执行流程如图 3.3 所示。

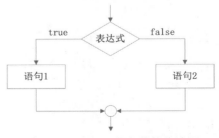

图 3.3 if…else 语句的执行流程

在 if 语句的标准形式中，首先对表达式的值进行判断，如果它的值是 true，则执行语句 1 中的内容，否则执行语句 2 中的内容。

例如，根据比较两个变量的值，输出比较的结果。代码如下：

```
01  var m=10;                                    // 定义变量 m，值为 10
02  var n=20;                                    // 定义变量 n，值为 20
03  if(m>n){                                     // 判断变量 m 的值是否大于变量 n 的值
04     document.write("m 大于 n");               // 输出 "m 大于 n"
05  }else{
06     document.write("m 小于 n");               // 输出 "m 小于 n"
07  }
```

运行结果为：

m 小于 n

 说明：

上述 if 语句是典型的二路分支结构。当语句 1、语句 2 为单一语句时，其两边的大括号也可以省略。

例如，上面代码中的大括号也可以省略，程序的执行结果是不变的，代码如下：

```
01  var m=10;                                    // 定义变量 m，值为 10
02  var n=20;                                    // 定义变量 n，值为 20
03  if(m>n)                                      // 判断变量 m 的值是否大于变量 n 的值
04     document.write("m 大于 n");               // 输出 "m 大于 n"
05  else
06     document.write("m 小于 n");               // 输出 "m 小于 n"
```

[实例 3.2]　　　　　　　　　　　　　　　　　　　　　（源码位置：资源包 \Code\03\02）

判断 2022 年 2 月份的天数

如果某一年是闰年，那么这一年的 2 月份就有 29 天，否则这一年的 2 月份就有 28 天。应用 if…else 语句判断 2022 年 2 月份的天数。代码如下：

```
01  <script type="text/javascript">
02  var year=2022;                               // 定义变量
03  var month=0;                                 // 定义变量
04  if((year%4==0 && year%100!=0)||year%400==0){ // 判断指定年是否为闰年
05     month=29;                                 // 为变量赋值
06  }else{
07     month=28;                                 // 为变量赋值
08  }
09  alert("2022 年 2 月份的天数为 "+month+" 天 ");  // 输出结果
10  </script>
```

运行结果如图 3.4 所示。

3.1.3　if…else if 语句

if 语句是一种使用很灵活的语句，除了可以使用 if…else 语句的形式，还可以使用 if …else if 语句

图 3.4　输出 2022 年 2 月份的天数

的形式。这种形式可以进行更多的条件判断，不同的条件对应不同的语句。if…else if 语句的语法格式如下：

```
if ( 表达式 1){
    语句 1
}else if( 表达式 2){
    语句 2
}
…
else if( 表达式 n){
    语句 n
}else{
    语句 n+1
}
```

if…else if 语句的执行流程如图 3.5 所示。

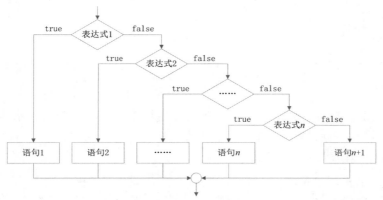

图 3.5　if…else if 语句的执行流程

 [实例 3.3]

（源码位置：资源包 \Code\03\03 ）

输出考试成绩对应的等级

将某学校的学生成绩转化为不同等级，划分标准如下：

① "优秀"，大于等于 90 分；

② "良好"，大于等于 分；

③ "及格"，大于等于 60 分；

④ "不及格"，小于 60 分。

假设韦小宝的考试成绩是 95 分，输出该成绩对应的等级。其关键代码如下：

```
01  <script type="text/javascript">
02  var grade = "";                    // 定义表示等级的变量
03  var score = 95;                    // 定义表示分数的变量 score 值为 95
04  if(score>=90){                     // 如果分数大于等于 90
05      grade = " 优秀 ";              // 将 " 优秀 " 赋值给变量 grade
06  }else if(score>= ){                // 如果分数大于等于
07      grade = " 良好 ";              // 将 " 良好 " 赋值给变量 grade
08  }else if(score>=60){               // 如果分数大于等于 60
09      grade = " 及格 ";              // 将 " 及格 " 赋值给变量 grade
10  }else{                             // 如果 score 的值不符合上述条件
11      grade = " 不及格 ";           // 将 " 不及格 " 赋值给变量 grade
12  }
13  alert(" 韦小宝的考试成绩 "+grade);  // 输出考试成绩对应的等级
14  </script>
```

运行结果如图 3.6 所示。

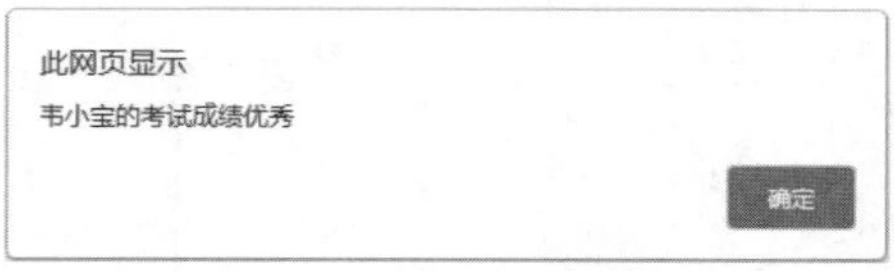

3.1.4 if 语句的嵌套

if 语句不但可以单独使用，而且可以嵌套应用，
即在 if 语句的从句部分嵌套另外一个完整的 if 语句。基本语法格式如下：

图 3.6 输出考试成绩对应的等级

```
if ( 表达式 1){
    if( 表达式 2){
        语句 1
    }else{
        语句 2
    }
}else{
    if( 表达式 3){
        语句 3
    }else{
        语句 4
    }
}
```

例如，某考生的高考总分是 600 分，英语成绩是 100 分。假设重点本科的录取分数线
是 580 分，而英语分数必须在 120 分以上才可以报考外国语大学，应用 if 语句的嵌套判断
该考生能否报考外国语大学，代码如下：

```
01  var totalscore=600;                                          // 定义总分变量
02  var englishscore=100;                                        // 定义英语分数变量
03  if(totalscore>580){                                          // 如果总分大于 580 分
04      if(englishscore>120){                                    // 如果英语分数大于 120 分
05          alert(" 该考生可以报考外国语大学 ");                  // 输出字符串
06      }else{
07          alert(" 该考生可以报考重点本科，但不能报考外国语大学 "); // 输出字符串
08      }
09  }else{
10      if(totalscore>500){                                      // 如果总分大于 500 分
11          alert(" 该考生可以报考普通本科 ");                    // 输出字符串
12      }else{
13          alert(" 该考生只能报考专科 ");                        // 输出字符串
14      }
15  }
```

运行结果如图 3.7 所示。

 说明：

在使用嵌套的 if 语句时，最好使用大括号 {} 来确定相互之
间的层次关系。否则，由于大括号 {} 使用位置的不同，可能导
致程序代码的含义完全不同，从而输出不同的内容。

图 3.7 输出该考生能否报考外国语大学

[实例 3.4] （源码位置：资源包 \Code\03\04 ）

判断女职工是否已经退休

假设某工种的男职工 60 岁退休，女职工 55 岁退休，应用 if 语句的嵌套来判断一个 52
岁的女职工是否已经退休。代码如下：

```
01  <script type="text/javascript">
```

第1篇 基础知识篇

```
02  var sex=" 女 ";                                    // 定义表示性别的变量
03  var age=52;                                        // 定义表示年龄的变量
04  if(sex==" 男 "){                                   // 如果是男职工就执行下面的代码
05      if(age>=60){                                   // 如果男职工在 60 岁以上
06          alert(" 该男职工已经退休 "+(age-60)+" 年 ");   // 输出字符串
07      }else{                                         // 如果男职工在 60 岁以下
08          alert(" 该男职工离退休还有 "+(60-age)+" 年 ");  // 输出字符串
09      }
10  }else{                                             // 如果是女职工就执行下面的代码
11      if(age>=55){                                   // 如果女职工在 55 岁以上
12          alert(" 该女职工已经退休 "+(age-55)+" 年 ");   // 输出字符串
13      }else{                                         // 如果女职工在 55 岁以下
14          alert(" 该女职工离退休还有 "+(55-age)+" 年 ");  // 输出字符串
15      }
16  }
17  </script>
```

运行结果如图 3.8 所示。

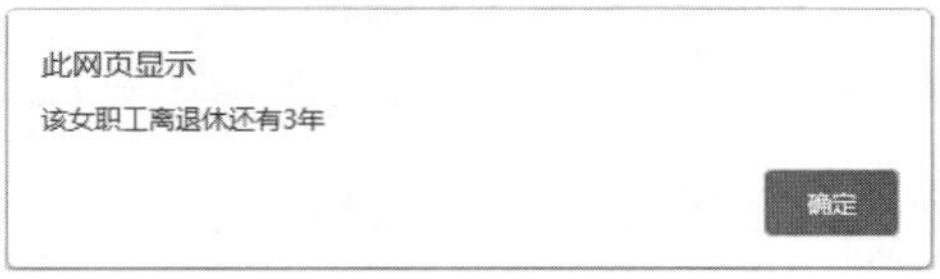

图 3.8　输出该女职工是否已退休

3.2　switch 语句

　　switch 是典型的多路分支语句，其作用与 if…else if 语句基本相同，但 switch 语句比 if…else if 语句更具有可读性，它根据一个表达式的值，选择不同的分支执行。而且 switch 语句允许在找不到一个匹配条件的情况下执行默认的一组语句。switch 语句的语法格式如下：

```
switch（表达式）{
    case 常量表达式 1:
        语句 1;
        break;
    case 常量表达式 2:
        语句 2;
        break;
    …
    case 常量表达式 n:
        语句 n;
        break;
    default:
        语句 n+1;
        break;
}
```

参数说明：

　　◆ 表达式：任意的表达式或变量。

　　◆ 常量表达式：任意的常量或常量表达式。当表达式的值与某个常量表达式的值相等时，就执行此 case 后相应的语句；如果表达式的值与所有的常量表达式的值都不相等，则执行 default 后面相应的语句。

　　◆ break：用于结束 switch 语句，从而使 JavaScript 只执行匹配的分支。如果没有了

break 语句，则该匹配分支之后的所有分支都将被执行，switch 语句也就失去了使用的意义。

switch 语句的执行流程如图 3.9 所示。

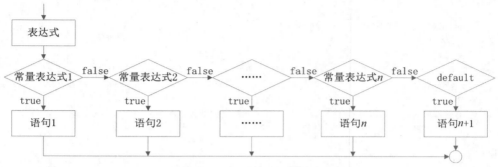

图 3.9　switch 语句的执行流程

👑　说明：

default 语句可以省略。在表达式的值不能与任何一个 case 语句中的值相匹配的情况下，JavaScript 会直接结束 switch 语句，不进行任何操作。

👑　注意：

case 后面常量表达式的数据类型必须与表达式的数据类型相同，否则匹配会全部失败，而去执行 default 语句中的内容。

👑　常见错误：

在 switch 语句中漏写 break 语句。例如下面的代码：

```
01  var m=20;                              // 定义变量值为 20
02  switch(m){
03      case 10:                           // 如果变量 m 的值为 10
04          alert("m 的值是 1");            // 输出 m 的值
05      case 20:                           // 如果变量 m 的值为 20
06          alert("m 的值是 2");            // 输出 m 的值
07      case 30:                           // 如果变量 m 的值为 30
08          alert("m 的值是 3");            // 输出 m 的值
09  }
```

上述代码中，由于在每条 case 语句的最后都漏写了 break，因此程序在找到匹配分支之后仍然会向下执行。

　[实例 3.5]

（源码位置：资源包 \Code\03\05）

输出奖项级别及奖品

某公司年会举办抽奖活动，中奖号码及其对应的奖品设置如下。

① "1" 代表 "一等奖"，奖品是 "OPPO Reno5 手机"；

② "2" 代表 "二等奖"，奖品是 "美的微波炉"；

③ "3" 代表 "三等奖"，奖品是 "小度智能屏"；

④ 其他号码代表 "安慰奖"，奖品是 "蓝牙耳机"。

假设某员工抽中的奖号为 2，输出该员工抽中的奖项级别以及所获得的奖品。代码如下：

```
01  <script type="text/javascript">
02  var grade="";                          // 定义表示奖项级别的变量
```

```
03   var prize="";                                 // 定义表示奖品的变量
04   var code=2;                                    // 定义表示中奖号码的变量值为2
05   switch(code){
06       case 1:                                    // 如果中奖号码为 1
07           grade=" 一等奖 ";                       // 定义奖项级别
08         prize="OPPO Reno5 手机 ";                // 定义获得的奖品
09           break;                                 // 退出 switch 语句
10       case 2:                                    // 如果中奖号码为 2
11           grade=" 二等奖 ";                       // 定义奖项级别
12         prize=" 美的微波炉 ";                     // 定义获得的奖品
13           break;                                 // 退出 switch 语句
14       case 3:                                    // 如果中奖号码为 3
15           grade=" 三等奖 ";                       // 定义奖项级别
16         prize=" 小度智能屏 ";                     // 定义获得的奖品
17           break;                                 // 退出 switch 语句
18     default:                                     // 如果中奖号码为其他号码
19         grade=" 安慰奖 ";                         // 定义奖项级别
20         prize=" 蓝牙耳机 ";                       // 定义获得的奖品
21         break;                                   // 退出 switch 语句
22   }
23   document.write(" 该员工获得了 "+grade+"<br> 奖品是 "+prize);// 输出奖项级别和获得的奖品
24   </script>
```

运行结果如图 3.10 所示。

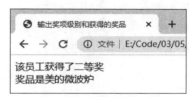

 说明：

在程序开发的过程中，使用 if 语句还是使用 switch 语句，可以根据实际情况而定，尽量做到物尽其用，不要因为 switch 语句的效率高就一味地使用，也不要因为 if 语句常用就不应用 switch 语句。要根据实际的情况，具体问题具体分析，使用最适合的条件语句。一般情况下对于判断条件较少的可以使用 if 条件语句，但是在实现一些多条件的判断中，就应该使用 switch 语句。

图 3.10　输出奖项和奖品

本章知识思维导图

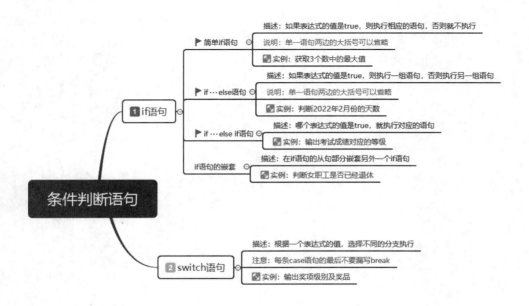

第 4 章

循环控制语句

 本章学习目标

- 掌握 while 语句的使用。
- 熟悉 do…while 语句的使用。
- 掌握 for 语句的使用。
- 熟悉两种跳转语句的使用。

4.1　循环语句

在日常生活中，有时需要反复地执行某些事物。例如，运动员要完成 10000 米的比赛，需要在跑道上跑 25 圈，这就是循环的一个过程。类似这样反复执行同一操作的情况，在程序设计中经常会遇到，为了满足这样的开发需求，JavaScript 提供了循环语句。所谓循环语句就是在满足条件的情况下反复的执行某一个操作。循环语句主要包括：while 语句、do⋯while 语句和 for 语句，下面分别进行讲解。

4.1.1　while 语句

while 循环语句也称为前测试循环语句，它是利用一个条件来控制是否要继续重复执行这个语句。while 循环语句与 for 循环语句相比，无论是语法还是执行的流程，都较为简明易懂。while 循环语句的语法格式如下：

```
while( 表达式 ){
    语句
}
```

参数说明：

◆ 表达式：一个包含比较运算符的条件表达式，用来指定循环条件。

◆ 语句：用来指定循环体，在循环条件的结果为 true 时，重复执行。

👑 说明：

　　while 循环语句之所以命名为前测试循环，是因为它要先判断此循环的条件是否成立，然后才进行重复执行的操作。也就是说，while 循环语句执行的过程是先判断条件表达式，如果条件表达式的值为 true，则执行循环体，并且在循环体执行完毕后，进入下一次循环，否则退出循环。

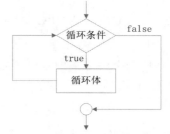

while 循环语句的执行流程如图 4.1 所示。

例如，应用 while 语句输出 11 ～ 20 这 10 个数字的代码如下：

图 4.1　while 循环语句的执行流程

```
01  var i = 11;                          // 声明变量
02  while(i<=20){                        // 定义 while 语句
03      document.write(i+"\n");          // 输出变量 i 的值
04      i++;                             // 变量 i 自加 1
05  }
```

运行结果为：

```
11 12 13 14 15 16 17 18 19 20
```

👑 注意：

　　在使用 while 语句时，一定要保证循环可以正常结束，即必须保证条件表达式的值存在为 false 的情况，否则将形成死循环。

👑 常见错误：

　　定义的循环条件永远为真，程序陷入死循环。例如，下面的循环语句就会造成死循环，原因是 i 永远都小于 20。

```
01  var i=10;                            // 声明变量
```

```
02  while(i<=20){                                      // 定义 while 语句
03      alert(i);                                      // 输出 i 的值
04  }
```

上述代码中，为了防止程序陷入死循环，可以在循环体中加入"i++"这条语句，目的是使条件表达式的值存在为 false 的情况。

 [实例 4.1]

（源码位置：资源包 \Code\04\01）

计算 1500 米比赛的完整圈数

运动员参加 1500 米比赛，已知标准的体育场跑道一圈是 400 米，应用 while 语句计算出在标准的体育场跑道上完成比赛需要跑完整的多少圈。代码如下：

```
01  <script type="text/javascript">
02  var distance=400;                                  // 定义表示距离的变量
03  var count=0;                                        // 定义表示圈数的变量
04  while(distance<=1500){
05      count++;                                        // 圈数加 1
06      distance=(count+1)*400;                         // 每跑一圈就重新计算距离
07  }
08  document.write("1500 米比赛需要跑完整的 "+count+" 圈 ");  // 输出最后的圈数
09  </script>
```

运行本实例，结果如图 4.2 所示。

4.1.2 do…while 语句

do…while 循环语句也称为后测试循环语句，它也是利用一个条件来控制是否要继续重复执行这个语句。

图 4.2　输出 1500 米比赛的完整圈数

与 while 循环所不同的是，它先执行一次循环语句，然后再去判断是否继续执行。do…while 循环语句的语法格式如下：

```
do{
    语句
} while( 表达式 );
```

参数说明：

◆ 语句：用来指定循环体，循环开始时首先被执行一次，然后在循环条件的结果为 true 时，重复执行。

◆ 表达式：一个包含比较运算符的条件表达式，用来指定循环条件。

说明：
do…while 循环语句执行的过程是：先执行一次循环体，再判断条件表达式，如果条件表达式的值为 true，则继续执行，否则退出循环。也就是说，do…while 循环语句中的循环体至少被执行一次。

do…while 循环语句的执行流程如图 4.3 所示。

do…while 循环语句同 while 循环语句类似，也常用于循环执行的次数不确定的情况下。

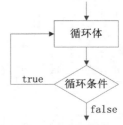

图 4.3　do…while 循环语句的执行流程

注意：

do…while 语句结尾处的 while 语句括号后面有一个分号 ";"，为了养成良好的编程习惯，建议读者在书写的过程中不要将其遗漏。

例如，应用 do…while 语句输出 11~20 这 10 个数字的代码如下：

```
01  var i = 11;                          // 声明变量
02  do{                                  // 定义 do…while 语句
03      document.write(i+"\n");          // 输出变量 i 的值
04      i++;                             // 变量 i 自加 1
05  }while(i<=20);
```

运行结果为：

```
11  12  13  14  15  16  17  18  19  20
```

do…while 语句和 while 语句的执行流程很相似。由于 do…while 语句在对条件表达式进行判断之前就执行一次循环体，因此 do…while 语句中的循环体至少被执行一次，下面的代码说明了这两种语句的区别。

```
01  var m = 1;                           // 声明变量
02  while(m>1){                          // 定义 while 语句，指定循环条件
03      document.write("m 的值是 "+m);   // 输出 m 的值
04      m--;                             // 变量 m 自减 1
05  }
06  var n = 1;                           // 声明变量
07  do{                                  // 定义 do…while 语句
08      document.write("n 的值是 "+n);   // 输出变量 n 的值
09      n--;                             // 变量 n 自减 1
10  }while(n>1);
```

运行结果为：

```
n 的值是 1
```

 [实例 4.2]

（源码位置：资源包 \Code\04\02）

计算 1+2+…+100 的和

使用 do…while 语句计算 1+2+…+100 的和，并在页面中输出计算后的结果。代码如下：

```
01  <script type="text/javascript">
02  var i = 1;                           // 声明变量并对变量初始化
03  var sum = 0;                         // 声明变量并对变量初始化
04  do{
05      sum+=i;                          // 对变量 i 的值进行累加
06      i++;                             // 变量 i 自加 1
07  }while(i<=100);                      // 指定循环条件
08  document.write("1+2+…+100="+sum);    // 输出计算结果
09  </script>
```

运行本实例，结果如图 4.4 所示。

4.1.3 for 语句

for 循环语句也称为计次循环语句，一般用于循环次数已知的情况，在 JavaScript 中应用比较广泛。for 循环

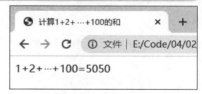

图 4.4 计算 1+2+…+100 的和

第 1 篇　基础知识篇

语句的语法格式如下:

```
for( 初始化表达式 ; 条件表达式 ; 迭代表达式 ){
        语句
}
```

参数说明:

◆ 初始化表达式: 初始化语句, 用来对循环变量进行初始化赋值。

◆ 条件表达式: 循环条件, 一个包含比较运算符的表达式, 用来限定循环变量的边限。如果循环变量超过了该边限, 则停止该循环语句的执行。

◆ 更新表达式: 用来改变循环变量的值, 从而控制循环的次数, 通常是对循环变量进行增大或减小的操作。

◆ 语句: 用来指定循环体, 在循环条件的结果为 true 时, 重复执行。

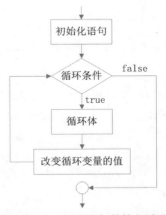

💮 说明:

　　for 循环语句执行的过程是先执行初始化语句, 然后判断循环条件, 如果循环条件的结果为 true, 则执行一次循环体, 否则直接退出循环, 最后执行迭代语句, 改变循环变量的值, 至此完成一次循环; 接下来将进行下一次循环, 直到循环条件的结果为 false, 才结束循环。

for 循环语句的执行流程如图 4.5 所示。

例如, 应用 for 语句输出 11 ～ 20 这 10 个数字的代码如下:

图 4.5　for 循环语句的执行流程

```
01  for(var i=11;i<=20;i++){                    // 定义 for 循环语句
02      document.write(i+"\n");                 // 输出变量 i 的值
03  }
```

运行结果为:

```
11 12 13 14 15 16 17 18 19 20
```

在 for 循环语句的初始化表达式中可以定义多个变量。例如, 在 for 语句中定义多个循环变量的代码如下:

```
01  for(var i=1,j=5;i<=5,j>=1;i++,j--){
02      document.write(i+"\n"+j);               // 输出变量 i 和 j 的值
03      document.write("<br>");                 // 输出换行标记
04  }
```

运行结果为:

```
1 5
2 4
3 3
4 2
5 1
```

💮 注意:

　　在使用 for 语句时, 也一定要保证循环可以正常结束, 也就是必须保证循环条件的结果存在为 false 的情况, 否则循环体将无休止地执行下去, 从而形成死循环。例如, 下面的循环语句就会造成死循环, 原因是 i 永远大于等于 10。

```
01  for(i=10;i>=10;i++){                        // 定义 for 循环语句
02      alert(i);                               // 输出变量 i 的值
```

```
03  }
```

为使读者更好地了解 for 语句的使用，下面通过一个具体的实例来介绍 for 语句的使用方法。

 [实例 4.3]　　　　　　　　　　　　　　　　（源码位置：资源包 \Code\04\03）

计算 100 以内所有偶数的和

应用 for 循环语句计算 100 以内所有偶数的和，并在页面中输出计算后的结果。代码如下：

```
01  <script type="text/javascript">
02  var i,sum;                          // 声明变量
03  sum = 0;                            // 对变量初始化
04  for(i=2;i<=100;i+=2){
05      sum=sum+i;                      // 计算 100 以内各偶数之和
06  }
07  alert("100 以内所有偶数的和为: "+sum);   // 输出计算结果
08  </script>
```

运行程序，在对话框中会显示计算结果，如图 4.6 所示。

此网页显示

100以内所有偶数的和为: 2550

确定

图 4.6　输出 100 以内所有偶数的和

4.1.4　循环语句的嵌套

在一个循环语句的循环体中也可以包含其他的循环语句，这称为循环语句的嵌套。上述 3 种循环语句（while 循环语句、do…while 循环语句和 for 循环语句）都是可以互相嵌套的。

如果循环语句 A 的循环体中包含循环语句 B，而循环语句 B 中不包含其他循环语句，那么就把循环语句 A 叫作外层循环，而把循环语句 B 叫作内层循环。

例如，在 while 循环语句中包含 for 循环语句的代码如下：

```
01  var i,j;                           // 声明变量
02  i = 1;                             // 对变量赋初值
03  while(i<4){                        // 定义外层循环
04      document.write(" 第 "+i+" 次循环: ");   // 输出循环变量 i 的值
05      for(j=11;j<=20;j++){           // 定义内层循环
06          document.write(j+"\n");    // 输出循环变量 j 的值
07      }
08      document.write("<br>");        // 输出换行标记
09      i++;                           // 对变量 i 自加 1
10  }
```

运行结果为：

```
第 1 次循环: 11 12 13 14 15 16 17 18 19 20
第 2 次循环: 11 12 13 14 15 16 17 18 19 20
第 3 次循环: 11 12 13 14 15 16 17 18 19 20
```

 [实例 4.4]　　　　　　　　　　　　　　　　（源码位置：资源包 \Code\04\04）

输出乘法口诀表

用嵌套的 for 循环语句输出乘法口诀表。代码如下：

第 1 篇　基础知识篇

51

```
01  <script type="text/javascript">
02  var i,j;                                    // 声明变量
03  document.write("<pre>");                     // 输出 <pre> 标记
04  for(i=1;i<10;i++){                           // 定义外层循环
05      for(j=1;j<=i;j++){                       // 定义内层循环
06          if(j>1) document.write("\t");        // 如果 j 大于 1 就输出一个 Tab 空格
07          document.write(j+"x"+i+"="+j*i);     // 输出乘法算式
08      }
09      document.write("<br>");                  // 输出换行标记
10  }
11  document.write("</pre>");                     // 输出 </pre> 标记
12  </script>
```

运行本实例，结果如图 4.7 所示。

图 4.7　输出乘法口诀表

4.2　跳转语句

假设在一个书架中寻找一本《新华字典》，如果在第二排第三个位置找到了这本书，那么就不需要去看第三排、第四排的书了。同样，在编写一个循环语句时，如果循环还未结束就已经处理完了所有的任务，就没有必要让循环继续执行下去，继续执行下去既浪费时间又浪费内存资源。在 JavaScript 中提供了两种用来控制循环的跳转语句：continue 语句和 break 语句。

4.2.1　continue 语句

continue 语句用于跳过本次循环，并开始下一次循环。其语法格式如下：

```
continue;
```

注意：

continue 语句只能应用在 while、for、do…while 语句中。

例如，在 for 语句中通过 continue 语句输出 10 以内不包括 4 的自然数的代码如下：

```
01  for(i=1;i<=10;i++){
02      if(i==4) continue;                       // 如果 i 等于 4 就跳过本次循环
03      document.write(i+"\n");                  // 输出变量 i 的值
04  }
```

运行结果为：

```
1 2 3 5 6 7 8 9 10
```

说明：

当使用 continue 语句跳过本次循环后，如果循环条件的结果为 false，则退出循环，否则继续下一次循环。

[实例 4.5]　　　　　　　　　　　　　　　　　　　　　　　（源码位置：资源包 \Code\04\05）

输出影厅座位图

万达影城 7 号影厅的观众席有 4 排，每排有 10 个座位。其中，3 排 5 座和 3 排 6 座已

经出售，在页面中输出该影厅当前的座位图。关键代码如下：

```
01  <script type="text/javascript">
02  document.write("<div>");
03  for(var i = 1; i <= 4; i++){// 定义外层 for 循环语句
04      document.write("<div style='width:auto;text-align:center;margin:0 auto;'>");
05      for(var j = 1; j <= 10; j++){// 定义内层 for 循环语句
06          if(i == 3 && j == 5){// 如果当前是 3 排 5 座
07              // 将座位标记为"已售"
08              document.write("<span style='background:url(yes.png);'> 已售 </span>");
09              continue;// 应用 continue 语句跳过本次循环
10          }
11          if(i == 3 && j == 6){// 如果当前是 3 排 6 座
12              // 将座位标记为"已售"
13              document.write("<span style='background:url(yes.png);'> 已售 </span>");
14              continue;// 应用 continue 语句跳过本次循环
15          }
16          // 输出排号和座位号
17          document.write("<span style='background:url(no.png);'>"+i+" 排 "+j+" 座 "+"</span>");
18      }
19      document.write("</div>");
20  }
21  document.write("</div>");
22  </script>
```

运行本实例，结果如图 4.8 所示。

4.2.2　break 语句

在上一章的 switch 语句中已经用到了 break 语句，当程序执行到 break 语句时就会跳出 switch 语句。除了 switch 语句之外，在循环语句中也经常会用到 break 语句。

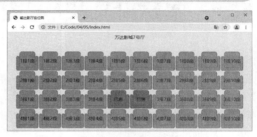

图 4.8　输出影厅当前座位图

在循环语句中，break 语句用于跳出循环。break 语句的语法格式如下：

```
break;
```

👑 说明：

break 语句通常用在 for、while、do…while 或 switch 语句中。

例如，在 for 语句中通过 break 语句跳出循环的代码如下：

```
01  for(i=1;i<=10;i++){
02      if(i==4) break;                        // 如果 i 等于 4 就跳出整个循环
03      document.write(i+"\n");                 // 输出变量 i 的值
04  }
```

运行结果为：

```
1 2 3
```

👑 注意：

在嵌套的循环语句中，break 语句只能跳出当前这一层的循环语句，而不是跳出所有的循环语句。

例如，应用 break 语句跳出当前循环的代码如下：

```
01  var i,j;                                    // 声明变量
```

```
02    for(i=1;i<=5;i++){                    // 定义外层循环语句
03       document.write(i+"\n");            // 输出变量 i 的值
04       for(j=1;j<=5;j++){                 // 定义内层循环语句
05          if(j==2)                        // 如果变量 j 的值等于 2
06             break;                       // 跳出内层循环
07          document.write(j);              // 输出变量 j 的值
08       }
09       document.write("<br>");            // 输出换行标记
10    }
```

运行结果为：

```
1 1
2 1
3 1
4 1
5 1
```

由运行结果可以看出，外层 for 循环语句一共执行了 5 次（输出 1、2、3、4、5），而内层循环语句在每次外层循环里只执行了一次（只输出 1）。

 ## 本章知识思维导图

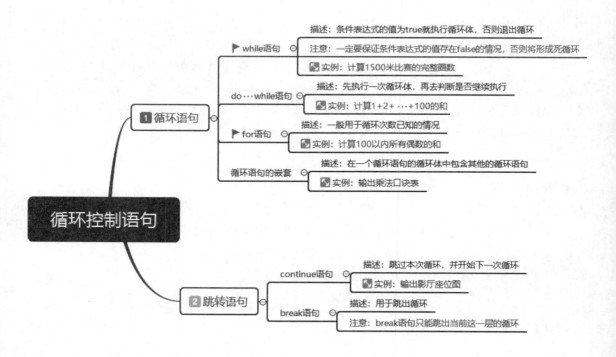

第 5 章

函数

扫码领取
- 配套视频
- 配套素材
- 学习指导
- 交流社群

 本章学习目标

- 掌握函数的定义和调用。
- 熟悉函数参数的使用。
- 熟悉函数返回值的使用。
- 了解嵌套函数和递归函数。
- 熟悉全局变量和局部变量。
- 熟悉一些内置函数的使用。
- 掌握在表达式中定义函数的方法。

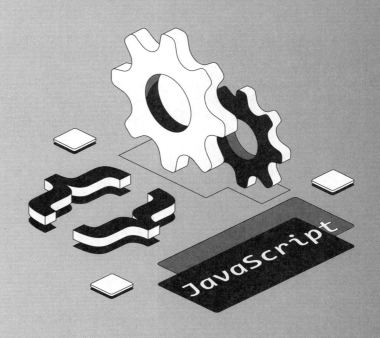

5.1 函数的定义和调用

在程序中要使用自己定义的函数，必须首先对函数进行定义，而在定义函数的时候，函数本身是不会执行的，只有在调用函数时才会执行。下面介绍函数的定义和调用的方法。

5.1.1 函数的定义

在 JavaScript 中，可以使用 function 语句来定义一个函数。这种形式是由关键字 function、函数名加一组参数以及置于大括号中需要执行的一段代码构成的。使用 function 语句定义函数的基本语法如下：

```
function 函数名 ([ 参数 1, 参数 2,……]){
      语句
      [return 返回值 ]
   }
```

参数说明：

◆ 函数名：必选，用于指定函数名。在同一个页面中，函数名必须是唯一的，并且区分大小写。

◆ 参数：可选，用于指定参数列表。当使用多个参数时，参数间使用逗号进行分隔。一个函数最多可以有 255 个参数。

◆ 语句：必选，是函数体，用于实现函数功能的语句。

◆ 返回值：可选，用于返回函数值。返回值可以是任意的表达式、变量或常量。

例如，定义一个不带参数的函数 hello()，在函数体中输出"Hello JavaScript"字符串。具体代码如下：

```
01  function hello(){                          // 定义函数名称为 hello
02      document.write("Hello JavaScript");     // 定义函数体
03  }
```

例如，定义一个用于计算商品金额的函数 account()，该函数有两个参数，用于指定单价和数量，返回值为计算后的金额。具体代码如下：

```
01  function account(unitPrice,number){        // 定义含有两个参数的函数
02      var price=unitPrice*number;             // 计算金额
03      return price;                           // 返回计算后的金额
04  }
```

👑 常见错误：

在同一页面中定义了两个名称相同的函数。例如，下面的代码中定义了两个同名的函数 hello()。

```
01  function hello(){                          // 定义函数名称为 hello
02      document.write("Hello JavaScript");     // 定义函数体
03  }
04  function hello(){                          // 定义同名的函数
05      alert("Hello JavaScript");              // 定义函数体
06  }
```

上述代码中，由于两个函数的名称相同，第一个函数被第二个函数所覆盖，第一个函数不会执行，因此在同一页面中定义的函数名称必须唯一。

5.1.2 函数的调用

函数定义后并不会自动执行，要执行一个函数，需要在特定的位置调用函数。调用函数的过程就像是启动一个机器一样，机器本身是不会自动工作的，只有按下相应的开关来调用这个机器，它才会执行相应的操作。调用函数需要创建调用语句，调用语句包含函数名称、参数具体值。

（1）函数的简单调用

函数调用的语法如下：

> 函数名 (传递给函数的参数 1，传递给函数的参数 2，……);

函数的定义语句通常被放在 HTML 文件的 <head> 段中，而函数的调用语句可以放在HTML 文件中的任何位置。

例如，定义一个函数 welcome()，这个函数的功能是在页面中弹出一个对话框，然后通过调用这个函数实现内容的输出，代码如下：

```
01  <!DOCTYPE html>
02  <html lang="en">
03  <head>
04      <meta charSet="UTF-8">
05      <title> 函数的简单调用 </title>
06      <script type="text/javascript">
07          function welcome() {              // 定义函数
08              alert(" 明日科技欢迎您 ");       // 定义函数体
09          }
10      </script>
11  </head>
12  <body>
13  <script type="text/javascript">
14      welcome();                            // 调用函数
15  </script>
16  </body>
17  </html>
```

运行结果如图 5.1 所示。

图 5.1　调用函数弹出对话框

（2）在事件响应中调用函数

当用户单击某个按钮或某个复选框时都将触发事件，通过编写程序对事件作出反应的行为称为响应事件，在 JavaScript 语言中，将函数与事件相关联就完成了响应事件的过程。比如，按下开关按钮打开电灯就可以看作是一个响应事件的过程，按下开关相当于触发了单击事件，而电灯亮起就相当于执行了相应的函数。

例如，当用户单击某个按钮时执行相应的函数，可以使用如下代码实现该功能。

```
01  <script type="text/javascript">
02      function test(){                      // 定义函数
03          alert("Hello JavaScript");        // 定义函数体
04      }
05  </script>
06  <form name="form1">
07      <input type="button" value=" 提交 " onClick="test();"><!-- 在事件触发时调用自定义函数 -->
08  </form>
```

图 5.2　在事件响应中调用函数

在上述代码中可以看出，首先定义一个名为 test() 的函数，函数体比较简单，使用 alert() 语句输出一个字符串，最后在按钮 onClick 事件中调用 test() 函数。当用户单击"提交"按钮后将弹出相应对话框。运行结果如图 5.2 所示。

（3）通过链接调用函数

函数除了可以在响应事件中被调用之外，还可以在链接中被调用，在 <a> 标签中的 href 属性中使用"javascript: 函数名 ()"格式来调用函数，当用户单击这个链接时，相关函数将被执行，下面的代码实现了通过链接调用函数。

```
01  <script type="text/javascript">
02      function test(){                        // 定义函数
03          alert("Hello JavaScript");          // 定义函数体
04      }
05  </script>
06  <a href="javascript:test();">单击链接</a>        <!-- 在链接中调用自定义函数 -->
```

运行程序，当用户单击"单击链接"后将弹出相应对话框。运行结果如图 5.3 所示。

图 5.3　通过单击链接调用函数

5.2　函数的参数

我们把定义函数时指定的参数称为形式参数，简称形参；而把调用函数时实际传递的值称为实际参数，简称实参。如果把函数比喻成一台生产的机器，那么，运输原材料的通道就可以看作形参，而实际运输的原材料就可以看作实参。

在 JavaScript 中定义函数参数的格式如下：

```
function 函数名 ( 形参 1，形参 2，……){
     函数体
}
```

定义函数时，在函数名后面的圆括号内可以指定一个或多个参数（参数之间用逗号","分隔）。指定参数的作用在于，当调用函数时，可以为被调用的函数传递一个或多个值。

如果定义的函数有参数，那么调用该函数的语法格式如下：

```
函数名 ( 实参 1，实参 2，……)
```

通常，在定义函数时使用了多少个形参，在函数调用时也会给出多少个实参，这里需要注意的是，实参之间也必须用逗号","分隔。

例如，定义一个带有两个参数的函数，这两个参数用于指定姓名和年龄，然后对它们进行输出，代码如下：

```
01  function userInfo(name,age){                // 定义含有两个参数的函数
02      alert(" 姓名: "+name+" 年龄: "+age);       // 输出字符串和参数的值
03  }
04  userInfo(" 王五 ",32);                       // 调用函数并传递参数
```

运行结果如图 5.4 所示。

此网页显示

姓名: 王五 年龄: 32

确定

图 5.4 输出函数的参数

[实例 5.1]

（源码位置：资源包 \Code\05\01）

输出图书名称和图书作者

定义一个用于输出图书名称和图书作者的函数，在调用函数时将图书名称和图书作者作为参数进行传递。代码如下：

```
01  <script type="text/javascript">
02     function show(bookname,author){          // 定义函数
03        alert(" 图书名称: "+bookname+"\n 图书作者: "+author);  // 在页面中弹出对话框
04     }
05     show(" 从零开始学 JavaScript "," 明日科技 ");      // 调用函数并传递参数
06  </script>
```

运行结果如图 5.5 所示。

此网页显示

图书名称: 从零开始学JavaScript
图书作者: 明日科技

确定

5.3 函数的返回值

对于函数调用，一方面可以通过参数向函数   图 5.5 输出图书名称和图书作者
传递数据，另一方面也可以从函数获取数据，也就是说函数可以返回值。在 JavaScript 的函数中，可以使用 return 语句为函数返回一个值。

语法：

```
return 表达式 ;
```

这条语句的作用是结束函数，并把其后的表达式的值作为函数的返回值。例如，定义一个计算两个数的积的函数，并将计算结果作为函数的返回值，代码如下：

```
01  <script type="text/javascript">
02     function sum(a,b){          // 定义含有两个参数的函数
03        var c=a*b;               // 获取两个参数的积
04        return c;                // 将变量 c 的值作为函数的返回值
05     }
06     alert("20*30="+sum(20,30));  // 调用函数并输出结果
07  </script>
```

运行结果如图 5.6 所示。

函数返回值可以直接赋给变量或用于表达式中，也就是说函数调用可以出现在表达式中。例如，将上面示例中函数的返回值赋给变量 result，再进行输出，代码如下：

此网页显示

20*30=600

确定

图 5.6 计算并输出两个数的积

```
01  <script type="text/javascript">
02     function sum(a,b){          // 定义含有两个参数的函数
```

59

```
03          var c=a*b;                        // 获取两个参数的积
04          return c;                         // 将变量 c 的值作为函数的返回值
05       }
06    var result=sum(20,30);                  // 将函数的返回值赋给变量 result
07    alert(result);                          // 输出结果
08  </script>
```

 [实例 5.2] （源码位置：资源包 \Code\05\02）

计算购物车中商品总价

模拟淘宝网计算购物车中商品总价的功能。假设购物车中有如下商品信息：

① 华为手机：单价 3000 元，购买数量 2 台；

② 惠普笔记本电脑：单价 5000 元，购买数量 10 台。

定义一个带有两个参数的函数 price()，将商品单价和商品数量作为参数进行传递。通过调用函数并传递不同的参数分别计算华为手机和惠普笔记本电脑的总价，最后计算购物车中所有商品的总价并输出。代码如下：

```
01  <script type="text/javascript">
02    function price(unitPrice,number){       // 定义函数，将商品单价和商品数量作为参数传递
03       var totalPrice=unitPrice*number;      // 计算单个商品总价
04       return totalPrice;                    // 返回单个商品总价
05    }
06    var phone = price(3000,2);               // 调用函数，计算手机总价
07    var computer = price(5000,10);           // 调用函数，计算笔记本电脑总价
08    var total=phone+computer;                // 计算所有商品总价
09    alert(" 购物车中商品总价: "+total+" 元 ");  // 输出所有商品总价
10  </script>
```

运行结果如图 5.7 所示。

图 5.7　输出购物车中的商品总价

5.4　嵌套函数

在 JavaScript 中允许使用嵌套函数，嵌套函数就是在一个函数的函数体中使用了其他的函数。嵌套函数的使用包括函数的嵌套定义和函数的嵌套调用，下面分别进行介绍。

5.4.1　函数的嵌套定义

函数的嵌套定义就是在函数内部再定义其他的函数。例如，在一个函数内部嵌套定义另一个函数的代码如下：

```
01  function outFun(){                         // 定义外部函数
02     function inFun(m,n){                    // 定义内部函数
03        alert(m+n);                          // 输出两个参数的和
04     }
05     inFun(5,7);                             // 调用内部函数并传递参数
06  }
07  outFun();                                  // 调用外部函数
```

运行结果如图 5.8 所示。

在上述代码中定义了一个外部函数 outFun()，在该函数的内部又嵌套定义了一个函数

inFun()，它的作用是输出两个参数的和，最后在
外部函数中调用了内部函数。

👑 注意：

虽然在 JavaScript 中允许函数的嵌套定义，但它会使程序
的可读性降低，因此，尽量避免使用这种定义嵌套函数的方式。

图 5.8　输出两个参数的和

5.4.2　函数的嵌套调用

在 JavaScript 中，允许在一个函数的函数体中对另一个函数进行调用，这就是函数的嵌
套调用。例如，在函数 b() 中对函数 a() 进行调用，代码如下：

```
01  function a(){                          // 定义函数 a()
02      alert(" 从零开始学 JavaScript");    // 输出字符串
03  }
04  function b(){                          // 定义函数 b()
05      a();                               // 在函数 b() 中调用函数 a()
06  }
07  b();                                   // 调用函数 b()
```

运行结果如图 5.9 所示。

图 5.9　函数的嵌套调用并输出结果

[实例 5.3]
（源码位置：资源包 \Code\05\03)

获得选手的平均分

《我是歌王》的比赛中有 3 个评委，在选手演唱完毕后，3 位评委分别给出分数，将 3
个分数的平均分作为该选手的最后得分。某参赛选手在演唱完毕后，3 位评委给出的分数分
别为 95 分、91 分、93 分，通过函数的嵌套调用获取该参赛选手的最后得分。代码如下：

```
01  <script type="text/javascript">
02  function getAverage(score1,score2,score3){   // 定义含有 3 个参数的函数
03      var average=(score1+score2+score3)/3;    // 获取 3 个参数的平均值
04      return average;                          // 返回 average 变量的值
05  }
06  function getResult(score1,score2,score3){    // 定义含有 3 个参数的函数
07      // 输出传递的 3 个参数
08      document.write("3 个评委给出的分数分别为: "+score1+" 分、"+score2+" 分、"+score3+" 分 <br>");
09      var result=getAverage(score1,score2,score3);    // 调用 getAverage() 函数
10      document.write(" 该参赛选手的最后得分为: "+result+" 分 ");  // 输出函数的返回值
11  }
12  getResult(95,91,93);                         // 调用 getResult() 函数
13  </script>
```

运行结果如图 5.10 所示。

图 5.10　输出选手最后得分

5.5　递归函数

所谓递归函数就是函数在自身的函数体内调用自身。使用递归函数时一定要当心，处理不当将会使程序进入死循环。递归函数只在特定的情况下使用，比如处理阶乘问题。

语法：

```
function 函数名 ( 参数 1){
    函数名 ( 参数 2);
}
```

例如，使用递归函数取得 10! 的值，其中 10!=10×9!，而 9!=9×8!，以此类推，最后 1!=1，这样的数学公式在 JavaScript 程序中可以很容易使用函数进行描述，可以使用 $f(n)$ 表示 $n!$ 的值，当 $1<n<10$ 时，$f(n)=nf(n-1)$，当 $n \le 1$ 时，$f(n)=1$。代码如下：

```
01  function f(num){                          // 定义递归函数
02      if(num<=1){                           // 如果参数 num 的值小于等于 1
03          return 1;                         // 返回 1
04      }else{
05          return f(num-1)*num;              // 调用递归函数
06      }
07  }
08  alert("10! 的结果为: "+f(10));            // 调用函数输出 10 的阶乘
```

图 5.11　输出 10 的阶乘

本实例运行结果如图 5.11 所示。

在定义递归函数时需要两个必要条件：

① 包括一个结束递归的条件。如上面示例中的 if(num<=1) 语句，如果满足条件则执行 return 1 语句，不再递归。

② 包括一个递归调用语句。如上面示例中的 return f(num-1)*num 语句，用于实现调用递归函数。

5.6　变量的作用域

变量的作用域是指变量在程序中的有效范围，在该范围内可以使用该变量。变量的作用域取决于该变量是哪一种变量。

5.6.1　全局变量和局部变量

在 JavaScript 中，变量根据作用域可以分为两种：全局变量和局部变量。全局变量是定义在所有函数之外的变量，作用范围是该变量定义后的所有代码；局部变量是定义在函数体内的变量，只有在该函数中，且该变量定义后的代码中才可以使用这个变量，函数的参数也是局部性的，只在函数内部起作用。如果把函数比作一台机器，那么，在机器外摆放的原材料就相当于全局变量，这些原材料可以为所有机器使用，而机器内部所使用的原材料就相当于局部变量。

例如，下面的程序代码说明了变量的作用域作用不同的有效范围：

```
01  var a=" 这是一个全局变量 ";          // 该变量在函数外声明，作用于整个脚本
02  function send(){                     // 定义函数
03      var b=" 这是一个局部变量 ";       // 该变量在函数内声明，只作用于该函数体
04      document.write(a+"<br>");        // 输出全局变量的值
05      document.write(b);               // 输出局部变量的值
06  }
07  send();                              // 调用函数
```

运行结果为：

```
这是一个全局变量
这是一个局部变量
```

上述代码中，局部变量 b 只作用于函数体，如果在函数之外输出局部变量 b 的值，将会出现错误。错误代码如下：

```
01  var a=" 这是一个全局变量 ";          // 该变量在函数外声明，作用于整个脚本
02  function send(){                     // 定义函数
03      var b=" 这是一个局部变量 ";       // 该变量在函数内声明，只作用于该函数体
04      document.write(a+"<br>");        // 输出全局变量的值
05  }
06  send();                              // 调用函数
07  document.write(b);                   // 错误代码，不允许在函数外输出局部变量的值
```

5.6.2 变量的优先级

如果在函数体中定义了一个与全局变量同名的局部变量，那么该全局变量在函数体中将不起作用。例如，下面的程序代码将输出局部变量的值：

```
01  var a=" 这是一个全局变量 ";          // 声明一个全局变量 a
02  function send(){                     // 定义函数
03      var a=" 这是一个局部变量 ";       // 声明一个和全局变量同名的局部变量 a
04      document.write(a);               // 输出局部变量 a 的值
05  }
06  send();                              // 调用函数
```

运行结果为：

```
这是一个局部变量
```

上述代码中，定义了一个和全局变量同名的局部变量 a，此时在函数中输出变量 a 的值为局部变量的值。

5.7 内置函数

在使用 JavaScript 语言时，除了可以自定义函数之外，还可以使用 JavaScript 的内置函数，这些内置函数是由 JavaScript 语言自身提供的函数。JavaScript 中的一些主要内置函数如表 5.1 所示。

表 5.1　JavaScript 中的一些内置函数

函数	说明
parseInt()	将字符型转换为整型
parseFloat()	将字符型转换为浮点型
isNaN()	判断一个数值是否为 NaN
isFinite()	判断一个数值是否有限
eval()	求字符串中表达式的值
encodeURI()	将 URI 字符串进行编码
decodeURI()	对已编码的 URI 字符串进行解码

下面将对这些内置函数做详细介绍。

5.7.1　数值处理函数

（1）parseInt() 函数

该函数主要将首位为数字的字符串转换成数字，如果字符串不是以数字开头，那么将返回 NaN。

语法：

```
parseInt(string,[n])
```

参数说明：

◆ string：需要转换为整型的字符串。

◆ n：用于指出字符串中的数据是几进制的数据。这个参数在函数中不是必需的。

例如，将字符串转换成数字的示例代码如下：

```
01  var str1="520mjh";                            // 定义字符串变量
02  var str2="mjh520";                            // 定义字符串变量
03  document.write(parseInt(str1)+"<br>");        // 将字符串 str1 转换成数字并输出
04  document.write(parseInt(str1,8)+"<br>");      // 将字符串 str1 中的八进制数字进行输出
05  document.write(parseInt(str2));               // 将字符串 str2 转换成数字并输出
```

运行结果为：

```
520
336
NaN
```

（2）parseFloat() 函数

该函数主要将首位为数字的字符串转换成浮点型数字，如果字符串不是以数字开头，那么将返回 NaN。

语法：

```
parseFloat(string)
```

参数说明：

◆ string：需要转换为浮点型的字符串。

例如，将字符串转换成浮点型数字的示例代码如下：

```
01  var str1="123.56mn";                       // 定义字符串变量
02  var str2="mn123.56";                        // 定义字符串变量
03  document.write(parseFloat(str1)+"<br>");    // 将字符串 str1 转换成浮点数并输出
04  document.write(parseFloat(str2));           // 将字符串 str2 转换成浮点数并输出
```

运行结果为：

```
123.56
NaN
```

（3）isNaN() 函数

该函数主要用于检验某个值是否为 NaN。

语法：

```
isNaN(num)
```

参数说明：

◆ num ：需要验证的数字。

👑 说明：

如果参数 num 为 NaN，则函数返回值为 true ；如果参数 num 不是 NaN，则函数返回值为 false。

例如，判断其参数是否为 NaN 的示例代码如下：

```
01  var num1=96;                                // 定义数值型变量
02  var num2="96abc";                           // 定义字符串变量
03  document.write(isNaN(num1)+"<br>");         // 判断变量 num1 的值是否为 NaN 并输出结果
04  document.write(isNaN(num2));                // 判断变量 num2 的值是否为 NaN 并输出结果
```

运行结果为：

```
false
true
```

（4）isFinite() 函数

该函数主要用于检验其参数是否有限。

语法：

```
isFinite(num)
```

参数说明：

◆ num ：需要验证的数字。

👑 说明：

如果参数 num 是有限数字（或可转换为有限数字），则函数返回值为 true ；如果参数 num 是 NaN 或无穷大，则函数返回值为 false。

例如，判断其参数是否为有限的示例代码如下：

```
01  document.write(isFinite(23569)+"<br>");      // 判断数值 23569 是否为有限并输出结果
02  document.write(isFinite("23569abc")+"<br>");  // 判断字符串 "23569abc" 是否为有限并输出结果
```

```
03   document.write(isFinite(1/0));                    // 判断 1/0 的结果是否为有限并输出结果
```

运行结果为:

```
true
false
false
```

5.7.2 字符串处理函数

（1）eval() 函数

该函数的功能是计算字符串表达式的值，并执行其中的 JavaScript 代码。
语法:

```
eval(string)
```

参数说明:

◆ string : 需要计算的字符串，其中含有要计算的表达式或要执行的语句。
例如，应用 eval() 函数计算字符串的示例代码如下:

```
01   document.write(eval("5+6+9"));                    // 计算表达式的值并输出结果
02   document.write("<br>");                            // 输出换行标签
03   eval("m=2;n=3;document.write(m*n)");               // 执行代码并输出结果
```

运行结果为:

```
20
6
```

（2）encodeURI() 函数

该函数主要用于将 URI 字符串进行编码。
语法:

```
encodeURI(url)
```

参数说明:

◆ url : 需要编码的 URI 字符串。

👑 说明:

URI 与 URL 都可以表示网络资源地址，URI 比 URL 表示范围更加广泛，但在一般情况下，URI 与 URL 可以是
等同的。encodeURI() 函数只对字符串中有意义的字符进行转义。例如将字符串中的空格转换为 "%20"。

例如，应用 encodeURI() 函数对 URI 字符串进行编码的示例代码如下:

```
01   var URI="http://127.0.0.1/index.html?name= 测试 ";  // 定义 URI 字符串
02   document.write(encodeURI(URI));                     // 对 URI 字符串进行编码并输出
```

运行结果为:

```
http://127.0.0.1/index.html?name=%E6%B5%8B%E8%AF%95
```

（3）decodeURI() 函数

该函数主要用于对已编码的 URI 字符串进行解码。

语法：

```
decodeURI(url)
```

参数说明：

◆ url：需要解码的 URI 字符串。

👑 说明：

此函数可以将使用 encodeURI() 转码的网络资源地址转换为字符串并返回，也就是说 decodeURI() 函数是 encodeURI() 函数的逆向操作。

例如，应用 decodeURI() 函数对 URI 字符串进行解码的示例代码如下：

```
01  var URI=encodeURI("http://127.0.0.1/index.html?name=测试"); // 对 URI 字符串进行编码
02  document.write(decodeURI(URI));                  // 对编码后的 URI 字符串进行解码并输出
```

运行结果为：

```
http://127.0.0.1/index.html?name=测试
```

5.8　定义匿名函数

除了使用基本的 function 语句之外，还可使用另外两种方式来定义函数，即在表达式中定义函数和使用 Function() 构造函数来定义函数。因为在使用这两种方式定义函数的时候并未指定函数名，所以也被称为匿名函数，下面分别对这两种方式进行介绍。

5.8.1　在表达式中定义函数

在 JavaScript 中提供了一种定义匿名函数的方法，就是在表达式中直接定义函数，它的语法和 function 语句非常相似。其语法格式如下：

```
var 变量名 = function( 参数 1, 参数 2,……) {
     函数体
};
```

这种定义函数的方法不需要指定函数名，把定义的函数赋值给一个变量，后面的程序就可以通过这个变量来调用这个函数，这种定义函数的方法有很好的可读性。

例如，在表达式中直接定义一个返回两个数字和的匿名函数，代码如下：

```
01  <script type="text/javascript">
02  var sum = function(m,n){               // 定义匿名函数
03      return m+n;                        // 返回两个参数的和
04  };
05  alert("20+30="+sum(20,30));            // 调用函数并输出结果
06  </script>
```

运行结果如图 5.12 所示。

在以上代码中定义了一个匿名函数，并把对它的引用存储在变量 sum 中。该函数有两个参数，分别为 m 和 n。该函数的函数体为 "return m+n"，即返回参数 m 与参数 n 的和。

图 5.12　输出两个数字的和

[实例 5.4]　　　　　　　　　　　　　　　　　（源码位置：资源包 \Code\05\04）

输出星号金字塔形图案

编写一个带有一个参数的匿名函数，该参数用于指定显示多少层星号"*"，通过传递的参数在页面中输出 6 层星号的金字塔形图案。代码如下：

```
01  <script type="text/javascript">
02  var star=function(n){                        // 定义匿名函数
03      for(var i=1; i<=n; i++){                  // 定义外层 for 循环语句
04          for(var j=1; j<=n-i; j++){            // 定义内层 for 循环语句
05              document.write(" ");          // 输出空格
06          }
07          for(var j=1; j<=i; j++){               // 定义内层 for 循环语句
08              document.write("* ");         // 输出 * 和空格
09          }
10          document.write("<br>");                // 输出换行标记
11      }
12  }
13  star(6);                                       // 调用函数并传递参数
14  </script>
```

运行结果如图 5.13 所示。

5.8.2　使用 Function() 构造函数

除了在表达式中定义函数之外，还有一种定义匿名函数的方法——使用 Function() 构造函数来定义函数。这种方式可以动态地创建函数。Function() 构造函数的语法格式如下：

图 5.13　输出多层星号金字塔形图案

> var 变量名 = new Function(" 参数 1"," 参数 2",……, " 函数体 ");

使用 Function() 构造函数可以接收一个或多个参数作为函数的参数，也可以一个参数也不使用。Function() 构造函数的最后一个参数为函数体的内容。

👑 **注意**：

　　Function() 构造函数中的所有参数和函数体都必须是字符串类型，因此一定要用双引号或单引号引起来。

例如：使用 Function() 构造函数定义一个计算两个数字和的函数，代码如下：

```
01  var sum = new Function("m","n","alert(m+n);");// 使用 Function() 构造函数定义函数
02  sum(20,30);                                    // 调用函数
```

运行结果如图 5.14 所示。

上述代码中，sum 并不是一个函数名，而是一个指向函数的变量，因此，使用 Function() 构造函数创建的函数也是匿名函数。在创建的这个构造函数中有两个参数，分别

为 m 和 n。该函数的函数体为"alert(m+n)"，即输出 m 与 n 的和。

此网页显示

50

确定

图 5.14　输出两个数字的和

本章知识思维导图

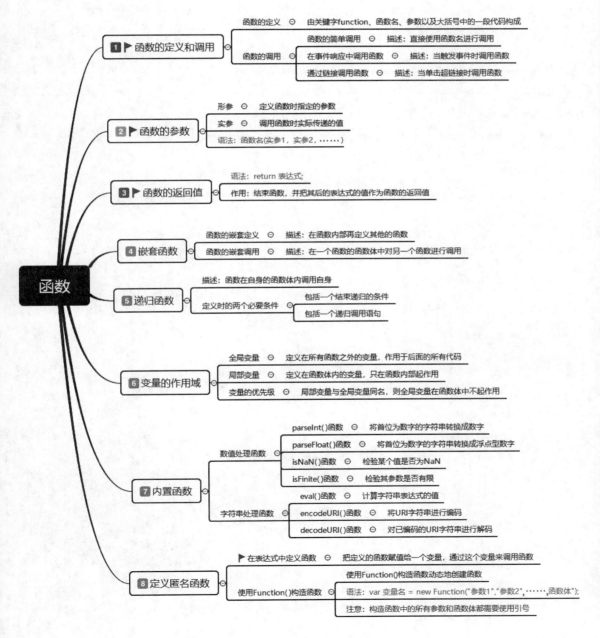

第 6 章

自定义对象

 本章学习目标

- 了解对象的概念。
- 熟悉自定义对象的创建方法。
- 了解两种对象访问语句的使用。

6.1　对象简介

对象是 JavaScript 中的数据类型之一，是一种复合的数据类型，它将多种数据类型集中在一个数据单元中，并允许通过对象来存取这些数据的值。

6.1.1　什么是对象

对象的概念首先来自对客观世界的认识，它用于描述客观世界存在的特定实体。比如，"人"就是一个典型的对象，"人"包括身高、体重等特性，同时又包含吃饭、睡觉等动作。"人"对象示意图如图 6.1 所示。

在计算机的世界里，不仅存在来自客观世界的对象，也包含为解决问题而引入的比较抽象的对象。例如，一个用户可以被看作一个对象，它包含用户名、用户密码等特性，也包含注册、登录等动作。其中，用户名和用户密码等特性，可以用变量来描述；而注册、登录等动作，可以用函数来定义。因此，对象实际上就是一些变量和函数的集合。"用户"对象示意图如图 6.2 所示。

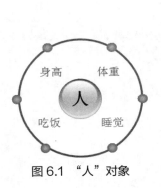

图 6.1　"人"对象

图 6.2　"用户"对象

6.1.2　对象的属性和方法

在 JavaScript 中，对象包含两个要素：属性和方法。通过访问或设置对象的属性，并且调用对象的方法，就可以对对象进行各种操作，从而获得需要的功能。

（1）对象的属性

将包含在对象内部的变量称为对象的属性，它是用来描述对象特性的一组数据。

在程序中使用对象的一个属性类似于使用一个变量，就是在属性名前加上对象名和一个句点"."。获取或设置对象的属性值的语法格式如下：

```
对象名 . 属性名
```

以"用户"对象为例，该对象有用户名和密码两个属性，以下代码可以分别获取该对象的这两个属性值：

```
var name = 用户 . 用户名；
```

```
var pwd = 用户 . 密码 ;
```

也可以通过以下代码来设置"用户"对象的这两个属性值。

```
用户 . 用户名 = "mrkj";
用户 . 密码 = "123456";
```

（2）对象的方法

将包含在对象内部的函数称为对象的方法，它可以用来实现某个功能。

在程序中调用对象的一个方法类似于调用一个函数，就是在方法名前加上对象名和一个句点"."，语法格式如下：

```
对象名 . 方法名 ( 参数 )
```

与函数一样，在对象的方法中有可能使用一个或多个参数，也可能不需要使用参数，同样以"用户"对象为例，该对象有注册和登录两个方法，以下代码可以分别调用该对象的这两个方法：

```
用户 . 注册 ();
用户 . 登录 ();
```

👑 说明：

在 JavaScript 中，对象就是属性和方法的集合，这些属性和方法也叫作对象的成员。方法是作为对象成员的函数，表明对象所具有的行为；而属性是作为对象成员的变量，表明对象的状态。

6.1.3　JavaScript 对象的种类

在 JavaScript 中可以使用 3 种对象，即自定义对象、内置对象和浏览器对象。内置对象和浏览器对象又称为预定义对象。

在 JavaScript 中将一些常用的功能预先定义成对象，这些对象用户可以直接使用，这种对象就是内置对象。这些内置对象可以帮助用户在编写程序时实现一些最常用、最基本的功能，例如 Math、Date、String、Array、Number、Boolean、Global、Object 和 RegExp 对象等。

浏览器对象是浏览器根据系统当前的配置和所装载的页面为 JavaScript 提供的一些对象。例如 document、window 对象等。

自定义对象就是指用户根据需要自己定义的新对象。

6.2　自定义对象的创建

创建自定义对象主要有 3 种方法：一种是直接创建自定义对象，另一种是通过自定义构造函数来创建，还有一种是通过系统内置的 Object 对象创建。

6.2.1　直接创建自定义对象

直接创建自定义对象的语法格式如下：

```
var 对象名 = { 属性名 1: 属性值 1, 属性名 2: 属性值 2, 属性名 3: 属性值 3, ……}
```

由语法格式可以看出，直接创建自定义对象时，所有属性都放在大括号中，属性之间用逗号分隔，每个属性都由属性名和属性值两部分组成，属性名和属性值之间用冒号隔开。

例如，创建一个学生对象 student，并设置 3 个属性，分别为 name、sex 和 age，然后输出这 3 个属性的值，代码如下：

```
01   var student = {                                        // 创建 student 对象
02       name:" 张无忌 ",
03       sex:" 男 ",
04       age:20
05   }
06   document.write(" 姓名: "+student.name+"<br>");    // 输出 name 属性值
07   document.write(" 性别: "+student.sex+"<br>");     // 输出 sex 属性值
08   document.write(" 年龄: "+student.age+"<br>");     // 输出 age 属性值
```

运行结果如图 6.3 所示。

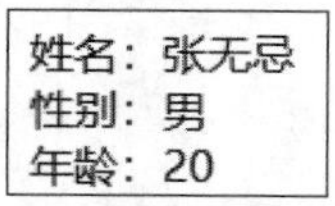

另外，还可以使用数组的方式对属性值进行输出，代码如下：

| 姓名：张无忌 |
| 性别：男 |
| 年龄：20 |

图 6.3　创建学生对象并输出属性值

```
01   var student = {                                        // 创建 student 对象
02       name:" 张无忌 ",
03       sex:" 男 ",
04       age:20
05   }
06   document.write(" 姓名: "+student['name']+"<br>");    // 输出 name 属性值
07   document.write(" 性别: "+student['sex']+"<br>");     // 输出 sex 属性值
08   document.write(" 年龄: "+student['age']+"<br>");     // 输出 age 属性值
```

6.2.2　通过自定义构造函数创建对象

虽然直接创建自定义对象很方便也很直观，但是如果要创建多个相同的对象，使用这种方法就显得很烦琐了。在 JavaScript 中可以自定义构造函数，通过调用自定义的构造函数可以创建并初始化一个新的对象。与普通函数不同，调用构造函数必须使用 new 运算符。构造函数也可以和普通函数一样使用参数，其参数通常用于初始化新对象。在构造函数的函数体内通过 this 关键字初始化对象的属性与方法。

例如，要创建一个学生对象 student，可以定义一个名称为 Student 的构造函数，代码如下：

```
01   function Student(name,sex,age){                    // 定义构造函数
02       this.name = name;                              // 初始化对象的 name 属性
03       this.sex = sex;                                // 初始化对象的 sex 属性
04       this.age = age;                                // 初始化对象的 age 属性
05   }
```

上述代码中，在构造函数内部对 3 个属性 name、sex 和 age 进行了初始化，其中，this 关键字表示对对象自己的属性、方法的引用。

利用该函数，可以用 new 运算符创建一个新对象，代码如下：

```
var student1 = new Student(" 张无忌 "," 男 ",20);    // 创建对象实例
```

上述代码创建了一个名为 student1 的新对象，新对象 student1 称为对象 student 的实例。使用 new 运算符创建一个对象实例后，JavaScript 会接着自动调用所使用的构造函数，执行

构造函数中的程序。

另外，还可以创建多个 student 对象的实例，每个实例都是独立的。代码如下：

```
01  var student2 = new Student(" 赵敏 "," 女 ",18);        // 创建其他对象实例
02  var student3 = new Student(" 令狐冲 "," 男 ",23);       // 创建其他对象实例
```

 [实例 6.1]　　　　　　　　　　　　　　　　　　　　　　（源码位置：资源包 \Code\06\01 ）

创建一个球员对象

应用构造函数创建一个球员对象，定义构造函数 Player()，在函数中应用 this 关键字初始化对象中的属性，然后创建一个对象实例，最后输出对象中的属性值，即输出球员的身高、体重、运动项目、所属球队和专业特点。程序代码如下：

```
01  <h1 style="font-size:24px;"> 克里斯蒂亚诺 • 罗纳尔多 </h1>
02  <script type="text/javascript">
03  function Player(height,weight,sport,team,character){
04      this.height = height;                         // 对象的 height 属性
05      this.weight = weight;                         // 对象的 weight 属性
06      this.sport = sport;                           // 对象的 sport 属性
07      this.team = team;                             // 对象的 team 属性
08      this.character = character;                   // 对象的 character 属性
09  }
10  var player1 = new Player("185 厘米 ","80 千克 "," 足球 "," 尤文图斯 "," 技术出众，速度惊人 ");
// 创建一个新对象 player1
11  document.write(" 球员身高: "+player1.height+"<br>");   // 输出 height 属性值
12  document.write(" 球员体重: "+player1.weight+"<br>");   // 输出 weight 属性值
13  document.write(" 运动项目: "+player1.sport+"<br>");    // 输出 sport 属性值
14  document.write(" 所属球队: "+player1.team+"<br>");     // 输出 team 属性值
15  document.write(" 专业特点: "+player1.character+"<br>"); // 输出 character 属性值
16  </script>
```

图 6.4　输出球员对象的属性值

运行结果如图 6.4 所示。

对象不但可以拥有属性，还可以拥有方法。在定义构造函数时，也可以定义对象的方法。与对象的属性一样，在构造函数里也需要使用 this 关键字来初始化对象的方法。例如，在 student 对象中定义 3 个方法 showName()、showAge() 和 showSex()，代码如下：

```
01  function Student(name,sex,age){                  // 定义构造函数
02      this.name = name;                            // 初始化对象的属性
03      this.sex = sex;                              // 初始化对象的属性
04      this.age = age;                              // 初始化对象的属性
05      this.showName = showName;                    // 初始化对象的方法
06      this.showSex = showSex;                      // 初始化对象的方法
07      this.showAge = showAge;                      // 初始化对象的方法
08  }
09  function showName(){                             // 定义 showName() 方法
10      alert(this.name);                            // 输出 name 属性值
11  }
12  function showSex(){                              // 定义 showSex() 方法
13      alert(this.sex);                             // 输出 sex 属性值
14  }
15  function showAge(){                              // 定义 showAge() 方法
16      alert(this.age);                             // 输出 age 属性值
17  }
```

另外，也可以在构造函数中直接使用表达式来定义方法，代码如下：

```
01  function Student(name,sex,age){                    // 定义构造函数
02      this.name = name;                              // 初始化对象的属性
03      this.sex = sex;                                // 初始化对象的属性
04      this.age = age;                                // 初始化对象的属性
05      this.showName=function(){                      // 应用表达式定义 showName() 方法
06          alert(this.name);                          // 输出 name 属性值
07      };
08      this.showSex=function(){                       // 应用表达式定义 showSex() 方法
09          alert(this.sex);                           // 输出 sex 属性值
10      };
11      this.showAge=function(){                       // 应用表达式定义 showAge() 方法
12          alert(this.age);                           // 输出 age 属性值
13      };
14  }
```

[实例 6.2]

（源码位置：资源包 \Code\06\02 ）

输出演员个人简介

应用构造函数创建一个演员对象 Actor，在构造函数中定义对象的属性和方法，通过创建的对象实例调用对象中的方法，输出演员的中文名、代表作品以及主要成就。程序代码如下：

```
01  function Actor(name,work,achievement){
02      this.name = name;                                          // 对象的 name 属性
03      this.work = work;                                          // 对象的 work 属性
04      this.achievement = achievement;                            // 对象的 achievement 属性
05      this.introduction = function(){                            // 定义 introduction() 方法
06          document.write(" 中文名: "+this.name);                 // 输出 name 属性值
07          document.write("<br> 代表作品: "+this.work);           // 输出 work 属性值
08          document.write("<br> 主要成就: "+this.achievement);    // 输出 achievement 属性值
09      }
10  }
11  var Actor1 = new Actor(" 金 • 凯瑞 ""《变相怪杰》《楚门的世界》",
    " 金球奖最佳男主角 ");                                          // 创建对象 Actor1
12  Actor1.introduction();                                         // 调用 introduction() 方法
```

运行结果如图 6.5 所示。

调用构造函数创建对象需要注意一个问题。如果构造函数中定义了多个属性和方法，那么在每次创建对象实例时都会为该对象分配相同的属性和方法，这样会增加对内存的需求，这时可以通过 prototype 属性来解决这个问题。

图 6.5　调用对象中的方法输出演员简介

prototype 属性是 JavaScript 中所有函数都有的一个属性。该属性可以向对象中添加属性或方法。

语法：

```
object.prototype.name=value
```

参数说明：

◆ object：构造函数名。

◆ name：要添加的属性名或方法名。

◆ value：添加属性的值或执行方法的函数。

例如，在 student 对象中应用 prototype 属性向对象中添加一个 show() 方法，通过调用 show() 方法输出对象中 3 个属性的值。代码如下：

```
01  function Student(name,sex,age){              // 定义构造函数
02      this.name = name;                        // 初始化对象的属性
03      this.sex = sex;                          // 初始化对象的属性
04      this.age = age;                          // 初始化对象的属性
05  }
06  Student.prototype.show=function(){           // 添加 show() 方法
07      alert(" 姓名: "+this.name+"\n 性别: "+this.sex+"\n 年龄: "+this.age);
08  }
09  var student1=new Student(" 张无忌 "," 男 ",20);   // 创建对象实例
10  student1.show();                             // 调用对象的 show() 方法
```

运行结果如图 6.6 所示。

图 6.6　输出 3 个属性值

 [实例 6.3]

（源码位置：资源包 \Code\06\03）

创建一个圆的对象

应用构造函数创建一个圆的对象 Circle，定义构造函数 Circle()，然后应用 prototype 属性向对象中添加属性和方法，通过调用方法实现计算圆的周长和面积的功能。程序代码如下：

```
01  function Circle(r){
02      this.r=r;                                // 设置对象的 r 属性
03  }
04  Circle.prototype.pi=3.14;                    // 添加对象的 pi 属性
05  Circle.prototype.circumference=function(){   // 添加计算圆周长的 circumference() 方法
06      return 2*this.pi*this.r;                 // 返回圆的周长
07  }
08  Circle.prototype.area=function(){            // 添加计算圆面积的 area() 方法
09      return this.pi*this.r*this.r;            // 返回圆的面积
10  }
11  var c=new Circle(20);                        // 创建一个新对象 c
12  document.write(" 圆的半径为 "+c.r+"<br>");       // 输出圆的半径
13  document.write(" 圆的周长为 "+parseInt(c.circumference())+"<br>");   // 输出圆的周长
14  document.write(" 圆的面积为 "+parseInt(c.area()));                   // 输出圆的面积
```

运行结果如图 6.7 所示。

6.2.3　通过 Object 对象创建自定义对象

Object 对象是 JavaScript 中的内部对象，它提供了对象的最基本功能，这些功能构成了所有其他对象的基础。Object 对象提供了创建自定义对象的简单方式，使用这种方式不需

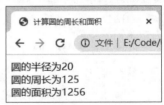

图 6.7　计算圆的周长和面积

要再定义构造函数。可以在程序运行时为 JavaScript 对象随意添加属性，因此使用 Object 对象能很容易地创建自定义对象。

创建 Object 对象的语法如下：

```
obj = new Object([value])
```

参数说明：

◆ obj：必选项，要赋值为 Object 对象的变量名。

◆ value：可选项，任意一种 JScript 基本数据类型（Number、Boolean 或 String）。如果 value 为一个对象，返回不作改动的该对象。如果 value 为 null、undefined，或者没有给出，则产生没有内容的对象。

使用 Object 对象可以创建一个没有任何属性的空对象。如果要设置对象的属性，只需要将一个值赋给对象的新属性即可。例如，使用 Object 对象创建一个自定义对象 student，并设置对象的属性，然后对属性值进行输出，代码如下：

```
01  var student = new Object();               // 创建一个空对象
02  student.name = " 令狐冲 ";                 // 设置对象的 name 属性
03  student.sex = " 男 ";                      // 设置对象的 sex 属性
04  student.age = 23;                          // 设置对象的 age 属性
05  document.write(" 姓名: "+student.name+"<br>"); // 输出对象的 name 属性值
06  document.write(" 性别: "+student.sex+"<br>");  // 输出对象的 sex 属性值
07  document.write(" 年龄: "+student.age+"<br>");  // 输出对象的 age 属性值
```

运行结果如图 6.8 所示。

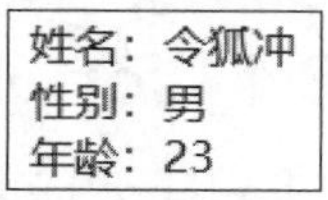

👑 说明：

一旦通过给属性赋值创建了该属性，就可以在任何时候修改这个属性的值，只需要赋给它新值即可。

姓名：令狐冲
性别：男
年龄：23

图 6.8　创建 Object
对象并输出属性值

在使用 Object 对象创建自定义对象时，也可以定义对象的方法。例如，在 student 对象中定义方法 show()，然后对方法进行调用，代码如下：

```
01  var student = new Object();               // 创建一个空对象
02  student.name = " 令狐冲 ";                 // 设置对象的 name 属性
03  student.sex = " 男 ";                      // 设置对象的 sex 属性
04  student.age = 23;                          // 设置对象的 age 属性
05  student.show = function(){                 // 定义对象的方法
06                                             // 输出属性的值
07      alert(" 姓名: "+student.name+"\n 性别: "+student.sex+"\n 年龄: "+student.age);
08  };
09  student.show();                           // 调用对象的方法
```

此网页显示

姓名：令狐冲
性别：男
年龄：23

确定

图 6.9　调用对象的方法

运行结果如图 6.9 所示。

如果在创建 Object 对象时没有指定参数，JavaScript 将会创建一个 Object 实例，但该实例并没有具体指定为哪种对象类型，这种方法多用于创建一个自定义对象。如果在创建 Object 对象时指定了参数，可以直接将 value 参数的值转换为相应的对象。如以下代码就是通过 Object 对象创建了一个字符串对象。

```
var myObj = new Object("Hello JavaScript");     // 创建一个字符串对象
```

[实例 6.4]

（源码位置：资源包 \Code\06\04）

创建一个图书对象

使用 Object 对象创建自定义对象 book，在 book 对象中定义方法 getBookInfo()，在方法中传递 3 个参数，然后对这个方法进行调用，输出图书信息。程序代码如下：

```
01  var book = new Object();                        // 创建一个空对象
02  book.getBookInfo = getBookInfo;                 // 定义对象的方法
03  function getBookInfo(name,type,price){
04                                                  // 输出图书的书名、类型及价格
05      document.write(" 书名: "+name+"<br> 类型: "+type+"<br> 价格: "+price);
06  }
07  book.getBookInfo("JavaScript 范例宝典 ","JavaScript","60");   // 调用对象的方法
```

运行结果如图 6.10 所示。

6.3 对象访问语句

在 JavaScript 中，for…in 语句和 with 语句都是专门应用于对象的语句。下面对这两个语句分别进行介绍。

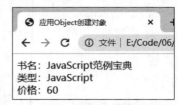

图 6.10 创建图书对象并调用对象中的方法

6.3.1 for…in 语句

for…in 语句和 for 语句十分相似，它用来遍历对象的每一个属性，每次都将属性名作为字符串保存在变量里。

语法：

```
for ( 变量 in 对象 ) {
    语句
}
```

参数说明：

◆ 变量：用于存储某个对象的所有属性名。

◆ 对象：用于指定要遍历属性的对象。

◆ 语句：用于指定循环体。

for…in 语句用于对某个对象的所有属性进行循环操作。将某个对象的所有属性名称依次赋值给同一个变量，而不需要事先知道对象属性的个数。

👑 注意：

应用 for…in 语句遍历对象的属性，在输出属性值时一定要使用数组的形式（对象名 [属性名]）进行输出，而不能使用"对象名 . 属性名"这种形式。

下面应用 for…in 循环语句输出对象中的属性名和值。首先创建一个对象，并且指定对象的属性，然后应用 for…in 循环语句输出对象的所有属性和值。程序代码如下；

```
01  var object={user:" 赵敏 ",sex:" 女 ",age:18,interest:" 弹琴、练武功 "}; // 创建自定义对象
02  for (var example in object){                              // 应用 for…in 循环语句
03      document.write (" 属性: "+example+"="+object[example]+"<br>");   // 输出各属性名及属性值
04  }
```

运行结果如图 6.11 所示。

```
属性: user=赵敏
属性: sex=女
属性: age=18
属性: interest=弹琴、练武功
```

图 6.11　输出对象中的属性名及属性值

6.3.2　with 语句

with 语句被用于在访问一个对象的属性或方法时避免重复引用指定对象名。使用 with 语句可以简化对象属性调用的层次。

语法如下：

```
with( 对象名称 ){
    语句
}
```

◆ 对象名称：用于指定要操作的对象名称。

◆ 语句：要执行的语句，可直接引用对象的属性名或方法名。

在一个连续的程序代码中，如果多次使用某个对象的多个属性或方法，那么只要在 with 关键字后的小括号中写出该对象实例的名称，就可以在随后的大括号中的程序语句中直接引用该对象的属性名或方法名，不必再在每个属性名或方法名前都加上对象实例名和 "."。

例如，应用 with 语句实现 student 对象的多次引用，代码如下：

```
01  function Student(name,sex,age){
02      this.name = name;                                  // 设置对象的 name 属性
03      this.sex = sex;                                    // 设置对象的 sex 属性
04      this.age = age;                                    // 设置对象的 age 属性
05  }
06  var student=new Student(" 张无忌 "," 男 ",20);           // 创建新对象
07  with(student){                                         // 应用 with 语句
08      alert(" 姓名: "+name+"\n 性别: "+sex+"\n 年龄: "+age);  // 输出多个属性的值
09  }
```

运行结果如图 6.12 所示。

图 6.12　with 语句的应用

本章知识思维导图

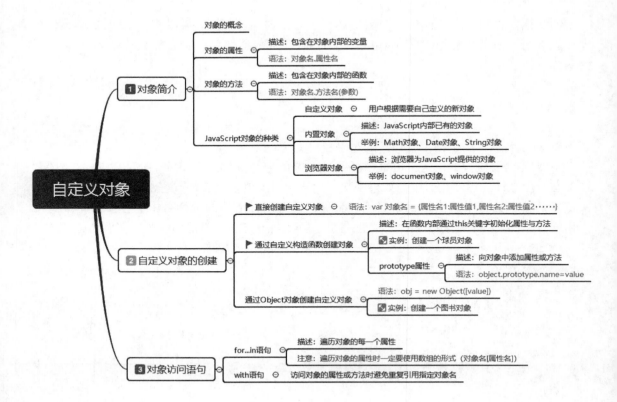

第 7 章

Math 对象和 Date 对象

扫码领取
- ▶ 配套视频
- ▶ 配套素材
- ▶ 学习指导
- ▶ 交流社群

 本章学习目标

- 了解 Math 对象的属性。
- 掌握 Math 对象的常用方法。
- 熟悉创建 Date 对象的几种方法。
- 了解 Date 对象的属性。
- 掌握 Date 对象的常用方法。

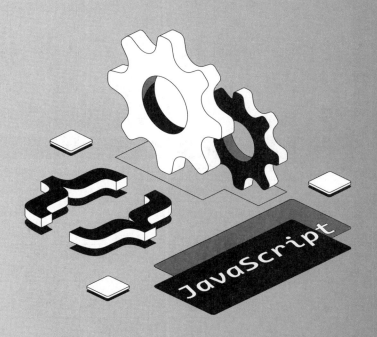

7.1　Math 对象

Math 对象提供了大量的数学常量和数学函数。在使用 Math 对象时，不能使用 new 关键字创建对象实例，而应直接使用"对象名 . 成员"的格式来访问其属性或方法。下面将对 Math 对象的属性和方法进行介绍。

7.1.1　Math 对象的属性

Math 对象的属性是数学中常用的常量，如表 7.1 所示。

表 7.1　Math 对象的属性

属性	描述	属性	描述
E	欧拉常量（2.718281828459045）	LOG2E	以 2 为底数的 e 的对数（1.4426950408889633）
LN2	2 的自然对数（0.6931471805599453）	LOG10E	以 10 为底数的 e 的对数（0.4342944819032518）
LN10	10 的自然对数（2.3025850994046）	PI	圆周率常数 π（3.141592653589793）
SQRT2	2 的平方根（1.4142135623730951）	SQRT1_2	0.5 的平方根（0.7071067811865476）

例如，已知一个圆的半径是 8，计算这个圆的周长和面积。代码如下：

```
01  var r = 8;                                              // 定义圆的半径
02  var circumference = 2*Math.PI*r;                        // 定义圆的周长
03  var area = Math.PI*r*r;                                 // 定义圆的面积
04  document.write(" 圆的半径为 "+r+"<br>");                // 输出圆的半径
05  document.write(" 圆的周长为 "+parseInt(circumference)+"<br>"); // 输出圆的周长
06  document.write(" 圆的面积为 "+parseInt(area));          // 输出圆的面积
```

运行结果为：

```
圆的半径为 8
圆的周长为 50
圆的面积为 201
```

7.1.2　Math 对象的方法

Math 对象的方法是数学中常用的函数，如表 7.2 所示。

表 7.2　Math 对象的方法

方法	描述	示例
abs(x)	返回 x 的绝对值	Math.abs(-3);　　//返回值为 3
acos(x)	返回 x 弧度的反余弦值	Math.acos(1);　　//返回值为 0
asin(x)	返回 x 弧度的反正弦值	Math.asin(1);　　//返回值为 1.5707963267948965
atan(x)	返回 x 弧度的反正切值	Math.atan(1);　　//返回值为 0.7853981633974483
atan2(x,y)	返回从 x 轴到点（x,y）的角度，其值在 -PI 与 PI 之间	Math.atan2(10,5);　//返回值为 1.1071487177940904
ceil(x)	返回大于或等于 x 的最小整数	Math.ceil(1.25);　　//返回值为 2 Math.ceil(-1.25);　//返回值为 -1

方法	描述	示例
cos(x)	返回 x 的余弦值	Math.cos(0);　　//返回值为 1
exp(x)	返回 e 的 x 次方	Math.exp(4);　//返回值为 54.598150033144236
floor(x)	返回小于或等于 x 的最大整数	Math.floor(1.25);　　//返回值为 1 Math.floor(-1.25);　　//返回值为 -2
log(x)	返回 x 的自然对数	Math.log(1);　　//返回值为 0
max(n1,n2,…)	返回参数列表中的最大值	Math.max(3,6,5);　　//返回值为 6
min(n1,n2,…)	返回参数列表中的最小值	Math.min(3,6,5);　　//返回值为 3
pow(x,y)	返回 x 的 y 次方	Math.pow(3,4);　　//返回值为 81

random()	返回 0 和 1 之间的随机数	Math.random();//返回值为类似 0.3269076597832716
		的随机数

round(x)	返回最接近 x 的整数，即四舍五入函数	Math.round(1.65);　　//返回值为 2 Math.round(-1.65);　　//返回值为 -2
sin(x)	返回 x 的正弦值	Math.sin(0);　　//返回值为 0
sqrt(x)	返回 x 的平方根	Math.sqrt(2);　//返回值为 1.4142135623730951
tan(x)	返回 x 的正切值	Math.tan(90);　//返回值为 -1.995200412208242

例如，计算两个数值中的较大值，可以通过 Math 对象的 max() 函数。代码如下：

```
var larger = Math.max(value1,value2);     // 获取变量 value1 和 value2 的最大值
```

或者计算一个数的 5 次方，代码如下：

```
var result = Math.pow(value1,5);          // 获取变量 value1 的 5 次方
```

或者使用四舍五入函数计算最相近的整数值，代码如下：

```
var result = Math.round(value);           // 对变量 value 的值进行四舍五入
```

 [实例 7.1]

（源码位置：资源包 \Code\07\01 ）

生成指定位数的随机数

应用 Math 对象中的方法实现生成指定位数的随机数的功能。实现步骤如下：

① 在页面中创建表单，在表单中添加一个用于输入随机数位数的文本框和一个"生成"按钮，代码如下：

```
01   请输入要生成随机数的位数: <p>
02   <form name="form">
03     <input type="text" name="digit" />
04     <input type="button" value="生成 " />
05   </form>
```

② 编写生成指定位数的随机数的函数 ran()，该函数只有一个参数 digit，用于指定生成的随机数的位数，代码如下：

```
01   function ran(digit){
02     var result="";                        // 声明变量并初始化
```

```
03      for(i=0;i<digit;i++){
04        result=result+(Math.floor(Math.random()*10));   // 将生成的单个随机数连接起来
05      }
06      alert(result);                                      // 输出随机数
07  }
```

③ 在"生成"按钮的 onClick 事件中调用 ran() 函数生成随机数，代码如下：

```
<input type="button" value=" 生成 " onclick="ran(form.digit.value)" />
```

运行程序，结果如图 7.1 所示。

7.2 Date 对象

图 7.1 生成指定位数的随机数

在 Web 开发过程中，可以使用 JavaScript 的 Date 对象（日期对象）来实现对日期和时间的控制。如果想在网页中显示计时时钟，就得重复生成新的 Date 对象来获取当前计算机的时间。用户可以使用 Date 对象执行各种使用日期和时间的过程。

7.2.1 创建 Date 对象

日期对象是对一个对象数据类型求值，该对象主要负责处理与日期和时间有关的数据信息。在使用 Date 对象前，首先要创建该对象，其创建格式如下：

语法：

```
dateObj = new Date()
dateObj = new Date(dateVal)
dateObj = new Date(year, month, date[, hours[, minutes[, seconds[,ms]]]])
```

Date 对象语法中各参数的说明如表 7.3 所示。

表 7.3 Date 对象的参数说明

参数	说明
dateObj	必选项。要赋值为 Date 对象的变量名
dateVal	必选项。如果是数字值，dateVal 表示指定日期与1970年1月1日午夜间全球标准时间的毫秒数。如果是字符串，常用的格式为"月 日,年 小时:分钟:秒"，其中月份用英文表示，其余用数字表示，时间部分可以省略；另外，还可以使用"年/月/日 小时:分钟:秒"的格式
year	必选项。完整的年份，比如2021（而不是21）
month	必选项。表示的月份，是 0 ～ 11 的整数（1 ～ 12月）
date	必选项。表示日期，是 1 ～ 31 的整数
hours	可选项。如果提供了 minutes 则必须给出。表示小时，是 0 ～ 23 的整数（午夜到11pm）
minutes	可选项。如果提供了 seconds 则必须给出。表示分钟，是 0 ～ 59 的整数
seconds	可选项。如果提供了 ms 则必须给出。表示秒钟，是 0 ～ 59 的整数
ms	可选项。表示毫秒，是 0 ～ 999 的整数

下面以示例的形式来介绍如何创建日期对象。

例如，输出当前的日期和时间。代码如下：

```
01  var newDate=new Date();                        // 创建当前日期对象
02  document.write(newDate);                       // 输出当前日期和时间
```

运行结果为：

```
Wed May 19 2021 13:14:13 GMT+0800（中国标准时间）
```

例如，用年、月、日（2021-6-21）来创建日期对象。代码如下：

```
01  var newDate=new Date(2021,5,21);              // 创建指定年月日的日期对象
02  document.write(newDate);                       // 输出指定日期和时间
```

运行结果为：

```
Mon Jun 21 2021 00:00:00 GMT+0800（中国标准时间）
```

例如，用年、月、日、小时、分钟、秒（2021-6-21 13:12:56）来创建日期对象。代码
如下：

```
01  var newDate=new Date(2021,5,21,13,12,56);     // 创建指定时间的日期对象
02  document.write(newDate);                       // 输出指定日期和时间
```

运行结果为：

```
Mon Jun 21 2021 13:12:56 GMT+0800（中国标准时间）
```

例如，以字符串形式创建日期对象（2021-6-21 13:12:56）。代码如下：

```
01  var newDate=new Date("Jun 21,2021 13:12:56"); // 以字符串形式创建日期对象
02  document.write(newDate);                       // 输出指定日期和时间
```

运行结果为：

```
Mon Jun 21 2021 13:12:56 GMT+0800（中国标准时间）
```

例如，以另一种字符串的形式创建日期对象（2021-6-21 13:12:56）。代码如下：

```
03  var newDate=new Date("2021/06/21 13:12:56");  // 以字符串形式创建日期对象
04  document.write(newDate);                       // 输出指定日期和时间
```

运行结果为：

```
Mon Jun 21 2021 13:12:56 GMT+0800（中国标准时间）
```

7.2.2 Date 对象的属性

Date 对象的属性有 constructor 和 prototype。在这里介绍这两个属性的用法。

（1）constructor 属性

constructor 属性可以判断一个对象的类型，该属性引用的是对象的构造函数。语法
如下：

```
object.constructor
```

必选项 object 是对象实例的名称。

例如，判断当前对象是否为日期对象。代码如下：

```
01  var newDate=new Date();                   // 创建当前日期对象
02  if (newDate.constructor==Date)            // 如果当前对象是日期对象
03    document.write(" 日期型对象 ");            // 输出字符串
```

运行结果为：

```
日期型对象
```

（2）prototype 属性

该属性可以为 Date 对象添加自定义的属性或方法。

语法：

```
Date.prototype.name=value
```

参数说明：

◆ name： 要添加的属性名或方法名。

◆ value： 添加属性的值或执行方法的函数。

例如，用自定义属性来记录当前的年份。代码如下：

```
01  var newDate=new Date();                           // 创建当前日期对象
02  Date.prototype.mark=newDate.getFullYear();        // 向日期对象中添加属性
03  document.write(newDate.mark);                     // 输出新添加的属性的值
```

运行结果为：

```
2021
```

7.2.3 Date 对象的方法

Date 对象是 JavaScript 的一种内部对象。该对象没有可以直接读写的属性，所有对日期和时间的操作都是通过方法完成的。Date 对象的方法如表 7.4 所示。

表 7.4 Date 对象的方法

方法	说明
getDate()	从 Date 对象返回一个月中的某一天(1 ～ 31)
getDay()	从 Date 对象返回一周中的某一天(0 ～ 6)
getMonth()	从 Date 对象返回月份(0 ～ 11)
getFullYear()	从 Date 对象以四位数字返回年份
getHours()	返回 Date 对象的小时(0 ～ 23)
getMinutes()	返回 Date 对象的分钟(0 ～ 59)
getSeconds()	返回 Date 对象的秒(0 ～ 59)
getMilliseconds()	返回 Date 对象的毫秒(0 ～ 999)
getTime()	返回 1970 年 1 月 1 日至今的毫秒数
setDate()	设置 Date 对象中月的某一天(1 ～ 31)

方法	说明
setMonth()	设置 Date 对象中月份(0 ～ 11)
setFullYear()	设置 Date 对象中的年份(四位数字)
setHours()	设置 Date 对象中的小时(0 ～ 23)
setMinutes()	设置 Date 对象中的分钟(0 ～ 59)
setSeconds()	设置 Date 对象中的秒(0 ～ 59)
setMilliseconds()	设置 Date 对象中的毫秒(0 ～ 999)
setTime()	通过从 1970 年 1 月 1 日午夜添加或减去指定数目的毫秒来计算日期和时间
toString()	把 Date 对象转换为字符串
toTimeString()	把 Date 对象的时间部分转换为字符串
toDateString()	把 Date 对象的日期部分转换为字符串
toUTCString()	根据世界时,把 Date 对象转换为字符串
toLocaleString()	根据本地时间格式,把 Date 对象转换为字符串
toLocaleTimeString()	根据本地时间格式,把 Date 对象的时间部分转换为字符串
toLocaleDateString()	根据本地时间格式,把 Date 对象的日期部分转换为字符串

说明:

UTC 是协调世界时(Coordinated Universal Time)的简称,GMT 是格林尼治时(Greenwich Mean Time)的简称。

注意:

应用 Date 对象中的 getMonth() 方法获取的值要比系统中实际月份的值小 1。

常见错误:

在获取系统中当前月份的值时出现错误。错误代码如下:

```
01  var date = new Date();              // 创建当前日期对象
02  alert(" 现在是: "+date.getMonth()+" 月 ");   // 输出现在的月份
```

运行上述代码,在输出结果中月份的值比系统中实际月份的值小 1。由此可见,在使用 getMonth() 方法获取当前月份的值时要加上 1。正确代码如下:

```
01  var date = new Date();                    // 创建当前日期对象
02  alert(" 现在是: "+(date.getMonth()+1)+" 月 ");   // 输出现在的月份
```

[实例 7.2]

(源码位置: 资源包 \Code\07\02)

输出当前的日期和时间

应用 Date 对象中的方法获取当前的完整年份、月份、日期、星期、小时数、分钟数和秒数,将当前的日期和时间分别连接在一起并输出。程序代码如下:

```
01  var now=new Date();           // 创建日期对象
02  var year=now.getFullYear();   // 获取当前年份
03  var month=now.getMonth()+1;   // 获取当前月份
04  var date=now.getDate();       // 获取当前日期
05  var day=now.getDay();         // 获取当前星期
06  var week="";                  // 初始化变量
```

```
07    switch(day){
08        case 1:                                        // 如果变量 day 的值为 1
09            week=" 星期一 ";                            // 为变量赋值
10            break;                                     // 退出 switch 语句
11        case 2:                                        // 如果变量 day 的值为 2
12            week=" 星期二 ";                            // 为变量赋值
13            break;                                     // 退出 switch 语句
14        case 3:                                        // 如果变量 day 的值为 3
15            week=" 星期三 ";                            // 为变量赋值
16            break;                                     // 退出 switch 语句
17        case 4:                                        // 如果变量 day 的值为 4
18            week=" 星期四 ";                            // 为变量赋值
19            break;                                     // 退出 switch 语句
20        case 5:                                        // 如果变量 day 的值为 5
21            week=" 星期五 ";                            // 为变量赋值
22            break;                                     // 退出 switch 语句
23        case 6:                                        // 如果变量 day 的值为 6
24            week=" 星期六 ";                            // 为变量赋值
25            break;                                     // 退出 switch 语句
26        default:                                       // 默认值
27            week=" 星期日 ";                            // 为变量赋值
28            break;                                     // 退出 switch 语句
29    }
30    var hour=now.getHours();                           // 获取当前小时数
31    var minute=now.getMinutes();                       // 获取当前分钟数
32    var second=now.getSeconds();                       // 获取当前秒数
33                                                       // 为字体设置样式
34    document.write("<span style='font-size:18px;color:#FF9900'>");
35    document.write(" 今天是: "+year+" 年 "+month+" 月 "+date+" 日 "+week); // 输出当前的日期和星期
36    document.write("<br> 现在是: "+hour+":"+minute+":"+second);  // 输出当前的时间
37    document.write("</span>");                         // 输出 </span> 结束标记
```

图 7.2 输出当前的日期和时间

运行结果如图 7.2 所示。

应用 Date 对象的方法除了可以获取日期和时间之外，还可以设置日期和时间。在 JavaScript 中只要定义了一个日期对象，就可以针对该日期对象的日期部分或时间部分进行设置。示例代码如下：

```
01    var myDate=new Date();                    // 创建当前日期对象
02    myDate.setFullYear(2021);                 // 设置完整的年份
03    myDate.setMonth(5);                       // 设置月份
04    myDate.setDate(20);                       // 设置日期
05    myDate.setHours(15);                      // 设置小时
06    myDate.setMinutes(16);                    // 设置分钟
07    myDate.setSeconds(17);                    // 设置秒
08    document.write(myDate);                   // 输出日期对象
```

运行结果为：

```
Sun Jun 20 2021 15:16:17 GMT+0800 ( 中国标准时间 )
```

在脚本编程中可能需要处理许多对日期的计算，例如计算经过固定天数或星期之后的日期或计算两个日期之间的天数。在这些计算中，JavaScript 日期值都是以毫秒为单位的。

[实例 7.3]

（源码位置：资源包 \Code\07\03 ）

获取当前日期距离明年元旦的天数

应用 Date 对象中的方法获取当前日期距离明年元旦的天数。程序代码如下：

```
01  var date1=new Date();                          // 创建当前的日期对象
02  var theNextYear=date1.getFullYear()+1;         // 获取明年的年份
03  date1.setFullYear(theNextYear);                // 设置日期对象 date1 中的年份
04  date1.setMonth(0);                             // 设置日期对象 date1 中的月份
05  date1.setDate(1);                              // 设置日期对象 date1 中的日期
06  var date2=new Date();                          // 创建当前的日期对象
07  var date3=date1.getTime()-date2.getTime();     // 获取两个日期相差的毫秒数
08  var days=Math.ceil(date3/(24*60*60*1000));     // 将毫秒数转换成天数
09  alert(" 今天距离明年元旦还有 "+days+" 天 ");       // 输出结果
```

运行结果如图 7.3 所示。

图 7.3　输出当前日期距离明年元旦的天数

在 Date 对象的方法中还提供了一些以 "to" 开头的方法，这些方法可以将 Date 对象转换为不同形式的字符串，示例代码如下：

```
01  <h3> 将 Date 对象转换为不同形式的字符串 </h3>
02  <script type="text/javascript">
03  var newDate=new Date();                               // 创建当前日期对象
04  document.write(newDate.toString()+"<br>");            // 将 Date 对象转换为字符串
05  document.write(newDate.toTimeString()+"<br>");        // 将 Date 对象的时间部分转换为字符串
06  document.write(newDate.toDateString()+"<br>");        // 将 Date 对象的日期部分转换为字符串
07  document.write(newDate.toLocaleString()+"<br>");      // 将 Date 对象转换为本地格式的字符串
08  // 将 Date 对象的时间部分转换为本地格式的字符串
09  document.write(newDate.toLocaleTimeString()+"<br>");
10  // 将 Date 对象的日期部分转换为本地格式的字符串
11  document.write(newDate.toLocaleDateString());
12  </script>
```

运行结果如图 7.4 所示。

将Date对象转换为不同形式的字符串

Wed May 19 2021 13:37:15 GMT+0800 (中国标准时间)
13:37:15 GMT+0800 (中国标准时间)
Wed May 19 2021
2021/5/19下午1:37:15
下午1:37:15
2021/5/19

图 7.4　将日期对象转换为不同形式的字符串

第 1 篇　基础知识篇

本章知识思维导图

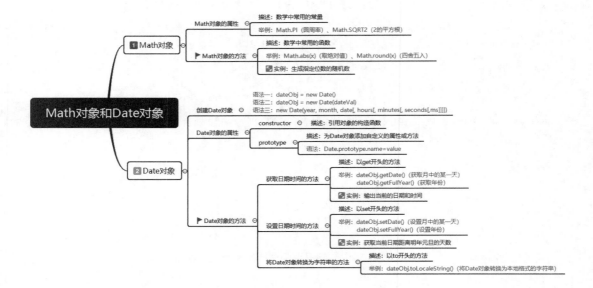

第 8 章

数组

 本章学习目标

- 了解数组的概念。
- 熟悉定义数组的几个方法。
- 熟悉操作数组元素的方法。
- 熟悉数组的 length 属性。
- 掌握数组的常用方法。

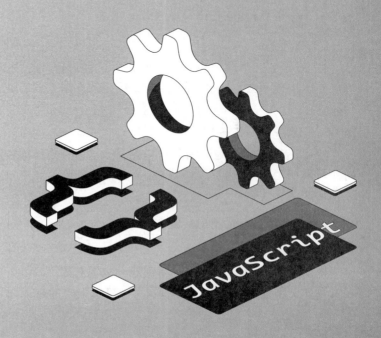

8.1　数组介绍

数组是 JavaScript 中的一种复合数据类型。变量中保存单个数据，而数组中则保存的是多个数据的集合。数组与变量的比较效果如图 8.1 所示。

（1）数组概念

数组（Array）就是一组数据的集合。数组是 JavaScript 中用来存储和操作有序数据集的数据结构。可以把数组看作一个单行表格，该表格的每一个单元格中都可以存储一个数据，即一个数组中可以包含多个元素，如图 8.2 所示。

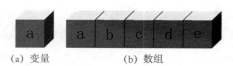

(a) 变量　　　　　　(b) 数组

图 8.1　数组与变量的比较效果

元素1	元素2	元素3	元素4	元素5

图 8.2　数组示意图

由于 JavaScript 是一种弱类型的语言，因此在数组中的每个元素的类型可以是不同的。数组中的元素类型可以是数值型、字符串型和布尔型等，甚至也可以是一个数组。

（2）数组元素

数组是数组元素的集合，在图 8.2 中，每个单元格里所存放的就是数组元素。例如，一个班级的所有学生就可以看作一个数组，每一位学生都是数组中的一个元素。再比如，一个酒店的所有房间就相当于一个数组，每一个房间都是这个数组中的一个元素。

每个数组元素都有一个索引号（数组的下标），通过索引号可以方便地引用数组元素。数组的下标从 0 开始编号，例如，第一个数组元素的下标是 0，第二个数组元素的下标是 1，以此类推。

8.2　定义数组

在 JavaScript 中数组也是一种对象，这种对象被称为数组对象。因此在定义数组时，也可以使用构造函数。JavaScript 中定义数组的方法主要有 4 种。

8.2.1　定义空数组

使用不带参数的构造函数可以定义一个空数组。顾名思义，空数组中是没有数组元素的，可以在定义空数组后再向数组中添加数组元素。

语法：

```
arrayObject = new Array()
```

参数说明：

◆ arrayObject：必选项，新创建的数组对象名。

例如，创建一个空数组，然后向该数组中添加数组元素。代码如下：

```
01  var arr = new Array();                        // 定义一个空数组
```

```
02  arr[0] = "从零开始学 JavaScript";        // 向数组中添加第一个数组元素
03  arr[1] = "从零开始学 PHP";               // 向数组中添加第二个数组元素
04  arr[2] = "从零开始学 Java";              // 向数组中添加第三个数组元素
```

在上述代码中定义了一个空数组，此时数组中元素的个数为 0。在为数组的元素赋值后，数组中才有了数组元素。

👑 常见错误：

定义的数组对象名和已存在的变量重名。例如，在开发工具中编写如下代码：

```
01  var user = "张三";                      // 定义变量 user
02  var user = new Array();                 // 定义一个空数组 user
03  user[0] = "阿大";                       // 向数组中添加数组元素
04  user[1] = "阿二";                       // 向数组中添加数组元素
05  document.write(user);                   // 输出 user 的值
```

虽然上述代码在运行的时候不会报错，但是由于定义的数组对象名和已存在的变量重名，变量的值被数组的值所覆盖，所以在输出 user 变量的时候只能输出数组的值。

8.2.2　指定数组长度

在定义数组的同时可以指定数组元素的个数。此时并没有为数组元素赋值，所有数组元素的值都是 undefined。

语法：

```
arrayObject = new Array(size)
```

参数说明：

◆ arrayObject：必选项。新创建的数组对象名。

◆ size：设置数组的长度。由于数组的下标是从零开始，故创建元素的下标为 0～size-1。

例如，创建一个数组元素个数为 3 的数组，并向该数组中存入数据。代码如下：

```
01  var arr = new Array(3);                 // 定义一个元素个数为 3 的数组
02  arr[0] = 10;                            // 为第一个数组元素赋值
03  arr[1] = 20;                            // 为第二个数组元素赋值
04  arr[2] = 30;                            // 为第三个数组元素赋值
```

在上述代码中定义了一个元素个数为 3 的数组。在为数组元素赋值之前，这 3 个数组元素的值都是 undefined。

8.2.3　指定数组元素

在定义数组的同时可以直接给出数组元素的值。此时数组的长度就是在括号中给出的数组元素的个数。

语法：

```
arrayObject = new Array(element1, element2, element3, …)
```

参数说明：

◆ arrayObject：必选项，新创建的数组对象名。

◆ element：存入数组中的元素。使用该语法时必须有一个以上元素。

例如，创建数组对象的同时，向该对象中存入数组元素。代码如下：

```
var arr = new Array(100, " 从零开始学 JavaScript", true);    // 定义一个包含 3 个元素的数组
```

8.2.4 直接定义数组

在 JavaScript 中还有一种定义数组的方式，这种方式不需要使用构造函数，直接将数组元素放在一个中括号中，元素与元素之间用逗号分隔。

语法：

```
arrayObject = [element1, element2, element3,…]
```

参数说明：

◆ arrayObject：必选项，新创建的数组对象名。

◆ element：存入数组中的元素。使用该语法时必须有一个以上元素。

例如，直接定义一个含有 3 个元素的数组。代码如下：

```
var arr = [100, " 从零开始学 JavaScript", true];         // 直接定义一个包含 3 个元素的数组
```

8.3 操作数组元素

数组是数组元素的集合，在对数组进行操作时，实际上是对数组元素进行输入和输出、添加或删除的操作。

8.3.1 数组元素的输入和输出

数组元素的输入即为数组中的元素进行赋值，数组元素的输出即获取数组中元素的值并输出，下面分别进行介绍。

（1）数组元素的输入

向数组对象中输入数组元素有 3 种方法。

① 在定义数组对象时直接输入数组元素。这种方法只能在数组元素确定的情况下使用。

例如，在创建数组对象的同时存入字符串数组。代码如下：

```
var arr = new Array("HTML","CSS","JavaScript");    // 定义一个包含 3 个元素的数组
```

② 利用数组对象的元素下标向其输入数组元素。该方法可以随意地向数组对象中的各元素赋值，或是修改数组中的任意元素值。

例如，在创建一个长度为 6 的数组对象后，向下标为 3 和 4 的元素中赋值。

```
01  var arr = new Array(6);              // 定义一个长度为 6 的数组
02  arr[3] = " 张三 ";                   // 为下标为 3 的数组元素赋值
03  arr[4] = " 李四 ";                   // 为下标为 4 的数组元素赋值
```

③ 利用 for 语句向数组对象中输入数组元素。该方法主要用于批量向数组对象中输入数组元素，一般用于向数组对象中赋初值。

例如，使用者可以通过改变变量 n 的值（必须是数值型），给数组对象 arrayObj 赋指定个数的数值元素。代码如下：

```
01  var n=7;                               // 定义变量并对其赋值
02  var arr = new Array();                 // 定义一个空数组
03  for (var i=0;i<n;i++){                 // 应用 for 循环语句为数组元素赋值
04      arr[i]=i;
05  }
```

（2）数组元素的输出

将数组对象中的元素值进行输出有 3 种方法。

① 用下标获取指定元素值。该方法通过数组对象的下标，获取指定的元素值。

例如，获取数组对象中的第 3 个元素的值。代码如下：

```
01  var arr = new Array("HTML","CSS","JavaScript");    // 定义数组
02  var third = arr[2];                                // 获取下标为 2 的数组元素
03  document.write(third);                             // 输出变量的值
```

运行结果为：

```
JavaScript
```

👑 注意：

数组对象的元素下标是从 0 开始的。

👑 常见错误：

输出数组元素时数组的下标不正确，例如，在开发工具中编写如下代码：

```
01  var arr= new Array("m","n");           // 定义包含两个元素的数组
02  document.write(arr[2]);                // 输出下标为 2 的元素的值
```

上述代码在运行的时候并不会报错，但是定义的数组中只有两个元素，这两个元素对应的数组下标分别为 0 和 1，而输出的数组元素的下标超过了数组的范围，所以输出结果就是 undefined。

② 用 for 语句获取数组中的元素值。该方法是利用 for 语句获取数组对象中的所有元素值。

例如，获取数组对象中的所有元素值。代码如下：

```
01  var str = "";                          // 定义变量并进行初始化
02  var arr = new Array(" 一 "," 二 "," 三 "," 四 ");  // 定义数组
03  for (var i=0;i<4;i++){                  // 定义 for 循环语句
04      str=str+arr[i];                     // 将各个数组元素连接在一起
05  }
06  document.write(str);                    // 输出变量的值
```

运行结果为：

```
一二三四
```

③ 用数组对象名输出所有元素值。该方法是用创建的数组对象本身显示数组中的所有元素值。

例如，显示数组中的所有元素值。代码如下：

```
01  var arr = new Array(" 一 "," 二 "," 三 "," 四 ");  // 定义数组
02  document.write(arr);                    // 输出数组中所有元素的值
```

运行结果为：

> 一,二,三,四

 [实例 8.1]

（源码位置：资源包 \Code\08\01）

输出 3 个学霸姓名

某班级里有 3 个学霸，创建一个存储 3 个学霸姓名（张无忌、令狐冲、韦小宝）的数组，然后输出这 3 个数组元素。首先创建一个包含 3 个元素的数组，并为每个数组元素赋值，然后使用 for 循环语句遍历输出数组中的所有元素。代码如下：

```
01  <script type="text/javascript">
02  var students = new Array(3);                // 定义数组
03  students[0] = " 张无忌 ";                    // 为下标为 0 的数组元素赋值
04  students[1] = " 令狐冲 ";                    // 为下标为 1 的数组元素赋值
05  students[2] = " 韦小宝 ";                    // 为下标为 2 的数组元素赋值
06  for(var i=0;i<3;i++){
07      document.write(" 第 "+(i+1)+" 个学霸姓名是: "+students[i]+"<br>"); // 循环输出数组元素
08  }
09  </script>
```

运行结果如图 8.3 所示。

8.3.2　数组元素的添加

在定义数组时虽然已经设置了数组元素的个数，但是该数组的元素个数并不是固定的。可以通过添加数组元素的方法来增加数组元素的个数。添加数组元素的方法非常简单，只要对新的数组元素进行赋值就可以了。

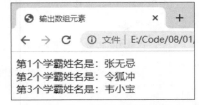

图 8.3　使用数组存储学霸姓名

例如，定义一个包含两个元素的数组，然后为数组添加 3 个元素，最后输出数组中的所有元素值，代码如下：

```
01  var arr = new Array(" 从零开始学 JavaScript"," 从零开始学 PHP");  // 定义数组
02  arr[2] = " 从零开始学 Java";                                      // 添加新的数组元素
03  arr[3] = " 从零开始学 C#";                                        // 添加新的数组元素
04  arr[4] = " 从零开始学 Oracle";                                    // 添加新的数组元素
05  document.write(arr);                                              // 输出添加元素后的数组
```

运行结果为：

> 从零开始学 JavaScript, 从零开始学 PHP, 从零开始学 Java, 从零开始学 C#, 从零开始学 Oracle

另外，还可以对已经存在的数组元素进行重新赋值。例如，定义一个包含两个元素的数组，将第二个数组元素进行重新赋值并输出数组中的所有元素值，代码如下：

```
01  var arr = new Array(" 从零开始学 JavaScript"," 从零开始学 PHP"); // 定义数组
02  arr[1] = " 从零开始学 Java";                                     // 为下标为 1 的数组元素重新赋值
03  document.write(arr);                                             // 输出重新赋值后的新数组
```

运行结果为：

> 从零开始学 JavaScript, 从零开始学 Java

8.3.3　数组元素的删除

使用 delete 运算符可以删除数组元素的值，但是只能将该元素恢复为未赋值的状态，即 undefined，而不能真正地删除一个数组元素，数组中的元素个数也不会减少。

例如，定义一个包含 3 个元素的数组，然后应用 delete 运算符删除下标为 1 的数组元素，最后输出数组中的所有元素值。代码如下：

```
01  var arr = new Array(" 从零开始学 JavaScript","从零开始学 PHP"," 从零开始学 Java");  // 定义数组
02  delete arr[1];                                        // 删除下标为 1 的数组元素
03  document.write(arr);                                  // 输出删除元素后的数组
```

运行结果为：

```
从零开始学 JavaScript,, 从零开始学 Java
```

👑 注意：

应用 delete 运算符删除数组元素之前和删除数组元素之后，元素个数并没有改变，改变的只是被删除的数组元素的值，该值变为 undefined。

8.4　数组的属性

在数组对象中有 length 和 prototype 两个属性。下面分别对这两个属性进行详细介绍。

8.4.1　length 属性

该属性用于返回数组的长度。
语法：

```
arrayObject.length
```

参数说明：

◆ arrayObject：数组名称。

例如，获取已创建的数组对象的长度。代码如下：

```
01  var arr=new Array(1,2,3,4,5,6);           // 定义数组
02  document.write(arr.length);               // 输出数组的长度
```

运行结果为：

```
6
```

例如，增加已有数组的长度。代码如下：

```
01  var arr=new Array(1,2,3,4,5,6);           // 定义数组
02  arr[arr.length]=arr.length+1;             // 为新的数组元素赋值
03  document.write(arr.length);               // 输出数组的新长度
```

运行结果为：

```
7
```

注意：

① 当用 new Array() 创建数组时，并不对其进行赋值，length 属性的返回值为 0。

② 数组的长度是由数组的最大下标决定的。

例如，用不同的方法创建数组，并输出数组的长度。代码如下：

```
01  var arr1 = new Array();                                    // 定义数组 arr1
02  document.write(" 数组 arr1 的长度为: "+arr1.length+"<p>");    // 输出数组 arr1 的长度
03  var arr2 = new Array(2);                                   // 定义数组 arr2
04  document.write(" 数组 arr2 的长度为: "+arr2.length+"<p>");    // 输出数组 arr2 的长度
05  var arr3 = new Array(1,2,3,4,5,6);                         // 定义数组 arr3
06  document.write(" 数组 arr3 的长度为: "+arr3.length+"<p>");    // 输出数组 arr3 的长度
07  var arr4 = [5,6,9];                                        // 定义数组 arr4
08  document.write(" 数组 arr4 的长度为: "+arr4.length+"<p>");    // 输出数组 arr4 的长度
09  var arr5 = new Array();                                    // 定义数组 arr5
10  arr5[9] = 10;                                              // 为下标为 9 的元素赋值
11  document.write(" 数组 arr5 的长度为: "+arr5.length+"<p>");    // 输出数组 arr5 的长度
```

运行结果如图 8.4 所示。

数组arr1的长度为: 0

数组arr2的长度为: 2

数组arr3的长度为: 6

数组arr4的长度为: 3

数组arr5的长度为: 10

图 8.4　输出数组的长度

[实例 8.2]

（源码位置：资源包 \Code\08\02 ）

输出省份、省会以及旅游景点

将东北三省的省份名称、省会城市名称以及 3 个城市的旅游景点分别定义在数组中，应用 for 循环语句和数组的 length 属性，将省份、省会以及旅游景点循环输出在表格中。代码如下：

```
01  <table>
02    <tr>
03      <td style="width: 50px;">序号 </td>
04      <td style="width: 100px;">省份 </td>
05      <td style="width: 100px;">省会 </td>
06      <td style="width: 260px;">旅游景点 </td>
07    </tr>
08  <script type="text/javascript">
09  var province=new Array(" 黑龙江省 "," 吉林省 "," 辽宁省 ");   // 定义省份数组
10  var city=new Array(" 哈尔滨市 "," 长春市 "," 沈阳市 ");        // 定义省会数组
11  var tourist=new Array(" 太阳岛 圣索菲亚教堂 中央大街 "," 净月潭 长影世纪城 动植物公园 "," 沈阳故宫
    沈阳北陵 张氏帅府 ");                                        // 定义旅游景点数组
12  for(var i=0; i<province.length; i++){                       // 定义 for 循环语句
13      document.write("<tr>");                                 // 输出 <tr> 开始标记
14      document.write("<td>"+(i+1)+"</td>");                   // 输出序号
15        document.write("<td>"+province[i]+"</td>");           // 输出省份名称
16      document.write("<td>"+city[i]+"</td>");                 // 输出省会名称
17      document.write("<td>"+tourist[i]+"</td>");              // 输出旅游景点
18      document.write("</tr>");                                // 输出 </tr> 结束标记
19  }
```

```
20  </script>
21  </table>
```

运行结果如图 8.5 所示。

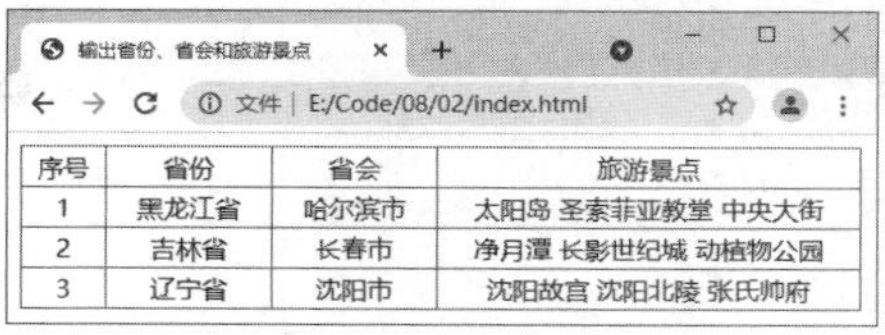

8.4.2 prototype 属性

该属性可以为数组对象添加自定义的属性或方法。

图 8.5 输出省份、省会和旅游景点

语法：

```
Array.prototype.name=value
```

参数说明：

◆ name : 要添加的属性名或方法名。

◆ value : 添加的属性的值或执行方法的函数。

例如，利用 prototype 属性自定义一个方法，用于显示数组中的最后一个元素。代码如下：

```
01  Array.prototype.outLast=function(){      // 自定义 outLast() 方法
02      document.write(this[this.length-1]);  // 输出数组中最后一个元素
03  }
04  var arr=new Array(1,2,3,4,5,6);          // 定义数组
05  arr.outLast();                           // 调用自定义方法
```

运行结果为：

```
6
```

该属性的用法与 String 对象的 prototype 属性类似，下面以实例的形式对该属性的应用进行说明。

 [实例 8.3]

（源码位置：资源包 \Code\08\03）

应用自定义方法输出数组

应用数组对象的 prototype 属性自定义一个方法，用于显示数组中的全部数据。程序代码如下：

```
01  <script type="text/javascript">
02  Array.prototype.outAll=function(ar){     // 自定义 outAll() 方法
03    for(var i=0;i<this.length;i++){        // 定义 for 循环语句
04        document.write(this[i]);           // 输出数组元素
05        document.write(ar);                // 输出数组元素之间的分隔符
06    }
07  }
08  var arr=new Array(1,2,3,4,5,6);          // 定义数组
09  arr.outAll(" ");                         // 调用自定义的 outAll() 方法
10  </script>
```

运行结果如图 8.6 所示。

8.5 数组的方法

数组是 JavaScript 中的一个内置对象，使用数组对象的

图 8.6 应用自定义方法输出数组
中的所有数组元素

方法可以更加方便地操作数组中的数据。数组对象中的方法如表 8.1 所示。

表 8.1　数组对象的方法

方法	说明
concat()	连接两个或更多的数组，并返回结果
push()	向数组的末尾添加一个或多个元素，并返回新的长度
unshift()	向数组的开头添加一个或多个元素，并返回新的长度
pop()	删除并返回数组的最后一个元素
shift()	删除并返回数组的第一个元素
splice()	删除元素，并向数组添加新元素
reverse()	颠倒数组中元素的顺序
sort()	对数组的元素进行排序
slice()	从某个已有的数组返回选定的元素
toString()	把数组转换为字符串，并返回结果
join()	把数组的所有元素放入一个字符串，元素通过指定的分隔符进行分隔

8.5.1　数组的添加和删除

数组的添加和删除可以使用 concat()、push()、unshift()、pop()、shift() 和 splice() 方法实现。

（1）concat() 方法

该方法用于将其他数组连接到当前数组的末尾。

语法：

```
arrayObject.concat(arrayX,arrayX,…,arrayX)
```

参数说明：

◆ arrayObject：必选项，数组名称。

◆ arrayX：必选项。该参数可以是具体的值，也可以是数组对象。

返回值：返回一个新的数组，而原数组中的元素和数组长度不变。

例如，在数组的尾部添加数组元素。代码如下：

```
01  var arr=new Array(1,2,3,4,5,6);              // 定义数组
02  document.write(arr.concat(7,8));             // 输出添加元素后的新数组
```

运行结果为：

```
1,2,3,4,5,6,7,8
```

例如，在数组的尾部添加其他数组。代码如下：

```
01  var arr1=new Array('a','b');                 // 定义数组 arr1
02  var arr2=new Array('c','d');                 // 定义数组 arr2
03  document.write(arr1.concat(arr2));           // 输出连接后的数组
```

运行结果为：

```
a,b,c,d
```

（2）push() 方法

该方法向数组的末尾添加一个或多个元素，并返回添加后的数组长度。

语法：

```
arrayObject.push(newelement1,newelement2,…,newelementX)
```

参数说明：

◆ arrayObject：必选项，数组名称。

◆ newelement1：必选项，要添加到数组的第一个元素。

◆ newelement2：可选项，要添加到数组的第二个元素。

◆ newelementX：可选项，可添加的多个元素。

返回值：把指定的值添加到数组后的新长度。

例如，向数组的末尾添加两个数组元素，并输出原数组、添加元素后的数组长度和新数组。代码如下：

```
01  var arr=new Array("JavaScript","HTML","CSS");  // 定义数组
02  document.write(' 原数组: '+arr+'<br>');              // 输出原数组
03                                                  // 向数组末尾添加两个元素并输出数组长度
04  document.write(' 添加元素后的数组长度: '+arr.push("Python","C 语言 ")+'<br>');
05  document.write(' 新数组: '+arr);                      // 输出添加元素后的新数组
```

运行结果如图 8.7 所示。

```
原数组: JavaScript,HTML,CSS
添加元素后的数组长度: 5
新数组: JavaScript,HTML,CSS,Python,C语言
```

图 8.7　向数组的末尾添加元素

（3）unshift() 方法

该方法向数组的开头添加一个或多个元素。

语法：

```
arrayObject.unshift(newelement1,newelement2,…,newelementX)
```

参数说明：

◆ arrayObject：必选项，数组名称。

◆ newelement1：必选项，向数组添加的第一个元素。

◆ newelement2：可选项，向数组添加的第二个元素。

◆ newelementX：可选项，可添加的多个元素。

返回值：把指定的值添加到数组后的新长度。

例如，向数组的开头添加两个数组元素，并输出原数组、添加元素后的数组长度和新数组。代码如下：

```
01  var arr=new Array("JavaScript","HTML","CSS");  // 定义数组
02  document.write(' 原数组: '+arr+'<br>');              // 输出原数组
03  // 向数组开头添加两个元素并输出数组长度
04  document.write(' 添加元素后的数组长度: '+arr.unshift("Python","C 语言 ")+'<br>');
05  document.write(' 新数组: '+arr);                      // 输出添加元素后的新数组
```

运行程序，会将原数组和新数组中的内容显示在页面中，如图 8.8 所示。

（4）pop() 方法

该方法用于把数组中的最后一个元素从数组中删除，并返回删除元素的值。

语法：

```
arrayObject.pop()
```

参数说明：

◆ arrayObject：必选项，数组名称。

返回值：在数组中删除的最后一个元素的值。

例如，删除数组中的最后一个元素，并输出原数组、删除的元素和删除元素后的数组。代码如下：

```
01  var arr=new Array(1,2,3,4,5,6);              // 定义数组
02  document.write(' 原数组: '+arr+'<br>');       // 输出原数组
03  var del=arr.pop();                           // 删除数组中最后一个元素
04  document.write(' 删除元素为: '+del+'<br>');    // 输出删除的元素
05  document.write(' 删除后的数组为: '+arr);        // 输出删除后的数组
```

运行结果如图 8.9 所示。

原数组：JavaScript,HTML,CSS
添加元素后的数组长度：5
新数组：Python,C语言,JavaScript,HTML,CSS

图 8.8　向数组的开头添加元素

（5）shift() 方法

该方法用于把数组中的第一个元素从数组中删除，并返回删除元素的值。

语法：

```
arrayObject.shift()
```

参数说明：

◆ arrayObject：必选项，数组名称。

返回值：在数组中删除的第一个元素的值。

例如，删除数组中的第一个元素，并输出原数组、删除的元素和删除元素后的数组。代码如下：

```
01  var arr=new Array(1,2,3,4,5,6);              // 定义数组
02  document.write(' 原数组: '+arr+'<br>');       // 输出原数组
03  var del=arr.shift();                         // 删除数组中第一个元素
04  document.write(' 删除元素为: '+del+'<br>');    // 输出删除的元素
05  document.write(' 删除后的数组为: '+arr);        // 输出删除后的数组
```

运行结果如图 8.10 所示。

原数组：1,2,3,4,5,6
删除元素为：6
删除后的数组为：1,2,3,4,5

图 8.9　删除数组中最后一个元素

（6）splice() 方法

pop() 方法的作用是删除数组的最后一个元素，shift() 方法的作用是删除数组的第一个元素，而要想更灵活地删除数组中的元素，可以使用 splice() 方法。通过 splice() 方法可以删除数组中指定位置的元素，还可以向数组中的指定位置添加新元素。

语法：

原数组：1,2,3,4,5,6
删除元素为：1
删除后的数组为：2,3,4,5,6

图 8.10　删除数组中第一个元素

```
arrayObject.splice(start,length,element1,element2,…)
```

参数说明：

◆ arrayObject：必选项，数组名称。

◆ start：必选项，指定要删除数组元素的开始位置，即数组的下标。

◆ length：可选项，指定删除数组元素的个数。如果未设置该参数，则删除从 start 开始到原数组末尾的所有元素。

◆ element：可选项，要添加到数组的新元素。

例如，在 splice() 方法中应用不同的参数，对相同的数组中的元素进行删除操作。代码如下：

```
01      var arr1 = new Array("一","二","三","四");     // 定义数组
02      arr1.splice(1);                                // 删除第 2 个元素和之后的所有元素
03      document.write(arr1+"<br>");                    // 输出删除后的数组
04      var arr2 = new Array("一","二","三","四");     // 定义数组
05      arr2.splice(1,2);                              // 删除第 2 个和第 3 个元素
06      document.write(arr2+"<br>");                    // 输出删除后的数组
07      var arr3 = new Array("一","二","三","四");     // 定义数组
08      arr3.splice(1,2,"五","六");                    // 删除第 2 个和第 3 个元素，并添加新元素
09      document.write(arr3+"<br>");                    // 输出删除后的数组
10      var arr4 = new Array("一","二","三","四");     // 定义数组
11      arr4.splice(1,0,"五","六");                    // 在第 2 个元素前添加新元素
12      document.write(arr4+"<br>");                    // 输出删除后的数组
```

运行结果如图 8.11 所示。

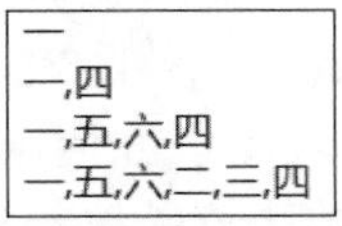

```
一
一,四
一,五,六,四
一,五,六,二,三,四
```

图 8.11　删除数组中指定位置的元素

8.5.2　设置数组的排列顺序

将数组中的元素按照指定的顺序进行排列，可以通过 reverse() 和 sort() 方法实现。

（1）reverse() 方法

该方法用于颠倒数组中元素的顺序。

语法：

```
arrayObject.reverse()
```

参数说明：

◆ arrayObject：必选项，数组名称。

👑 注意：

该方法会改变原来的数组，而不创建新数组。

例如，将数组中的元素顺序颠倒后显示。代码如下：

```
01   var arr=new Array(1,2,3,4,5,6);                    // 定义数组
02   document.write('原数组: '+arr+'<br>');             // 输出原数组
03   arr.reverse();                                     // 对数组元素顺序进行颠倒
04   document.write('颠倒后的数组: '+arr);              // 输出颠倒后的数组
```

运行结果如图 8.12 所示。

（2）sort() 方法

该方法用于对数组的元素进行排序。

语法：

原数组：1,2,3,4,5,6
颠倒后的数组：6,5,4,3,2,1

图 8.12　将数组颠倒输出

```
arrayObject.sort(sortby)
```

参数说明：

◆ arrayObject：必选项，数组名称。

◆ sortby：可选项，规定排序的顺序，必须是函数。

👑 说明：

如果调用该方法时没有使用参数，将按字母顺序对数组中的元素进行排序，也就是按照字符的编码顺序进行排序。如果想按照其他标准进行排序，就需要提供比较函数。

例如，将数组中的元素按字符的编码顺序进行显示。代码如下：

```
01  var arr=new Array("HTML","CSS","JavaScript");  // 定义数组
02  document.write(' 原数组：'+arr+'<br>');          // 输出原数组
03  arr.sort();                                      // 对数组进行排序
04  document.write(' 排序后的数组：'+arr);             // 输出排序后的数组
```

原数组:HTML,CSS,JavaScript
排序后的数组:CSS,HTML,JavaScript

图 8.13　输出排序前与排序后的数组

运行程序，将原数组和排序后的数组输出，结果如图 8.13 所示。

如果想要将数组元素按照其他方法进行排序，就需要指定 sort() 方法的参数。该参数通常是一个比较函数，该函数应该有两个参数（假设为 a 和 b）。在对元素进行排序时，每次比较两个元素都会执行比较函数，并将这两个元素作为参数传递给比较函数。其返回值有以下两种情况：

◆ 如果返回值大于 0，则交换两个元素的位置。

◆ 如果返回值小于等于 0，则不进行任何操作。

例如，定义一个包含 5 个元素的数组，将数组中的元素按从小到大的顺序进行输出。代码如下：

```
01  var arr=new Array(9,16,7,10,15);        // 定义数组
02  document.write(' 原数组：'+arr+'<br>');    // 输出原数组
03  function ascOrder(x,y){                  // 定义比较函数
04      if(x>y){                             // 如果第一个参数值大于第二个参数值
05          return 1;                        // 返回 1
06      }else{
07          return -1;                       // 返回 -1
08      }
09  }
10  arr.sort(ascOrder);                      // 对数组进行排序
11  document.write(' 排序后的数组：'+arr);      // 输出排序后的数组
```

运行结果如图 8.14 所示。

原数组：9,16,7,10,15
排序后的数组：7,9,10,15,16

图 8.14　输出排序前与排序后的数组元素

[实例 8.4]

（源码位置：资源包 \Code\08\04）

输出 2020 年电影票房排行榜前五名

将 2020 年电影票房排行榜前五名的影片名称和对应的影片票房分别定义在数组中，对影片票房进行降序排序，将排序后的影片排名、影片名称和票房输出在表格中。代码如下：

```
01  <table>
02    <tr>
03     <td style="width: 50px;">排名 </td>
04     <td style="width: 200px;">影片 </td>
05     <td style="width: 110px;">票房 </td>
06    </tr>
07  <script type="text/javascript">
08  var movieArr=new Array(" 姜子牙 "," 八佰 "," 夺冠 "," 我和我的家乡 "," 金刚川 ");// 定义影片数组 movieArr
09  var boxofficeArr=new Array(16.03,31.09,8.36,28.3,11.23);      // 定义票房数组 boxofficeArr
10  var sortArr=new Array(16.03,31.09,8.36,28.3,11.23);          // 定义票房数组 sortArr
11  function ascOrder(x,y){                                       // 定义比较函数
12    if(x<y){// 如果第一个参数值小于第二个参数值
13       return 1;// 返回 1
14    }else{
15       return -1;// 返回 -1
16    }
17  }
18  sortArr.sort(ascOrder);                                       // 为票房进行降序排序
19  for(var i=0; i<sortArr.length; i++){                          // 定义外层 for 循环语句
20    for(var j=0; j<sortArr.length; j++){                        // 定义内层 for 循环语句
21       if(sortArr[i]==boxofficeArr[j]){      // 分别获取排序后的票房在原票房数组中的索引
22          document.write("<tr>");                               // 输出 <tr> 标记
23          document.write("<td>"+(i+1)+"</td>");                 // 输出影片排名
24          document.write("<td>"+movieArr[j]+"</td>");           // 输出票房对应的影片名称
25          document.write("<td>"+sortArr[i]+" 亿元 </td>");       // 输出票房
26          document.write("</tr>");                              // 输出 </tr> 标记
27       }
28    }
29  }
30  </script>
31  </table>
```

运行结果如图 8.15 所示。

8.5.3　获取某段数组元素

获取数组中的某段数组元素主要用 slice() 方法实现。slice() 方法可从已有的数组中返回选定的元素。

图 8.15　输出 2020 年电影票房排行榜前五名

语法：

> arrayObject.slice(start,end)

参数说明：

◆ start：必选项，规定从何处开始选取。如果是负数，那么它规定从数组尾部开始算起的位置。也就是说，−1 指最后一个元素，−2 指倒数第二个元素，以此类推。

◆ end：可选项，规定从何处结束选取。该参数是数组片断结束处的数组下标。如果没有指定该参数，那么切分的数组包含从 start 到数组结束的所有元素。如果这个参数是负

数，那么它将从数组尾部开始算起。

返回值：返回截取后的数组元素，该方法返回的数据中不包括 end 索引所对应的数据。

例如，获取指定数组中某段数组元素。代码如下：

```
01   var arr=new Array(" 一 "," 二 "," 三 "," 四 "," 五 "," 六 ");          // 定义数组
02   document.write(" 原数组: "+arr+"<br>");                           // 输出原数组
03                                                                    // 输出截取后的数组
04   document.write(" 获取数组中第 4 个元素后的所有元素: "+arr.slice(3)+"<br>");   // 输出截取后的数组
05   document.write(" 获取数组中第 2 个到第 5 个元素: "+arr.slice(1,5)+"<br>");   // 输出截取后的数组
06   document.write(" 获取数组中倒数第 2 个元素后的所有元素: "+arr.slice(-2));    // 输出截取后的数组
```

运行程序，会将原数组以及截取数组中元素后的数据输出，运行结果如图 8.16 所示。

```
原数组: 一,二,三,四,五,六
获取数组中第4个元素后的所有元素: 四,五,六
获取数组中第2个到第5个元素: 二,三,四,五
获取数组中倒数第2个元素后的所有元素: 五,六
```

图 8.16　获取数组中某段数组元素

[实例 8.5]

（源码位置：资源包 \Code\08\05 ）

计算选手的最终得分

某歌手参加歌唱比赛，五位评委给出的分数分别是 97 分、92 分、90 分、96 分、98 分，要获得最终的得分需要去掉一个最高分和一个最低分，并计算剩余 3 个分数的平均分。试着计算出该选手的最终得分。代码如下：

```
01   <script type="text/javascript">
02   var scoreArr=new Array(97,92,90,96,98);                     // 定义分数数组
03   var scoreStr="";                                            // 定义分数字符串变量
04   for(var i=0; i<scoreArr.length; i++){
05       scoreStr+=scoreArr[i]+" 分 ";                            // 对所有分数进行连接
06   }
07   function ascOrder(x,y){                                     // 定义比较函数
08       if(x<y){                                                // 如果第一个参数值小于第二个参数值
09           return 1;                                           // 返回 1
10       }else{
11           return -1;                                          // 返回 -1
12       }
13   }
14   scoreArr.sort(ascOrder);                                    // 为分数进行降序排序
15   var newArr=scoreArr.slice(1,scoreArr.length-1);             // 去除最高分和最低分
16   var totalScore=0;                                           // 定义总分变量
17   for(var i=0; i<newArr.length; i++){
18       totalScore+=newArr[i];                                  // 计算总分
19   }
20   document.write(" 五位评委打分: "+scoreStr);                    // 输出 5 位评委的打分
21   document.write("<br> 去掉一个最高分: "+scoreArr[0]+" 分 ");      // 输出去掉的最高分
22                                                               // 输出去掉的最低分
23   document.write("<br> 去掉一个最低分: "+scoreArr[scoreArr.length-1]+" 分 ");
24   document.write("<br> 选手最终得分: "+totalScore/newArr.length+" 分 ");  // 输出选手最终得分
25   </script>
```

运行程序，结果如图 8.17 所示。

8.5.4　数组转换成字符串

将数组转换成字符串主要通过 toString() 和 join() 方法实现。

五位评委打分：97分 92分 90分 96分 98分
去掉一个最高分：98分
去掉一个最低分：90分
选手最终得分：95分

图 8.17　计算选手的最终得分

（1）toString() 方法

该方法可把数组转换为字符串，并返回结果。

语法：

```
arrayObject.toString()
```

参数说明：

◆ arrayObject：必选项，数组名称。

返回值：以字符串显示数组对象。返回值与没有参数的 join() 方法返回的字符串相同。

👑 注意：

在转换成字符串后，数组中的各元素以逗号分隔。

例如，将数组转换成字符串。代码如下：

```
01  var arr=new Array("a","b","c","d");        // 定义数组
02  document.write(arr.toString());            // 输出转换后的字符串
```

运行结果为：

```
a,b,c,d
```

（2）join() 方法

该方法将数组中的所有元素放入一个字符串中。

语法：

```
arrayObject.join(separator)
```

参数说明：

◆ arrayObject：必选项，数组名称。

◆ separator：可选项，指定要使用的分隔符。如果省略该参数，则使用逗号作为分隔符。

返回值：返回一个字符串。该字符串是把 arrayObject 的每个元素转换为字符串，然后把这些字符串用指定的分隔符连接起来。

例如，以指定的分隔符将数组中的元素转换成字符串。代码如下：

```
01  var arr=new Array("a","b","c","d");        // 定义数组
02  document.write(arr.join("#"));             // 输出转换后的字符串
```

运行结果为：

```
a#b#c#d
```

本章知识思维导图

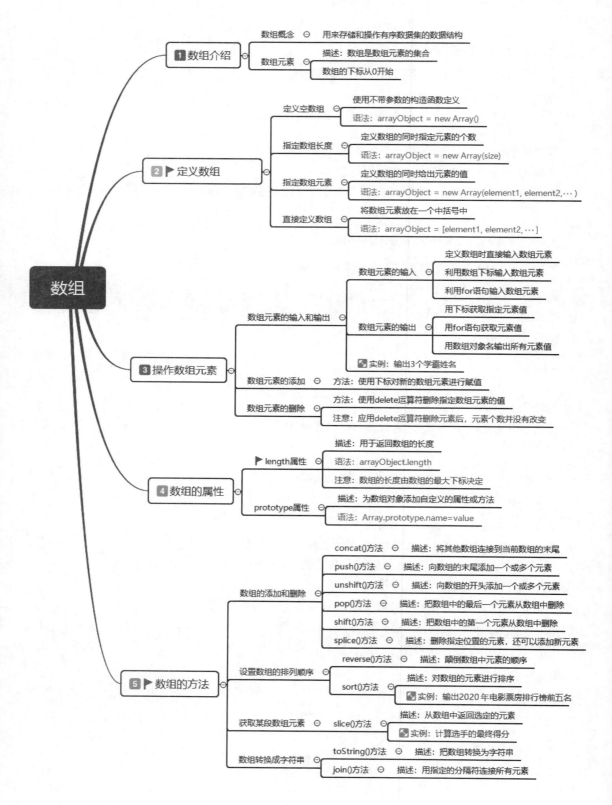

第 9 章

String 对象

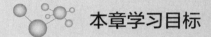 **本章学习目标**

- 了解创建 String 对象的方法。
- 熟悉 String 对象的属性。
- 掌握 String 对象的常用方法。

9.1　String 对象的创建

String 对象是动态对象，使用构造函数可以显式创建字符串对象。String 对象用于操纵和处理文本串，可以通过该对象在程序中获取字符串长度，提取子字符串，以及将字符串转换为大写或小写字符。

语法：

```
var newstr=new String(StringText)
```

参数说明：

◆ newstr：创建的 String 对象名。

◆ StringText：可选项，字符串文本。

例如，创建一个 String 对象。代码如下：

```
var newstr=new String(" 从零开始学 JavaScript");     // 创建字符串对象
```

实际上，JavaScript 会自动地在字符串与字符串对象之间进行转换。因此，任何一个字符串常量（用单引号或双引号引起来的字符串）都可以看作一个 String 对象，可以将其直接作为对象来使用，只要在字符变量的后面加 "."，便可以直接调用 String 对象的属性和方法。字符串与 String 对象的不同在于返回的 typeof 值，前者返回的是 string 类型，后者返回的是 object 类型。

9.2　String 对象的属性

在 String 对象中有 3 个属性，分别是 length、constructor 和 prototype。下面对这几个属性进行详细介绍。

9.2.1　length 属性

该属性用于获得当前字符串的长度。该字符串的长度为字符串中所有字符的个数，而不是字节数（一个英文字符占一个字节，一个中文字符占两个字节）。

语法：

```
stringObject.length
```

参数说明：

◆ stringObject：当前获取长度的 String 对象名，也可以是字符变量名。

👑 说明：

通过 length 属性返回的字符串长度包括字符串中的空格。

例如，获取已创建的字符串对象 newString 的长度。代码如下：

```
01  var newString=new String(" 欢迎访问明日学院 "); // 创建字符串对象
02  var p=newString.length;                      // 获取字符串对象的长度
03  document.write(p);                           // 输出字符串对象的长度
```

运行结果为：

```
8
```

例如，获取自定义的字符变量 newStr 的长度。代码如下：

```
01  var newStr=" 欢迎访问明日学院 ";         // 定义一个字符串变量
02  var p=newStr.length;                  // 获取字符串变量的长度
03  document.write(p);                     // 输出字符串变量的长度
```

运行结果为：

```
8
```

[实例 9.1]　　　　　　　　　　　　　　　　（源码位置：资源包 \Code\09\01 ）

为金庸小说人物名称按字数分类

金庸先生的武侠小说深受广大武侠迷们的喜爱，在小说中无论是正面人物还是反面人物都很有特色。现提取小说中的一些主要人物如下：

张无忌、段誉、东方不败、胡斐、袁承志、独孤求败、杨过、金轮法王、韦小宝

将以上人物按名称的字数进行分类，并将分类结果输出在页面中。代码如下：

```
01  // 定义人物数组
02  var arr=new Array(" 张无忌 "," 段誉 "," 东方不败 "," 胡斐 "," 袁承志 "," 独孤求败 "," 杨过 "," 金轮法王 ",
    " 韦小宝 ");
03  var twoname="";                        // 初始化两字人物变量
04  var threename="";                      // 初始化三字人物变量
05  var fourname="";                       // 初始化四字人物变量
06  for(var i=0; i<arr.length; i++){
07      if(arr[i].length==2){              // 如果人物名称长度为 2
08          twoname+=arr[i]+" ";           // 将人物名称连接在一起
09      }
10      if(arr[i].length==3){              // 如果人物名称长度为 3
11          threename+=arr[i]+" ";         // 将人物名称连接在一起
12      }
13      if(arr[i].length==4){              // 如果人物名称长度为 4
14          fourname+=arr[i]+" ";          // 将人物名称连接在一起
15      }
16  }
17  document.write(" 两字人物: "+twoname);      // 输出两字人物
18  document.write("<br> 三字人物: "+threename); // 输出三字人物
19  document.write("<br> 四字人物: "+fourname);  // 输出四字人物
```

运行程序，结果如图 9.1 所示。

9.2.2　constructor 属性

该属性用于对当前对象的构造函数的引用。

语法：

图 9.1　为金庸小说人物名称按字数分类

```
stringObject.constructor
```

参数说明：

stringObject：String 对象名或字符变量名。

例如，使用 constructor 属性判断当前对象的类型。代码如下：

```
01  var newStr=new String(" 飞雪连天射白鹿 ");     // 创建字符串对象
02  if (newStr.constructor==String){               // 判断当前对象是否为字符串对象
03      alert(" 这是一个字符串对象 ");              // 输出字符串
04  }
```

运行结果如图 9.2 所示。

👑 说明：

以上例子中的 newStr 对象，可以用字符串变量代替。该属性是一个公共属性，在 Array、Date、Boolean 和 Number 对象中都可以调用该属性，用法与 String 对象相同。

图 9.2　输出对象的类型

9.2.3　prototype 属性

该属性可以为字符串对象添加自定义的属性或方法。

语法：

```
String.prototype.name=value
```

参数说明：

◆ name：要添加的属性名或方法名。

◆ value：添加属性的值或执行方法的函数。

例如，给 String 对象添加一个自定义方法 getLength，通过该方法获取字符串的长度。代码如下：

```
01  String.prototype.getLength=function(){        // 定义添加的方法
02      alert(this.length);                        // 输出字符串长度
03  }
04  var str=new String(" 欢迎访问明日学院 ");       // 创建字符串对象
05  str.getLength();                               // 调用添加的方法
```

运行结果如图 9.3 所示。

👑 说明：

该属性也是一个公共属性，在 Array、Date、Boolean 和 Number 对象中都可以调用该属性，用法与 String 对象相同。

图 9.3　输出字符串的长度

9.3　String 对象的方法

在 String 对象中提供了很多处理字符串的方法，通过这些方法可以对字符串进行查找、截取、大小写转换以及格式化等一些操作。下面分别对这些方法进行详细介绍。

👑 说明：

String 对象中的方法与属性，字符串变量也可以使用，为了便于读者用字符串变量执行 String 对象中的方法与属性，下面的例子都用字符串变量进行操作。

9.3.1 查找字符串

字符串对象中提供了几种用于查找字符串中的字符或子字符串的方法。下面对这几种方法进行详细介绍。

（1）charAt() 方法

该方法可以返回字符串中指定位置的字符。

语法：

```
stringObject.charAt(index)
```

参数说明：

◆ stringObject：String 对象名或字符变量名。

◆ index：必选参数。表示字符串中某个位置的数字，即字符在字符串中的下标。

👑 说明：

字符串中第一个字符的下标是 0，因此，index 参数的取值范围是 0~string.length-1。如果参数 index 超出了这个范围，则返回一个空字符串。

例如，在字符串"你好零零七，我是零零发"中返回下标为 1 的字符。代码如下：

```
01  var str=" 你好零零七，我是零零发 ";          // 定义字符串
02  document.write(str.charAt(1));              // 输出字符串中下标为 1 的字符
```

查找过程示意图如图 9.4 所示。

运行结果为：

```
好
```

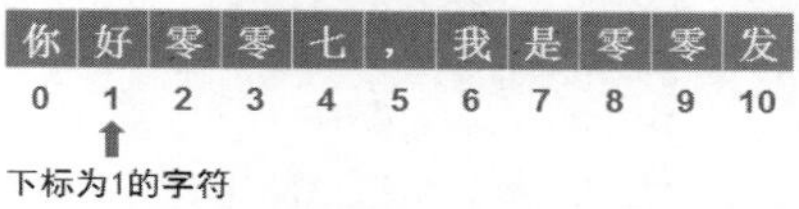

你	好	零	零	七	，	我	是	零	零	发
0	1	2	3	4	5	6	7	8	9	10

下标为1的字符

图 9.4　查找字符示意图

（2）indexOf() 方法

该方法可以返回某个子字符串在字符串中首次出现的位置。

语法：

```
stringObject.indexOf(substring,startindex)
```

参数说明：

◆ stringObject：String 对象名或字符变量名。

◆ substring：必选参数，要在字符串中查找的子字符串。

◆ startindex：可选参数，用于指定在字符串中开始查找的位置。它的取值范围是 0 ～ stringObject.length-1。如果省略该参数，则从字符串的首字符开始查找。如果要查找的子字符串没有出现，则返回 -1。

例如，在字符串"你好零零七，我是零零发"中进行不同的检索。代码如下：

```
01  var str=" 你好零零七，我是零零发 ";                  // 定义字符串
02  document.write(str.indexOf(" 零 ")+"<br>");        // 输出字符 "零" 在字符串中首次出现的位置
03  // 输出字符 "零" 在下标为 4 的字符后首次出现的位置
04  document.write(str.indexOf(" 零 ",4)+"<br>");
05  document.write(str.indexOf(" 零零八 "));            // 输出字符 "零零八" 在字符串中首次出现的位置
```

查找过程示意图如图 9.5 所示。

图 9.5 查找字符示意图

运行结果为:

```
2
8
-1
```

[实例 9.2]　　　　　　　　　　　　　　　　　　　　　（源码位置：资源包 \Code\09\02 ）

获取字符"葡萄"在绕口令中的出现次数

有这样一段绕口令：吃葡萄不吐葡萄皮儿，不吃葡萄倒吐葡萄皮儿。应用 String 对象中的 indexOf() 方法获取字符"葡萄"在绕口令中的出现次数。代码如下：

```
01  var str=" 吃葡萄不吐葡萄皮儿，不吃葡萄倒吐葡萄皮儿 ";    // 定义字符串
02  var position=0;                                       // 字符在字符串中出现的位置
03  var num=-1;                                           // 字符在字符串中出现的次数
04  var index=0;                                          // 开始查找的位置
05  while(position!=-1){
06      position=str.indexOf(" 葡萄 ",index);             // 获取指定字符在字符串中出现的位置
07      num+=1;                                           // 将指定字符出现的次数加 1
08      index=position+1;                                // 指定下次查找的位置
09  }
10  document.write(" 定义的字符串: "+str+"<br>");          // 输出定义的字符串
11  document.write(" 字符串中有 "+num+" 个葡萄 ");          // 输出结果
```

运行程序，结果如图 9.6 所示。

（3）lastIndexOf() 方法

该方法可以返回某个子字符串在字符串中最后出现的位置。

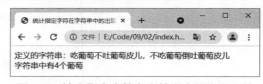

图 9.6　输出指定字符在字符串中的出现次数

语法：

```
stringObject.lastIndexOf(substring,startindex)
```

参数说明：

◆ stringObject：String 对象名或字符变量名。

◆ substring：必选参数，要在字符串中查找的子字符串。

◆ startindex：可选参数，用于指定在字符串中开始查找的位置，在这个位置从后向前查找。它的取值范围是 0 ～ stringObject.length-1。如果省略该参数，则从字符串的最后一个字符开始查找。如果要查找的子字符串没有出现，则返回 -1。

例如，在字符串"你好零零七，我是零零发"中进行不同的检索。代码如下：

```
01  var str=" 你好零零七，我是零零发 ";              // 定义字符串
02  document.write(str.lastIndexOf(" 零 ")+"<br>"); // 输出字符 "零" 在字符串中最后出现的位置
03  // 输出字符 "零" 在下标为 4 的字符前最后出现的位置
04  document.write(str.lastIndexOf(" 零 ",4)+"<br>");
05  document.write(str.lastIndexOf(" 零零八 "));     // 输出字符 "零零八" 在字符串中最后出现的位置
```

查找过程示意图如图 9.7 所示。

运行结果为：

```
9
3
-1
```

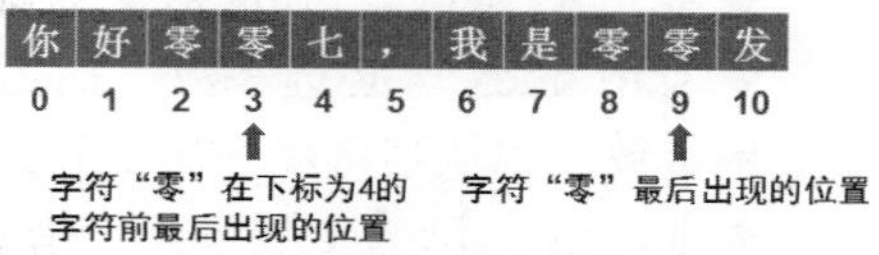

字符"零"在下标为4的　字符"零"最后出现的位置
字符前最后出现的位置

图 9.7　查找字符示意图

9.3.2　截取字符串

在字符串对象中提供了几种截取字符串的方法，分别是 slice() 方法、substr() 方法和 substring() 方法。下面分别进行详细介绍。

（1）slice() 方法

该方法可以提取字符串的片段，并在新的字符串中返回被提取的部分。

语法：

```
stringObject.slice(startindex,endindex)
```

参数说明：

◆ stringObject：String 对象名或字符变量名。

◆ startindex：必选参数，指定要提取的字符串片段的开始位置。该参数可以是负数，如果是负数，则从字符串的尾部开始算起。也就是说，-1 指字符串的最后一 个字符，-2 指倒数第二个字符，以此类推。

◆ endindex：可选参数，指定要提取的字符串片段的结束位置。如果省略该参数，表示结束位置为字符串的最后一个字符。如果该参数是负数，则从字符串的尾部开始算起。

> 👑 说明：
>
> 使用 slice() 方法提取的字符串片段中不包括 endindex 下标所对应的字符。

例如，在字符串"你好 JavaScript"中提取子字符串。代码如下：

```
01   var str=" 你好 JavaScript";                  // 定义字符串
02   document.write(str.slice(2)+"<br>");         // 从下标为 2 的字符提取到字符串末尾
03   document.write(str.slice(2,6)+"<br>");       // 从下标为 2 的字符提取到下标为 5 的字符
04   document.write(str.slice(0,-6));             // 从第一个字符提取到倒数第 7 个字符
```

提取过程示意图如图 9.8 所示。

运行结果为：

```
JavaScript
Java
你好 Java
```

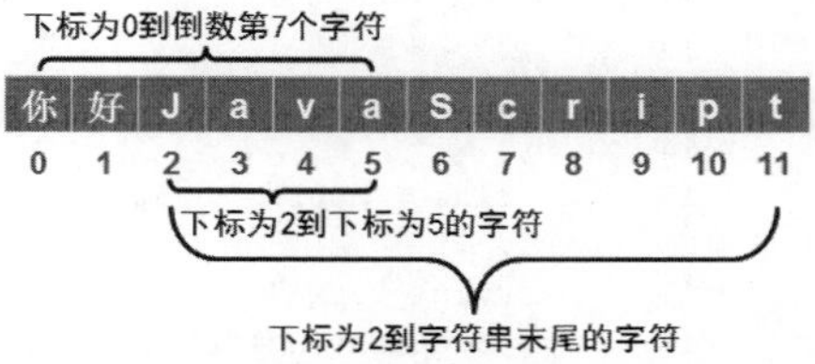

下标为0到倒数第7个字符

下标为2到下标为5的字符

下标为2到字符串末尾的字符

图 9.8　提取字符示意图

（2）substr() 方法

该方法可以从字符串的指定位置开始提取指定长度的子字符串。

语法：

```
stringObject.substr(startindex,length)
```

参数说明：

◆ stringObject：String 对象名或字符变量名。

◆ startindex：必选参数，指定要提取的字符串片段的开始位置。该参数可以是负数，如果是负数，则从字符串的尾部开始算起。

◆ length：可选参数，用于指定提取的子字符串的长度。如果省略该参数，表示结束位置为字符串的最后一个字符。

👑 **注意：**

由于浏览器的兼容性问题，substr() 方法的第一个参数不建议使用负数。

例如，在字符串"从零开始学 JavaScript"中提取指定个数的字符。代码如下：

```
01  var str="从零开始学 JavaScript";                // 定义字符串
02  document.write(str.substr(2)+"<br>");          // 从下标为 2 的字符提取到字符串末尾
03  document.write(str.substr(2,3));               // 从下标为 2 的字符开始提取 3 个字符
```

运行结果：

```
开始学 JavaScript
开始学
```

[实例 9.3]

（源码位置：资源包 \Code\09\03）

截取网站公告标题

在开发 Web 程序时，为了保持整个页面的合理布局，经常需要对一些超长输出的字符串内容（例如公告标题、公告内容、文章的标题、文章的内容等）进行截取，并通过"…"代替省略内容。本实例将应用 substr() 方法对网站公告标题进行截取并输出。代码如下：

```
01  <script type="text/javascript">
02  var str1="明日科技重磅推出从零开始学系列课程 ";    // 定义公告标题字符串
03  var str2="欧亚卖场店庆回馈新老客户力度超大 ";      // 定义公告标题字符串
04  var str3="本网站承诺所有商品均低于市场价 ";        // 定义公告标题字符串
05  var str4="本店所有日用商品一律 5 折销售 ";         // 定义公告标题字符串
06  function subStr(str){
07      if(str.length>10){                        // 如果字符串长度大于 10
08          return str.substr(0,10)+"…";          // 返回字符串前 10 个字符，然后输出省略号
09      }else{                                    // 如果字符串长度不大于 10
10          return str;                           // 直接返回该字符串
11      }
12  }
13  </script>
14  <body>
15  <div class="public">
16    <ul>
17    <script type="text/javascript">
18        document.write("<li>"+subStr(str1)+"</li>");// 输出截取后的公告标题
19        document.write("<li>"+subStr(str2)+"</li>");// 输出截取后的公告标题
20        document.write("<li>"+subStr(str3)+"</li>");// 输出截取后的公告标题
21        document.write("<li>"+subStr(str4)+"</li>");// 输出截取后的公告标题
22    </script>
23    </ul>
24  </div>
25  </body>
```

运行程序，结果如图 9.9 所示。

（3）substring() 方法

该方法用于提取字符串中两个指定的索引号之间的字符。
语法：

```
stringObject.substring(startindex,endindex)
```

参数说明：
◆ stringObject：String 对象名或字符变量名。
◆ startindex：必选参数。一个非负整数，指定要提取的
字符串片段的开始位置。

图9.9　截取网站公告标题

◆ endindex：可选参数。一个非负整数，指定要提取的字符串片段的结束位置。如果
省略该参数，表示结束位置为字符串的最后一个字符。

👑 说明：
使用 substring() 方法提取的字符串片段中不包括 endindex 下标所对应的字符。

例如，在字符串"从零开始学 JavaScript"中提取子字符串。代码如下：

```
01  var str=" 从零开始学 JavaScript";                // 定义字符串
02  document.write(str.substring(2)+"<br>");         // 从下标为 2 的字符提取到字符串末尾
03  document.write(str.substring(2,5)+"<br>");       // 从下标为 2 的字符提取到下标为 4 的字符
```

运行结果为：

```
开始学 JavaScript
开始学
```

9.3.3　大小写转换

在字符串对象中提供了两种用于对字符串进行大小写转换的方法，分别是
toLowerCase() 方法和 toUpperCase() 方法。下面对这两种方法进行详细介绍。

（1）toLowerCase() 方法

该方法用于把字符串转换为小写。
语法：

```
stringObject.toLowerCase()
```

参数说明：
stringObject：String 对象名或字符变量名。
例如，将字符串"Hello JavaScript"中的大写字母转换为小写。代码如下：

```
01  var str="Hello JavaScript";                 // 定义字符串
02  document.write(str.toLowerCase());          // 将字符串转换为小写
```

运行结果为：

```
hello javascript
```

（2）toUpperCase() 方法

该方法用于把字符串转换为大写。

语法：

```
stringObject.toUpperCase()
```

参数说明：

stringObject：String 对象名或字符变量名。

例如，将字符串"Hello JavaScript"中的小写字母转换为大写。代码如下：

```
01  var str="Hello JavaScript";                // 定义字符串
02  document.write(str.toUpperCase());         // 将字符串转换为大写
```

运行结果：

```
HELLO JAVASCRIPT
```

9.3.4　连接和拆分

在字符串对象中还提供了两种用于连接和拆分字符串的方法，分别是 concat() 方法和 split() 方法。下面对这两种方法进行详细介绍。

（1）concat() 方法

该方法用于连接两个或多个字符串。

语法：

```
stringObject.concat(string1,string2,stringX,)
```

参数说明：

◆ stringObject：String 对象名或字符变量名。

◆ stringX：必选参数，将被连接的字符串，可以是一个或多个。

👑 注意：

使用 concat() 方法可以返回连接后的字符串，而原字符串对象并没有改变。

例如，定义两个字符串，然后应用 concat() 方法对两个字符串进行连接。代码如下：

```
01  var nicknames=new Array("紫衫龙王","白眉鹰王","金毛狮王","青翼蝠王");  // 定义人物别名数组
02  var names=new Array("黛绮丝","殷天正","谢逊","韦一笑"); // 定义人物姓名数组
03  for(var i=0;i<nicknames.length;i++){
04      document.write(nicknames[i].concat(names[i])+"<br>"); // 对人物别名和人物姓名进行连接
05  }
```

运行结果为：

```
紫衫龙王黛绮丝
白眉鹰王殷天正
金毛狮王谢逊
青翼蝠王韦一笑
```

（2）split() 方法

该方法用于把一个字符串分隔成字符串数组。

语法：

```
stringObject.split(separator,limit)
```

参数说明：

◆ stringObject：String 对象名或字符变量名。

◆ separator：必选参数，指定的分隔符。如果把空字符串（""）作为分隔符，那么字符串对象中的每个字符都会被分隔。

◆ limit：可选参数。该参数可指定返回的数组的最大长度。如果设置了该参数，返回的数组元素个数不会多于这个参数。如果省略该参数，整个字符串都会被分隔，不考虑数组元素的个数。

例如，将字符串"I like learning JavaScript"按照不同方式进行分隔。代码如下：

```
01  var str="I like learning JavaScript";          // 定义字符串
02  document.write(str.split(" ")+"<br>");          // 以空格为分隔符对字符串进行分隔
03  document.write(str.split("")+"<br>");           // 以空字符串为分隔符对字符串进行分隔
04  document.write(str.split(" ",3));               // 以空格为分隔符对字符串进行分隔并返回 3 个元素
```

运行结果：

```
I,like,learning,JavaScript
I, ,l,i,k,e, ,l,e,a,r,n,i,n,g, ,J,a,v,a,S,c,r,i,p,t
I,like,learning
```

[实例 9.4]

（源码位置：资源包 \Code\09\04）

输出梁山好汉人物信息

《水浒传》是我国四大古典名著之一，书中对宋江、卢俊义、林冲、鲁智深及武松等主要人物都作了详细的描写。现将这五个人物的名称、绰号和主要事迹分别定义在三个字符串中，各个人物、绰号和主要事迹以逗号"，"进行分隔，应用 split() 方法和 for 循环语句将这些人物信息输出在表格中。代码如下：

```
01  <table>
02    <tr>
03      <th> 人物名称 </th>
04      <th> 人物绰号 </th>
05      <th> 主要事迹 </th>
06    </tr>
07  <script type="text/javascript">
08  var name=" 宋江, 卢俊义, 林冲, 鲁智深, 武松 ";// 定义人物名称字符串
09  var nickname=" 及时雨, 玉麒麟, 豹子头, 花和尚, 行者 ";// 定义人物绰号字符串
10  var story=" 领导梁山起义, 活捉史文恭, 风雪山神庙, 倒拔垂杨柳, 醉打蒋门神 ";// 定义主要事迹字符串
11  var nameArray=name.split(", ");                 // 将人物名称字符串分隔为数组
12  var nicknameArray=nickname.split(", ");         // 将人物绰号字符串分隔为数组
13  var storyArray=story.split(", ");               // 将主要事迹字符串分隔为数组
14  for(var i=0;i<nicknameArray.length;i++){
15      document.write("<tr>");                     // 输出 <tr> 标记
16      document.write("<td>"+nameArray[i]+"</td>");     // 输出人物名称
17      document.write("<td>"+nicknameArray[i]+"</td>"); // 输出人物绰号
18      document.write("<td>"+storyArray[i]+"</td>");    // 输出主要事迹
19      document.write("</tr>");                    // 输出 </tr> 结束标记
20  }
21  </script>
22  </table>
```

运行程序，结果如图 9.10 所示。

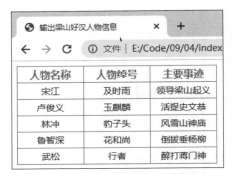

图 9.10　输出梁山好汉人物信息

9.3.5　格式化字符串

在字符串对象中还有一些用来格式化字符串的方法，这些方法如表 9.1 所示。

表 9.1　String 对象中格式化字符串的方法

方法	说明
anchor()	创建 HTML 锚
big()	用大号字体显示字符串
small()	使用小字号来显示字符串
fontsize()	使用指定的字体大小来显示字符串
bold()	使用粗体显示字符串
italics()	使用斜体显示字符串
link()	将字符串显示为链接
strike()	使用删除线来显示字符串
blink()	显示闪动字符串，此方法不支持 IE 浏览器
fixed()	以打字机文本显示字符串，相当于在字符串两端增加 <tt> 标签
fontcolor()	使用指定的颜色来显示字符串
sub()	把字符串显示为下标
sup()	把字符串显示为上标

例如，将字符串"Hello JavaScript"按照不同的格式进行输出。代码如下：

```
01  var str="Hello JavaScript";                                        // 定义字符串
02  document.write(" 原字符串: "+str+"<br>");                           // 输出原字符串
03  document.write("big : "+str.big()+"<br>");                          // 用大号字体显示字符串
04  document.write("small : "+str.small()+"<br>");                      // 用小号字体显示字符串
05  document.write("fontsize : "+str.fontsize(6)+"<br>");               // 设置字体大小为 6
06  document.write("bold : "+str.bold()+"<br>");                        // 使用粗体显示字符串
07  document.write("italics : "+str.italics()+"<br>");                  // 使用斜体显示字符串
08                                                                      // 创建超链接
09  document.write("link : "+str.link("http://www.mingribook.com")+"<br>");  // 为字符串添加删除线
10  document.write("strike : "+str.strike()+"<br>");                    // 为字符串添加删除线
11  document.write("fixed : "+str.fixed()+"<br>");                      // 以打字机文本显示字符串
12  document.write("fontcolor : "+str.fontcolor("blue")+"<br>");        // 设置字体颜色
13  document.write("sub : "+str.sub()+"<br>");                          // 把字符串显示为下标
14  document.write("sup : "+str.sup());                                 // 把字符串显示为上标
```

运行程序，结果如图 9.11 所示。

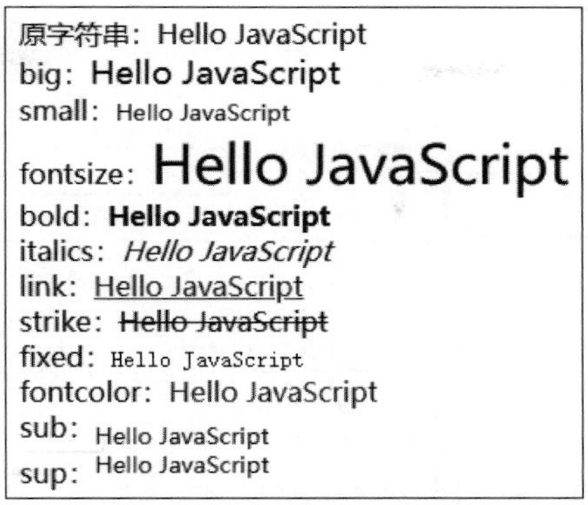

图 9.11　对字符串进行格式化

本章知识思维导图

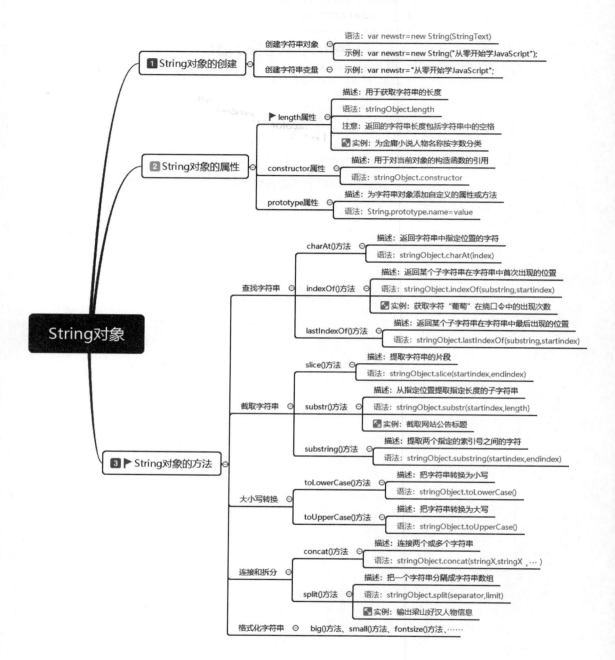

JavaScript

从零开始学 JavaScript

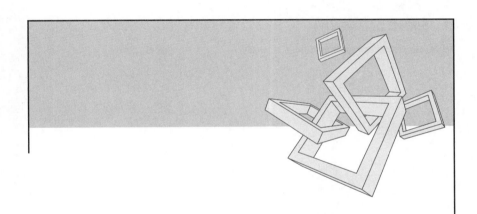

第2篇

核心技术篇

第 10 章

JavaScript 事件处理

扫码领取
► 配套视频
► 配套素材
► 学习指导
► 交流社群

 本章学习目标

- 了解事件和事件处理程序。
- 掌握表单的相关事件。
- 掌握鼠标和键盘的相关事件。
- 熟悉页面加载事件。

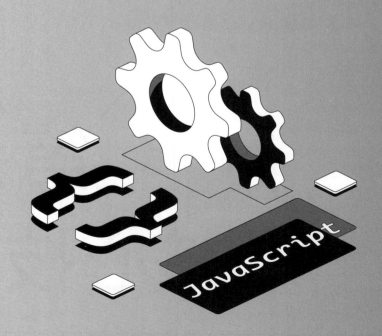

10.1 事件与事件处理概述

事件处理是对象化编程的一个很重要的环节，它可以使程序的逻辑结构更加清晰，使程序更具有灵活性，提高程序的开发效率。事件处理的过程分为三步：①发生事件；②启动事件处理程序；③事件处理程序作出反应。其中，要使事件处理程序能够启动，必须通过指定的对象来调用相应的事件，然后通过该事件调用事件处理程序。事件处理程序可以是任意的 JavaScript 语句，但是我们一般用特定的自定义函数（function）来对事件进行处理。

10.1.1 什么是事件

事件是一些可以通过脚本响应的页面动作。当用户按下鼠标键或者提交一个表单，甚至在页面上移动鼠标时，事件就会出现。事件处理是一段 JavaScript 代码，总是与页面中的特定部分以及一定的事件相关联。当与页面特定部分关联的事件发生时，事件处理器就会被调用。

绝大多数事件的命名都是描述性的，很容易理解。例如 click、submit、mouseover 等，通过名称就可以猜测其含义。但也有少数事件的名称不易理解，例如 blur（英文的字面意思为"模糊"），表示一个域或者一个表单失去焦点。通常，事件处理器的命名原则是，在事件名称前加上前缀 on。例如，对于 click 事件，其处理器名为 onclick。

10.1.2 JavaScript 的常用事件

为了便于读者查找 JavaScript 中的常用事件，下面以表格的形式对各事件进行说明。JavaScript 的相关事件如表 10.1 所示。

表 10.1 JavaScript 的相关事件

	事件	说明
鼠标键盘事件	onclick	鼠标单击时触发此事件
	ondblclick	鼠标双击时触发此事件
	onmousedown	按下鼠标时触发此事件
	onmouseup	鼠标按下后松开鼠标时触发此事件
	onmouseover	当鼠标移动到某对象范围的上方时触发此事件
	onmousemove	鼠标移动时触发此事件
	onmouseout	当鼠标离开某对象范围时触发此事件
	onkeypress	当键盘上的某个键被按下并且释放时触发此事件
	onkeydown	当键盘上某个按键被按下时触发此事件
	onkeyup	当键盘上某个按键被按下后松开时触发此事件
表单相关事件	onfocus	当某个元素获得焦点时触发此事件
	onblur	当前元素失去焦点时触发此事件
	onchange	当前元素失去焦点并且元素的内容发生改变时触发此事件
	onsubmit	一个表单被提交时触发此事件
	onreset	当表单中RESET的属性被激活时触发此事件

	事件	说明
页面相关事件	onload	页面内容完成时触发此事件（也就是页面加载事件）
	onunload	当前页面将被改变时触发此事件
	onresize	当浏览器的窗口大小被改变时触发此事件

10.1.3 事件的调用

在使用事件处理程序对页面进行操作时，最主要的是如何通过对象的事件来指定事件处理程序。指定方式主要有以下两种。

（1）在 HTML 中调用

在 HTML 中分配事件处理程序，只需要在 HTML 标记中添加相应的事件，并在其中指定要执行的代码或是函数名即可。例如：

```
<input name="test" type="button" value=" 测试 " onclick="alert(' 单击了测试按钮 ');">
```

在页面中添加如上代码，同样会在页面中显示"测试"按钮，当单击该按钮时，将弹出"单击了测试按钮"对话框。

上面的示例也可以通过调用函数来实现，代码如下：

```
01  <input name="test" type="button" value=" 测试 " onclick="clickFunction();">
02  <script type="text/javascript">
03      function clickFunction(){              // 定义 clickFunction() 函数
04          alert(" 单击了测试按钮 ");             // 弹出对话框
05      }
06  </script>
```

（2）在 JavaScript 中调用

在 JavaScript 中调用事件处理程序，首先需要获得要处理对象的引用，然后将要执行的处理函数赋值给对应的事件。例如，当单击"测试"按钮时将弹出提示对话框，代码如下：

```
01  <input id="test" name="test" type="button" value=" 测试 ">
02  <script type="text/javascript">
03      var b_test=document.getElementById("test");   // 获取 id 属性值为 test 的元素
04      b_test.onclick=function(){                     // 为按钮绑定单击事件
05          alert(" 单击了测试按钮 ");                    // 弹出对话框
06      }
07  </script>
```

👑 注意：

在上面的代码中，一定要将 <input id="test" name="test" type="button" value=" 测试 "> 放在 JavaScript 代码的上方，否则将无法正确弹出对话框。

上面的示例也可以通过以下代码来实现：

```
01  <form id="form1" name="form1" method="post" action="">
02      <input id="test" name="test" type="button" value=" 测试 ">
03  </form>
04  <script type="text/javascript">
```

```
05      form1.test.onclick=function(){        // 为按钮绑定单击事件
06          alert(" 单击了测试按钮 ");         // 弹出对话框
07      }
08  </script>
```

👑 注意：

在 JavaScript 中指定事件处理程序时，事件名称必须小写，才能正确响应事件。

10.1.4 Event 对象

JavaScript 的 Event 对象用来描述 JavaScript 的事件。Event 对象代表事件状态，如事件发生的元素、键盘状态、鼠标位置和鼠标按钮状态。一旦事件发生，便会生成 Event 对象。例如，单击一个按钮，浏览器的内存中就会产生相应的 Event 对象。

在 W3C 事件模型中，需要将 Event 对象作为一个参数传递到事件处理函数中。Event 对象也可自动作为参数传递，这取决于事件处理函数与对象绑定的方式。

如果使用原始方法将事件处理函数与对象绑定（通过元素标记的一个属性），则必须把 Event 对象作为参数进行传递，例如：

```
onKeyUp="example(event)"
```

这是 W3C 模型中唯一可像全局引用一样明确引用 Event 对象的方式。这个引用只作为事件处理函数的参数，在别的内容中不起作用。如果有多个参数，则 Event 对象引用可以以任意顺序排列，例如：

```
onKeyUp="example(this,event)"
```

与元素绑定的函数定义中，应该有一个参数变量来"捕获"Event 对象参数，例如：

```
function example(widget,evt){...}
```

还可以通过其他方式将事件处理函数绑定到对象，将这些事件处理函数的引用赋给文档中所需的对象，例如：

```
01  document.forms[0].someButton.onkeyup=example;
02  document.getElementById("myButton").addEventListener("keyup",example,false);
```

通过这些方式进行事件绑定，可以防止自己的参数直接到达调用的函数，但是，W3C 浏览器自动传送 Event 对象的引用并将它作为唯一参数，这个 Event 对象是为响应激活事件的用户或系统行为而创建的，也就是说，函数需要用一个参数变量来接收传递的 Event 对象。

```
function example(evt){...}
```

事件对象包含作为事件目标的对象（如包含表单控件对象的表单对象）的引用，从而可以访问该对象的任何属性。

10.2 表单相关事件

表单事件实际上就是对元素获得或失去焦点的动作进行控制。可以利用表单事件来改变获得或失去焦点的元素样式，这里所指的元素可以是同一类型，也可以是多个不同类型的元素。

10.2.1　获得焦点与失去焦点事件

获得焦点事件（onfocus）是当某个元素获得焦点时触发事件处理程序。失去焦点事件（onblur）是当前元素失去焦点时触发事件处理程序。在一般情况下，这两个事件是同时使用的。

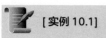 **[实例 10.1]**　（源码位置：资源包 \Code\10\01）

改变文本框的背景颜色

当用户选择页面中的文本框时，改变选中文本框的背景颜色，当选择其他文本框时，将失去焦点的文本框恢复为原来的颜色。代码如下：

```
01  <table>
02    <form name="form1">
03    <tr>
04      <td> 用户名: </td>
05      <td>
06        <input type="text" onFocus="txtfocus()" onBlur="txtblur()">
07      </td>
08    </tr>
09    <tr>
10      <td> 密码: </td>
11      <td>
12        <input type="text" onFocus="txtfocus()" onBlur="txtblur()">
13      </td>
14    </tr>
15    <tr>
16      <td> 真实姓名: </td>
17      <td>
18        <input type="text" onFocus="txtfocus()" onBlur="txtblur()">
19      </td>
20    </tr>
21    <tr>
22      <td> 性别: </td>
23      <td>
24        <input type="text" onFocus="txtfocus()" onBlur="txtblur()">
25      </td>
26    </tr>
27    <tr>
28      <td> 邮箱: </td>
29      <td>
30        <input type="text" onFocus="txtfocus()" onBlur="txtblur()">
31      </td>
32    </tr>
33    </form>
34  </table>
35  <script type="text/javascript">
36    function txtfocus(){
37      var obj=event.target;// 获取触发事件的元素
38      obj.style.background="#FFFF66";
39    }
40    function txtblur(){
41      var obj=event.target;// 获取触发事件的元素
42      obj.style.background="";
43    }
44  </script>
```

运行程序，可以看到当文本框获得焦点时，该文本框的背景颜色发生了改变，如图 10.1 所示。当文本框失去焦点时，该文本框的背景又恢复为原来的颜色，如图 10.2 所示。

图 10.1　文本框获得焦点时改变背景颜色　　　　图 10.2　文本框失去焦点时恢复背景颜色

10.2.2　失去焦点内容改变事件

失去焦点内容改变事件（onchange）是当前元素失去焦点并且元素的内容发生改变时触发事件处理程序。该事件一般在下拉菜单中使用。

[实例 10.2]　　　　　　　　　　　　　　　　　　　（源码位置：资源包 \Code\10\02 ）

改变文本框的字体颜色

当用户选择下拉菜单中的颜色时，通过 onchange 事件来相应地改变文本框中的字体颜色。代码如下：

```
01  <form name="form1">
02    <input name="textfield" type="text" size="18" value=" 从零开始学 JavaScript">
03    <select name="menu1" onChange="Fcolor()">
04      <option value="black"> 黑色 </option>
05      <option value="yellow">黄色 </option>
06      <option value="blue"> 蓝色 </option>
07      <option value="green"> 绿色 </option>
08      <option value="red">红色 </option>
09      <option value="purple"> 紫色 </option>
10    </select>
11  </form>
12  <script type="text/javascript">
13  function Fcolor(){
14    var obj=event.target;               // 获取触发事件的元素
15    form1.textfield.style.color=obj.value;   // 设置文本框中的字体颜色
16  }
17  </script>
```

运行结果如图 10.3 所示。

10.2.3　表单提交与重置事件

表单提交事件（onsubmit）是在用户提交表单时（通常使用"提交"按钮，也就是将按钮的 type 属性设为 submit），在表单提交之前被触发，因此，该事件的处理程序通过返回

图 10.3　改变文本框中的字体颜色

129

false 值来阻止表单的提交。该事件可以用来验证表单输入项的正确性。

表单重置事件（onreset）与表单提交事件的处理过程相同，该事件只是将表单中的各元素的值设置为原始值。一般用于清空表单中的文本框。

下面给出这两个事件的使用格式：

```
<form name="formname" onsubmit="return Funname" onreset="return Funname"></form>
```

◆ formname：表单名称。

◆ Funname：函数名或执行语句，如果是函数名，在该函数中必须有布尔型的返回值。

👑 注意：

如果在 onsubmit 和 onreset 事件中调用的是自定义函数名，那么，必须在函数名的前面加 return 语句，否则，不论在函数中返回的是 true，还是 false，当前事件所返回的值一律是 true 值。

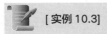 [实例 10.3]

（源码位置：资源包 \Code\10\03）

验证提交表单中是否有空值

在提交表单时，通过 onsubmit 事件来判断提交的表单中是否有空文本框，如果有空文本框，则不允许提交。代码如下：

```
01  <form name="form1" onsubmit="return AllSubmit()">
02      <!-- 省略部分 HTML 代码 -->
03      <input name="sub" type="submit" id="sub2" value=" 提交 "> 
04      <input type="reset" name="Submit2" value=" 重置 ">
05  </form>
06  <script type="text/javascript">
07  function AllSubmit(){
08      var T=true;                              // 初始化变量
09      var obj=event.target;                    // 获取发生事件的元素
10      for (var i=1;i<=7;i++){
11          if (eval("obj."+"txt"+i).value==""){ // 如果表单元素有空值
12              T=false;                         // 为变量 T 进行重新赋值
13              break;                           // 跳出 for 循环语句
14          }
15      }
16      if (!T){                                 // 如果变量 T 的值为 false
17          alert(" 提交信息不允许为空 ");         // 弹出对话框
18      }
19      return T;                                // 返回变量 T 的值
20  }
21  </script>
```

运行实例，当表单中有空文本框时，单击"提交"按钮将弹出提示信息，结果如图 10.4 所示。

10.3 鼠标键盘事件

鼠标和键盘事件是在页面操作中使用最频繁的操作，可以利用鼠标事件在页面中实现鼠标移动、单击时的特殊效果，也可以利用键盘事件来制作页面的快捷键等。

图 10.4　表单提交的验证

10.3.1 鼠标单击事件

单击事件（onclick）是在鼠标单击时被触发的事件。单击是指鼠标停留在对象上，按下鼠标键，在没有移动鼠标的同时放开鼠标键的这一完整过程。

单击事件一般应用于 Button 对象、Checkbox 对象、Image 对象、Link 对象、Radio 对象、Reset 对象和 Submit 对象，Button 对象一般只会用到 onclick 事件处理程序，因为该对象不能从用户那里得到任何信息，如果没有 onclick 事件处理程序，按钮对象将不会有任何作用。

👑 注意：

在使用对象的单击事件时，如果在对象上按下鼠标键，然后移动鼠标到对象外再松开鼠标，单击事件无效，单击事件必须在对象上松开鼠标后，才会执行单击事件的处理程序。

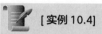 **[实例 10.4]**

（源码位置：资源包 \Code\10\04）

动态改变页面的背景颜色

通过单击"变换背景"按钮，动态地改变页面的背景颜色，当用户再次单击按钮时，页面背景将以不同的颜色进行显示。代码如下：

```
01  <script type="text/javascript">
02  var Arraycolor=new Array("olive","teal","red","blue","maroon","navy","lime","fuschia",
    "green"); // 定义颜色数组
03  var n=0;                                // 为变量赋初值
04  function turncolors(){                  // 自定义函数
05      if (n==(Arraycolor.length-1)) n=0;  // 判断数组下标是否指向最后一个元素
06      n++;                                // 变量自加 1
07      document.bgColor = Arraycolor[n];   // 设置背景颜色为对应数组元素的值
08  }
09  </script>
10  <form name="form1" method="post" action="">
11  <p>
12      <input type="button" name="Submit" value=" 变换背景 " onclick="turncolors()">
13  </p>
14  <p> 用按钮随意变换背景颜色 </p>
15  </form>
```

运行实例，结果如图 10.5 所示。当单击"变换背景"按钮时，页面的背景颜色就会发生变化，如图 10.6 所示。

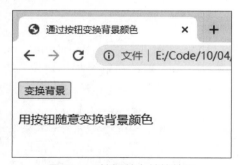

图 10.5　按钮单击前的效果

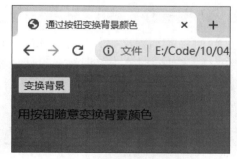

图 10.6　按钮单击后的效果

10.3.2　鼠标按下和松开事件

鼠标的按下和松开事件分别是 onmousedown 和 onmouseup 事件。其中，onmousedown

事件用于在鼠标按下时触发事件处理程序，onmouseup 事件是在鼠标松开时触发事件处理程序。在用鼠标单击对象时，可以用这两个事件实现其动态效果。

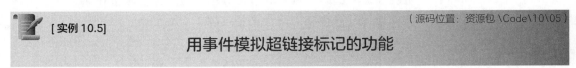

[实例 10.5]
（源码位置：资源包 \Code\10\05）

用事件模拟超链接标记的功能

用 onmousedown 和 onmouseup 事件将文本制作成类似于 <a>（超链接）标记的功能，也就是在文本上按下鼠标时，改变文本的颜色，当在文本上松开鼠标时，恢复文本的默认颜色。代码如下：

```
01  <p id="p1" style="color:#00CC00; cursor:pointer" onmousedown="mousedown()"
       onmouseup="mouseup()"><u> 从零开始学 JavaScript</u></p>
02  <script type="text/javascript">
03  function mousedown(){                        // 定义 mousedown() 函数
04      var obj=document.getElementById('p1');   // 获取包含文本的元素
05      obj.style.color='#FF0000;                // 为文本设置颜色
06  }
07  function mouseup(){                          // 定义 mouseup() 函数
08      var obj=document.getElementById('p1');   // 获取包含文本的元素
09      obj.style.color='#00CC00;                // 将文本恢复为原来的颜色
10  }
11  </script>
```

运行实例，在文本上按下鼠标时的结果如图 10.7 所示，在文本上松开鼠标时的结果如图 10.8 所示。

图 10.7　按下鼠标时改变字体颜色

图 10.8　松开鼠标时恢复字体颜色

10.3.3　鼠标移入移出事件

鼠标的移入和移出事件分别是 onmouseover 和 onmouseout 事件。其中，onmouseover 事件在鼠标移动到对象上方时触发事件处理程序，onmouseout 事件在鼠标移出对象上方时触发事件处理程序。可以用这两个事件在指定的对象上移动鼠标时，实现其对象的动态效果。

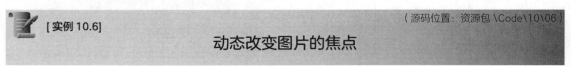

[实例 10.6]
（源码位置：资源包 \Code\10\06）

动态改变图片的焦点

应用 onmouseover 事件和 onmouseout 事件实现动态改变图片透明度的功能。当鼠标移到图片上时，改变图片的透明度，当鼠标移出图片时，将图片恢复为初始的效果。代码如下：

```
01  <script type="text/javascript">
02  function visible(cursor,i){                            // 定义 visible() 函数
03      if (i==0) // 如果参数 i 的值为 0
04          cursor.style.opacity=1;                        // 将图片不透明度设置为 1
05      else
06          cursor.style.opacity=0.3;                      // 将图片不透明度设置为 0.3
07  }
08  </script>
09  <img src="images/Temp.jpg" onMouseOver="visible(this,1)" onMouseOut="visible(this,0)">
```

运行结果如图 10.9 和图 10.10 所示。

图 10.9　鼠标移入时改变透明度

图 10.10　鼠标移出时恢复初始效果

10.3.4　鼠标移动事件

鼠标移动事件（onmousemove）是鼠标在页面上进行移动时触发事件处理程序，可以在该事件中用 document 对象实时读取鼠标在页面中的位置。

例如，当鼠标在页面中移动时，在页面中显示鼠标的当前位置，也就是 (x,y) 值。代码如下：

```
01  <script type="text/javascript">
02  var x=0,y=0;                                           // 初始化变量的值
03  function MousePlace(){
04      x=window.event.x;                                  // 获取横坐标 X 的值
05      y=window.event.y;                                  // 获取纵坐标 Y 的值
06                                                         // 输出鼠标的当前位置
07      document.getElementById('position').innerHTML=" 当前位置的横坐标 X : "+x
+" 纵坐标 Y : "+y;
08  }
09  document.onmousemove=MousePlace;                       // 鼠标在页面中移动时调用函数
10  </script>
11  <span id="position"></span>
```

运行结果如图 10.11 所示。

10.3.5　键盘事件

键盘事件包含 onkeypress、onkeydown 和 onkeyup 事件，其中 onkeypress 事件是在键盘上的某个键被按下并且释放时触发此事件的处理程序，一般用于键盘上的单键操作。onkeydown 事件是在键盘上的某个键被

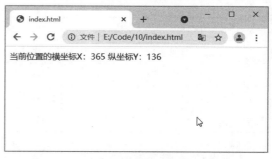

图 10.11　在页面中显示鼠标的当前位置

按下时触发此事件的处理程序，一般用于组合键的操作。onkeyup 事件是在键盘上的某个键被按下后松开时触发此事件的处理程序，一般用于组合键的操作。

为了便于读者对键盘上的按键进行操作，下面以表格的形式给出其键码值。

键盘上字母和数字键的键码值如表 10.2 所示。

表 10.2　字母和数字键的键码值

按键	键值	按键	键值	按键	键值	按键	键值
A	65	Q	81	g	103	w	119
B	66	R	82	h	104	x	120
C	67	S	83	i	105	y	121
D	68	T	84	j	106	z	122
E	69	U	85	k	107	0	48
F	70	V	86	l	108	1	49
G	71	W	87	m	109	2	50
H	72	X	88	n	110	3	51
I	73	Y	89	o	111	4	52
J	74	Z	90	p	112	5	53
K	75	a	97	q	113	6	54
L	76	b	98	r	114	7	55
M	77	c	99	s	115	8	56
N	78	d	100	t	116	9	57
O	79	e	101	u	117		
P	80	f	102	v	118		

数字键盘上按键的键码值如表 10.3 所示。

表 10.3　数字键盘上按键的键码值

按键	键值	按键	键值	按键	键值	按键	键值
0	96	8	104	F1	112	F7	118
1	97	9	105	F2	113	F8	119
2	98	*	106	F3	114	F9	120
3	99	+	107	F4	115	F10	121
4	100	Enter	108	F5	116	F11	122
5	101	−	109	F6	117	F12	123
6	102	.	110				
7	103	/	111				

键盘上控制键的键码值如表 10.4 所示。

表 10.4   控制键的键码值

按键	键值	按键	键值	按键	键值	按键	键值
Back Space	8	Esc	27	Right Arrow(→)	39	-_	189
Tab	9	Spacebar	32	Down Arrow(↓)	40	.>	190
Clear	12	Page Up	33	Insert	45	/?	191
Enter	13	Page Down	34	Delete	46	`~	192
Shift	16	End	35	Num Lock	144	[{	219
Control	17	Home	36	;:	186	|	220
Alt	18	Left Arrow(←)	37	=+	187	]}	221
Cape Lock	20	Up Arrow(↑)	38	,<	188	'"	222

👑 注意:

以上键码值只有在文本框中才完全有效,如果在页面中使用(也就是在 <body> 标记中使用),则只有字母键、数字键和部分控制键可用,其字母键和数字键的键值与 ASCII 值相同。

[实例 10.7]

（源码位置: 资源包 \Code\10\07）

实现单击"A"键刷新的功能

利用键盘中的"A"键,对页面进行刷新,而无须用鼠标在浏览器中单击"刷新"按钮。代码如下:

```
01  <script type="text/javascript">
02  function Refurbish(){                    // 定义 Refurbish() 函数
03      if (window.event.keyCode==65){        // 如果按下了键盘上的"A"键
04          location.reload();                // 对页面进行刷新
05      }
06  }
07  document.onkeydown=Refurbish;            // 当按下键盘上的按键时调用函数
08  </script>
09  <img src="1.jpg" width="805" height="554">
```

运行结果如图 10.12 所示。

图 10.12   按"A"键对页面进行刷新

10.4   页面事件

页面事件是在页面加载或改变浏览器大小、位置,以及对页面中的滚动条进行操作时,所触发的事件处理程序。本节将通过页面事件对浏览器进行相应地控制。

10.4.1 页面加载事件

加载事件（onload）是在网页加载完毕后触发相应的事件处理程序，它可以在网页加载完成后对网页中的表格样式、字体、背景颜色等进行设置。

在制作网页时，为了便于网页资源的利用，可以在网页加载事件中对网页中的元素进行设置。下面以实例的形式讲解如何在页面中合理利用图片资源。

[实例 10.8]　（源码位置：资源包 \Code\10\08）

动态改变图片大小

在网页加载时，将图片缩小成指定的大小，当鼠标移动到图片上时，将图片大小恢复成原始大小，这样可以避免使用两个图片进行切换。代码如下：

```
01  <body onload="reduce()">
02  <img src="image1.jpg" id="img1" onmouseout="reduce()" onmouseover="blowup()"><!-- 在图片标
    记中调用相关事件 -->
03  <script type="text/javascript">
04      var h=0;                              // 初始化高度
05      var w=0;                              // 初始化宽度
06      function reduce(){                    // 缩小图片
07          h=img1.height;                    // 获取图片的原始高度
08          w=img1.width;                     // 获取图片的原始宽度
09          img1.height=h-100;                // 缩小图片的高度
10          img1.width=w-100;                 // 缩小图片的宽度
11      }
12      function blowup(){                    // 恢复图片的原始大小
13          img1.height=h;                    // 恢复图片为原始高度
14          img1.width=w;                     // 恢复图片为原始宽度
15      }
16  </script>
17  </body>
```

运行实例，结果如图 10.13 所示。当鼠标移入图片时，图片会恢复为原始大小，结果如图 10.14 所示。

图 10.13　网页加载后的效果

图 10.14　鼠标移入图片时的效果

10.4.2 页面大小事件

页面大小事件（onresize）是用户改变浏览器的大小时触发事件处理程序。

例如，当浏览器窗口被调整大小时，弹出一个对话框。代码如下：

```
01  <body onresize="showMsg()">
02  <script type="text/javascript">
03  function showMsg(){
04      alert(" 浏览器窗口大小被改变 ");                // 弹出对话框
05  }
06  </script>
07  </body>
```

运行上述代码，当用户试图改变浏览器窗口的大小时，将弹出如图 10.15 所示的对话框。

图 10.15　弹出对话框

 ## 本章知识思维导图

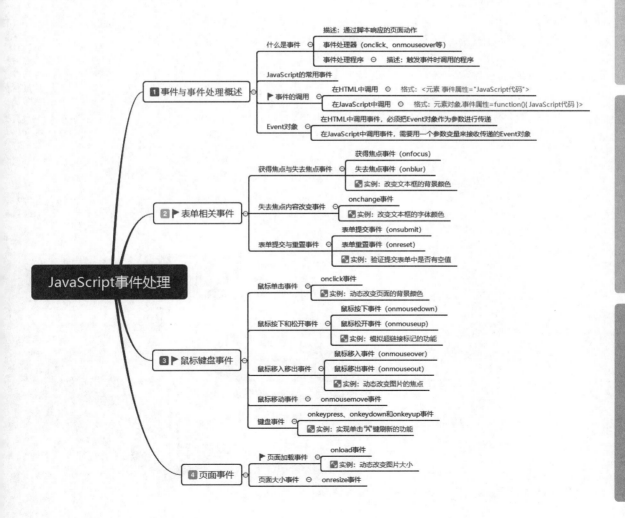

第 11 章

文档对象

 本章学习目标

- 设置文档前景色和背景色的方法。
- 设置文档标题栏的方法。
- 获取文档 URL 的方法。
- 动态添加 HTML 标记的方法。
- 修改文本框内容的方法。

11.1 文档对象概述

Document 对象代表了一个浏览器窗口或框架中显示的 HTML 文档。JavaScript 会为每个 HTML 文档自动创建一个 Document 对象，通过 Document 对象可以操作 HTML 文档中的内容。

（1）文档对象介绍

文档（Document）对象代表浏览器窗口中的文档，该对象是 window 对象的子对象，由于 window 对象是 DOM 对象模型中的默认对象，因此 window 对象中的方法和子对象不需要使用 window 来引用。通过 Document 对象可以访问 HTML 文档中包含的任何 HTML 标记，并可以动态地改变 HTML 标记中的内容，例如表单、图像、表格和超链接等。该对象在 JavaScript 1.0 版本中就已经存在，在随后的版本中又增加了几个属性和方法。Document 对象层次结构如图 11.1 所示。

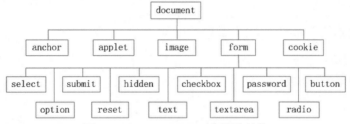

图 11.1 Document 对象层次结构

（2）文档对象的常用属性

Document 对象有很多属性，这些属性主要用于获取和文档有关的一些信息。Document 对象的一些常用属性及说明如表 11.1 所示。

表 11.1 Document 对象属性及说明

属性	说明
body	提供对 \<body\> 元素的直接访问
cookie	获取或设置与当前文档有关的所有 cookie
domain	获取当前文档的域名
lastModified	获取文档被最后修改的日期和时间
referrer	获取载入当前文档的文档的 URL
title	获取或设置当前文档的标题
URL	获取当前文档的 URL
readyState	获取某个对象的当前状态

（3）文档对象的常用方法

Document 对象中包含了一些用来操作和处理文档内容的方法。Document 对象的常用方法和说明如表 11.2 所示。

表 11.2　Document 对象方法及说明

方法	说明
close	关闭文档的输出流
open	打开一个文档输出流并接收 write 和 writeln 方法创建页面内容
write	向文档中写入 HTML 或 JavaScript 语句
writeln	向文档中写入 HTML 或 JavaScript 语句，并以换行符结束
createElement	创建一个 HTML 标记
getElementById	获取指定 id 的 HTML 标记

11.2　文档对象的应用

本节主要通过使用 Document 对象的属性和方法完成一些常用的实例，例如文档前景色和背景色的设置、获取文档的 URL 等。下面对 Document 对象常用的应用进行详细介绍。

11.2.1　设置文档前景色和背景色

文档背景色和前景色的设置可以使用 body 属性来实现。
① 获取或设置页面的背景颜色。
语法格式：

```
[color=]document.body.style.backgroundColor[=setColor]
```

参数说明：
◆ color：可选项，字符串变量，用来获取颜色值。
◆ setColor：可选项，用于设置颜色的名称或颜色的 RGB 值。
② 获取或设置页面的前景色，即页面中文字的颜色。
语法格式：

```
[color=]document.body.style.color[=setColor]
```

参数说明：
◆ color：可选项，字符串变量，用来获取颜色值。
◆ setColor：可选项，用于设置颜色的名称或颜色的 RGB 值。

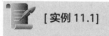
[实例 11.1]　　　　　　　　　　　　　　　　　　　　　　　　（源码位置：资源包 \Code\11\01）

动态改变文档的前景色和背景色

本实例将实现动态改变文档的前景色和背景色的功能，每间隔 1s，文档的前景色和背景色就会发生改变。代码如下：

```
01  <body>
02  背景自动变色
03  <script type="text/javascript">
04                                                              // 定义颜色数组
05      var Arraycolor=new Array("#00FF66","#FFFF99","#99CCFF","#FFCCFF","#FFCC99","#00FFFF","
#FFFF00","#FFCC00","#FF00FF");
```

```
06          var n=0;                                              // 初始化变量
07          function turncolors(){
08              n++;                                              // 对变量进行加 1 操作
09              if (n==(Arraycolor.length-1)) n=0;                // 判断数组下标是否指向最后一个元素
10              document.body.style.backgroundColor=Arraycolor[n]; // 设置文档背景颜色
11              document.body.style.color=Arraycolor[n-1];        // 设置文档字体颜色
12              setTimeout("turncolors()",1000);                  // 每隔 1s 执行一次函数
13          }
14          turncolors();                                         // 调用函数
15      </script>
16      </body>
```

运行实例，文档的前景色和背景色如图 11.2 所示，在间隔 1s 后文档的前景色和背景色将会自动改变，如图 11.3 所示。

图 11.2　自动变色前

图 11.3　自动变色后

11.2.2　设置动态标题栏

动态标题栏可以使用 title 属性来实现。该属性用来获取或设置文档的标题。
语法格式：

```
[Title=]document.title[=setTitle]
```

参数说明：

◆ Title：可选项，字符串变量，用来存储文档的标题。

◆ setTitle：可选项，用来设置文档的标题。

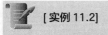[实例 11.2]

（源码位置：资源包 \Code\11\02）

实现动态标题栏

在浏览网页时，经常会看到某些标题栏的信息在不停地闪动或变换。本实例将在打开页面时，对标题栏中的文字进行不断地变换。代码如下：

```
01  <img src=" 个人主页主页 .jpg" >
02  <script type="text/javascript">
03  var n=0;                                          // 初始化变量
04  function title(){
05      n++;                                          // 变量自加 1
06      if (n==3) {n=1}                               //n 等于 3 时重新赋值
07      if (n==1) {document.title=' ☆★动态标题栏★☆ '}   // 设置文档的一个标题
08      if (n==2) {document.title=' ★☆个人主页☆★ '}    // 设置文档的另一个标题
09      setTimeout("title()",1000);                   // 每隔 1s 执行一次函数
```

第 2 篇　核心技术篇

```
10  }
11  title();// 调用函数
12  </script>
```

运行实例，结果如图 11.4 和图 11.5 所示。

图 11.4　标题栏文字改变前的效果

图 11.5　标题栏文字改变后的效果

11.2.3　获取 URL

获取 URL 可以使用 Document 对象的 URL 属性来实现，该属性可以获取当前文档的 URL。

语法如下：

```
[url=]document.URL
```

◆ url：字符串表达式，用来存储当前文档的 URL。

[实例 11.3]　　　　　　　　　　　　　　　　　　　　　　　　　　（源码位置：资源包 \Code\11\03）

显示当前页面的 URL

本实例实现在页面中显示当前页面的 URL，代码如下：

```
01  <script type="text/javascript">
02  document.write("<b> 当前页面的 URL：</b>"+document.URL);        // 获取当前页面的 URL 地址
03  </script>
```

运行结果如图 11.6 所示。

11.2.4　在文档中输出数据

在文档中输出数据可以使用 write 方法和 writeln 方法来实现。

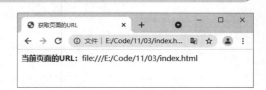

图 11.6　显示当前页面的 URL

（1）write 方法

该方法用来向 HTML 文档中输出数据，其数据包括字符串、数字和 HTML 标记等。

语法如下：

```
document.write(text);
```

参数 text 表示在 HTML 文档中输出的内容。

（2）writeln 方法

该方法与 write 方法作用相同，唯一的区别在于 writeln 方法在所输出的内容后添加了一个回车换行符。但回车换行符只有在 HTML 文档中 <pre></pre> 标记（此标记可以把文档中的空格、回车、换行等表现出来）内才能被识别。

语法如下：

```
document.writeln(text);
```

参数 text 表示在 HTML 文档中输出的内容。

例如，使用 write() 方法和 writeln() 方法在页面中输出几段文字，注意这两种方法的区别，代码如下：

```
01  <script type="text/javascript">
02      document.write(" 月落乌啼霜满天, ");
03      document.write(" 江枫渔火对愁眠。<hr>");
04      document.writeln(" 月落乌啼霜满天, ");
05      document.writeln(" 江枫渔火对愁眠。<hr>");
06  </script>
07  <pre>
08  <script type="text/javascript">
09      document.writeln(" 月落乌啼霜满天, ");
10      document.writeln(" 江枫渔火对愁眠。");
11  </script>
12  </pre>
```

运行效果如图 11.7 所示。

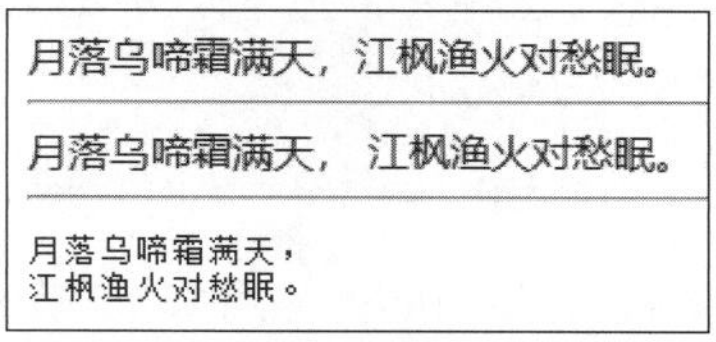

月落乌啼霜满天，江枫渔火对愁眠。

月落乌啼霜满天， 江枫渔火对愁眠。

月落乌啼霜满天，
江枫渔火对愁眠。

图 11.7 在文档中输出数据

11.2.5 动态添加一个 HTML 标记

动态添加一个 HTML 标记可以使用 createElement() 方法来实现。createElement() 方法可以根据一个指定的类型来创建一个 HTML 标记。

语法如下：

```
sElement=document.createElement(sName)
```

◆ sElement：用来接收该方法返回的一个对象。
◆ sName：用来设置 HTML 标记的类型和基本属性。

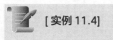

[实例 11.4]

（源码位置：资源包 \Code\11\04）

动态添加文本框

本实例将在页面中定义一个"添加文本框"按钮，每单击一次该按钮，在页面中动态添加一个文本框。代码如下：

```
01  <script type="text/javascript">
02      function addInput(){
03          var txt=document.createElement("input");    // 动态添加一个 input 文本框
04          txt.type="text";                            // 为添加的文本框 type 属性赋值
05          txt.name="txt";                             // 为添加的文本框 name 属性赋值
06          txt.value=" 请输入内容 ";                    // 为添加的文本框 value 属性赋值
07          document.form1.appendChild(txt);            // 把文本框作为子节点追加到表单中
```

```
08        }
09   </script>
10   </head>
11   <body background="bg.gif">
12   <form name="form1">
13   <input type="button" name="btn1" value=" 添加文本框 " onclick="addInput()" />
14   </form>
```

运行实例，结果如图 11.8 所示，当单击"添加文本框"按钮时，在页面中会自动添加一个文本框，结果如图 11.9 所示。

图 11.8　初始运行结果

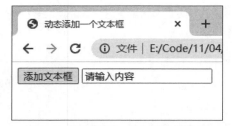

图 11.9　动态添加文本框后的结果

11.2.6　获取文本框并修改其内容

获取文本框并修改其内容可以使用 getElementById() 方法来实现。getElementById() 方法可以通过指定的 id 来获取 HTML 标记，并将其返回。

语法如下：

```
sElement=document.getElementById(id)
```

◆ sElement：用来接收该方法返回的一个对象。

◆ id：用来设置需要获取 HTML 标记的 id 值。

例如，在页面加载后的文本框中显示"明日科技欢迎您"，当单击按钮后将会改变文本框中的内容。代码如下：

```
01   <script type="text/javascript">
02   function chg(){
03      var t=document.getElementById("txt");        // 获取 id 属性值为 txt 的元素
04      t.value=" 欢迎访问明日学院 ";                    // 设置元素的 value 属性值
05   }
06   </script>
07   <input type="text" id="txt" value=" 明日科技欢迎您 "/>
08   <input type="button" value=" 更改文本内容 " name="btn" onclick="chg()" />
```

程序的初始运行结果如图 11.10 所示，当单击"更改文本内容"按钮后将会改变文本框中的内容，结果如图 11.11 所示。

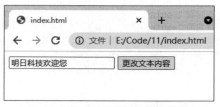

图 11.10　文本框内容修改之前

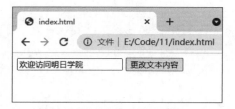

图 11.11　文本框内容修改之后

本章知识思维导图

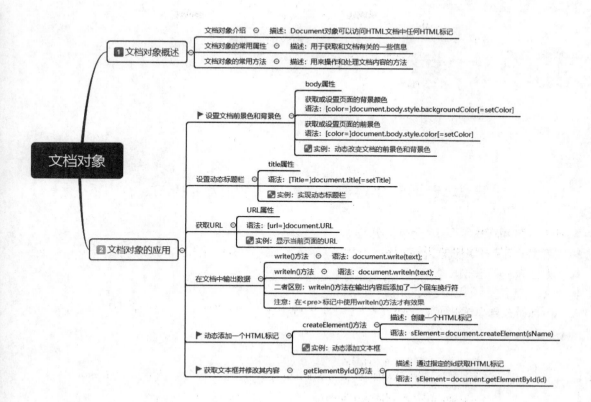

第 12 章

表单对象

本章学习目标

- 掌握访问表单和表单元素的方法。
- 熟悉文本框的操作。
- 熟悉按钮的操作。
- 熟悉单选按钮和复选框的操作。
- 熟悉下拉菜单的操作。

12.1 访问表单与表单元素

Form 对象代表了 HTML 文档中的表单，由于表单是由表单元素组成的，因此 Form 对象也包含着多个子对象。

12.1.1 JavaScript 访问表单

在 HTML 文档中可能会包含多个 <form> 标签，JavaScript 会为每个 <form> 标签创建一个 Form 对象，并将这些 Form 对象存放在 forms[] 数组中。在操作表单元素之前，首先应当确定要访问的表单，JavaScript 中主要有 3 种访问表单的方式，分别如下：

◆ 通过 document.forms[] 按编号进行访问，例如 document.forms[0]。
◆ 通过 document.formname 按名称进行访问，例如 document.form1。
◆ 在支持 DOM 的浏览器中，使用 document.getElementById("formID") 来定位要访问的表单。

例如，定义一个用户登录表单，代码如下：

```
01  <form id="form1" name="myform">
02      用户名：<input type="text" name="username" size="20"><br>
03      密码：<input type="password" name="password" maxlength="8" size="20"><br>
04      <input type="submit" name="login" value=" 登录 ">
05  </form>
```

对于该登录表单，可以使用如下 3 种方式访问：

◆ document.forms[0] ；
◆ document.myform ；
◆ document.getElementById("form1")。

12.1.2 JavaScript 访问表单元素

每个表单都是一个表单元素的聚集，访问表单元素同样也是有 3 种方式，分别如下：

◆ 通过 elements[] 按表单元素的编号进行访问，例如 document.form1.elements[0]。
◆ 通过 name 属性按名称进行访问，例如 document.form1.text1。
◆ 在支持 DOM 的浏览器中，使用 document.getElementById("elementID") 来定位要访问的表单元素。

例如，定义一个用户登录表单，代码如下：

```
01  <form name="form1">
02      用户名：<input id="user" type="text" name="username" size="20"><br>
03      密码：<input type="password" name="password" maxlength="8" size="20"><br>
04      <input type="submit" name="login" value=" 登录 ">
05  </form>
```

对于该登录表单，可以使用 document.form1.elements[0] 访问第一个表单元素；还可以使用名称访问表单元素，如 document.form1.password ；还可以使用表单元素的 id 来定位表单元素，如 document.getElementById("user ")。

12.2 表单对象的属性、方法与事件

和其他对象一样，表单对象也有着属于自己的一些属性、方法和事件。本节将详细介绍表单对象的常用属性、方法和事件。

（1）表单对象的属性

表单对象的属性与 form 元素的属性相关。表单对象的常用属性如表 12.1 所示。

表 12.1　表单对象的常用属性

属性	说明
name	返回或设置表单的名称
action	返回或设置表单提交的 URL
method	返回或设置表单提交的方式，可取值为 get 或 post
encoding	返回或设置表单信息提交的编码方式
id	返回或设置表单的 id
length	返回表单对象中元素的个数
target	返回或设置提交表单时目标窗口的打开方式
elements	返回表单对象中的元素构成的数组，数组中的元素也是对象

（2）表单对象的方法

表单对象只有 reset() 和 submit() 两个方法，这两个方法相当于单击了重置按钮和提交按钮。表单对象的方法如表 12.2 所示。

表 12.2　表单对象的方法

方法	说明
reset()	将所有表单元素重置为初始值，相当于单击了重置按钮
submit()	提交表单数据，相当于单击了提交按钮

（3）表单对象的事件

表单对象的事件主要有两个，这两个事件和表单对象的两个方法类似。表单对象的事件如表 12.3 所示。

表 12.3　表单对象的事件

事件	说明
reset	重置表单时触发的事件
submit	提交表单时触发的事件

12.3 表单元素

表单是实现动态网页的一种主要的外在形式，使用表单可以收集客户端提交的有关信

息，是实现网站互动功能的重要组成部分。本节将介绍几个表单对象的常见应用。

12.3.1　文本框

在 HTML 中，文本框包括单行文本框和多行文本框两种，多行文本框又叫作文本域。密码框可以看成一种特殊的单行文本框，在密码框中输入的文字以掩码的形式显示。

（1）文本框的属性

无论哪一种文本框，它们的属性大多都是相同的。常用的文本框属性如表 12.4 所示。

表 12.4　文本框对象常用的属性及说明

属性	说明
id	返回或设置文本框的id属性值
name	返回文本框的名称
type	返回文本框的类型
value	返回或设置文本框中的文本，即文本框的值
rows	返回或设置多行文本框的高度
cols	返回或设置多行文本框的宽度
disabled	返回或设置文本框是否被禁用，该属性值为true时禁用文本框，该属性值为false时启用文本框

（2）文本框的方法

无论哪一种文本框，它们的方法都是相同的。这些方法大多与文本框中的文本相关。常用的文本框的方法如表 12.5 所示。

表 12.5　文本框对象常用的方法及说明

方法	说明
blur()	该方法用于将焦点从文本框中移开
focus()	该方法用于将焦点赋给文本框
click()	该方法可以模拟文本框被鼠标单击
select()	该方法可以选中文本框中的文字

（3）文本框的应用——验证表单内容是否为空

验证表单中输入的内容是否为空是表单对象最常见的应用之一。在提交表单前进行表单验证，可以节约服务器的处理器周期，为用户节省等待的时间。

[实例 12.1]　　　　　　　　　　　　　　　　　（源码位置：资源包 \Code\12\01）

验证表单内容是否为空

下面制作一个简单的用户登录界面，并且验证用户名和密码不能为空，如果为空则给出提示信息。具体步骤如下：

① 设计登录页面，具体代码请参考本书附带光盘。

② 通过 JavaScript 脚本判断用户名和密码是否为空，具体代码如下：

```
01  <script type="text/javascript">
02  function checkinput(){                              // 自定义函数
03      if(form1.username.value==""){                   // 判断用户名是否为空
04        alert("请输入用户名！");                       // 弹出对话框
05            form1.username.focus();                   // 为文本框设置焦点
06        return false;                                 // 返回 false 不允许提交表单
07      }
08      if(form1.pwd.value==""){                        // 判断密码是否为空
09        alert("请输入密码！");                         // 弹出对话框
10        form1.pwd.focus();                            // 为密码框设置焦点
11        return false ;                                // 返回 false 不允许提交表单
12      }
13      return true;                                    // 返回 true 允许提交表单
14  }
15  </script>
```

③ 通过"登录"按钮的 onclick 事件调用自定义函数 checkinput()，代码如下：

```
<input type="image" name="imageField" onclick="return checkinput()" src="images/dl_06.gif" />
```

运行结果如图 12.1 所示。

图 12.1 提示请输入用户名

12.3.2 按钮

在 HTML 中，按钮分为 3 种，分别是普通按钮、提交按钮和重置按钮。从功能上来说，普通按钮通常用来调用函数，提交按钮用来提交表单，重置按钮用来重置表单。虽然这 3 种按钮的功能有所不同，但是它们的属性和方法是完全相同的。

（1）按钮的属性

无论哪一种按钮，它们的属性都是相同的。常用的按钮属性如表 12.6 所示。

表 12.6 按钮常用的属性及说明

属性	说明
id	返回或设置按钮的 id 属性值
name	返回按钮的名称
type	返回按钮的类型
value	返回或设置显示在按钮上的文本，即按钮的值
disabled	返回或设置按钮是否被禁用，该属性值为 true 时禁用按钮，该属性值为 false 时启用按钮

（2）按钮的方法

无论哪一种按钮，它们的方法都是相同的。常用的按钮的方法如表 12.7 所示。

表 12.7 按钮对象常用的方法及说明

方法	说明
blur()	该方法用于将焦点从按钮中移开
focus()	该方法用于将焦点赋给按钮
click()	该方法可以模拟按钮被鼠标单击

（3）按钮的应用——获取表单元素的值

用户在浏览网页时，经常需要填写一些动态表单。当用户单击相应的按钮时就会提交表单，这时，程序需要获取表单内容，并对表单内容进行验证或者存储。

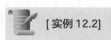 [实例 12.2]

（源码位置：资源包 \Code\12\02）

获取表单元素的值

用户在互联网上发表自己的文章时，需要填写作者名称、文章标题以及文章内容。本实例将介绍如何获取表单中的文本框、文本域以及隐藏域的值。关键代码如下：

```
01  <script type="text/javascript">
02  function Mycheck(){
03      var checkstr=" 获取内容如下: \n";                                      // 定义字符串变量
04      if (document.form1.author.value != ""){                               // 如果作者名称不为空
05          checkstr+=" 作者名称: "+document.form1.author.value+"\n";         // 连接用户输入的作者名称
06      }else{
07          return false;                                                     // 返回 false 不允许提交表单
08      }
09      if (document.form1.title.value != ""){                                // 如果文章主题不为空
10          checkstr+=" 文章主题: "+document.form1.title.value+"\n";          // 连接用户输入的文章主题
11      }else{
12          return false;                                                     // 返回 false 不允许提交表单
13      }
14      if (document.form1.content.value != ""){                              // 如果文章内容不为空
15          checkstr+=" 文章内容: "+document.form1.content.value+"\n";        // 连接用户输入的文章内容
16      }else{
17          return false;                                                     // 返回 false 不允许提交表单
18      }
19      if (document.form1.hid.value != ""){                                  // 如果隐藏域的值不为空
20          checkstr+=document.form1.hid.value;                               // 连接隐藏域的值
21      }
22      alert(checkstr);                                                      // 输出变量 checkstr 的值
23      return true;                                                          // 提交表单
24  }
25  </script>
26  <form name="form1" method="post" onSubmit="return Mycheck()">
27      <input name="add" type="submit" id="add" value="添 加">
28  </form>
```

程序运行结果如图 12.2 所示。

图 12.2 获取文本框、文本域以及隐藏域的值

12.3.3 单选按钮和复选框

在网页中，单选按钮用来让浏览者进行单一选择，在页面中以圆框表示。而复选框能够进行项目的多项选择，以一个方框表示。在一般情况下，单选按钮和复选框都会以组的方式出现，创建单选按钮组或复选框组，只需要将所有单选按钮或所有复选框的 name 属性值设置为相同的值即可。

单选按钮和复选框虽然在功能上有所不同，但是它们的属性和方法几乎是完全相同的。

（1）单选按钮和复选框的属性

无论是单选按钮还是复选框，它们的属性都是相同的。常用的单选按钮和复选框的属性如表 12.8 所示。

表 12.8 单选按钮对象和复选框对象常用的属性及说明

属性	说明
id	返回或设置单选按钮或复选框的id属性值
name	返回单选按钮或复选框的名称
type	返回单选按钮或复选框的类型
value	返回或设置单选按钮或复选框的值
length	返回一组单选按钮或复选框中包含元素的个数
checked	返回或设置一个单选按钮或复选框是否处于被选中状态，该属性值为true时，单选按钮或复选框处于被选中状态，该属性值为false时，单选按钮或复选框处于未被选中状态
disabled	返回或设置单选按钮或复选框是否被禁用，该属性值为true时禁用单选按钮或复选框，该属性值为false时启用单选按钮或复选框

👑 注意：

　如果在一个单选按钮组中有多个选项设置了 checked 属性，那么只有最后一个设置了 checked 属性的选项被选中。

（2）单选按钮和复选框的方法

无论是单选按钮还是复选框，它们的方法都是相同的。常用的单选按钮和复选框的方法如表 12.9 所示。

表 12.9　单选按钮和复选框常用的方法及说明

方法	说明
blur()	该方法用于将焦点从单选按钮或复选框中移开
focus()	该方法用于将焦点赋给单选按钮或复选框
click()	该方法可以模拟单选按钮或复选框被鼠标单击

（3）单选按钮和复选框的应用——获取单选按钮和复选框的值

通过在表单中使用单选按钮和复选框，可以获得用户选择的选项。通常情况下，单选按钮和复选框是以组的形式出现的。在 JavaScript 中，将 name 属性值相同的单选按钮或复选框都放在一个数组中，这样就可以对某个单选按钮组或复选框组进行操作。通过 for 循环语句和单选按钮或复选框的 checked 属性就可以获取用户选择的单选按钮或复选框的值。下面通过一个实例来说明如何获取单选按钮和复选框的值。

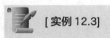

[实例 12.3]　　　　　　　　　　　　　　　　　　　　（源码位置：资源包 \Code\12\03 ）

获取人物信息

制作一个简单的人物信息页面，获取人物的姓名、性别、爱好以及人物评价的信息。具体步骤如下：

① 在页面中定义人物信息表单，在表单中添加文本框、单选按钮、复选框和文本域等表单元素，具体代码请参考本书附带光盘。

② 定义 getInfo() 函数，在函数中分别获取输入的姓名、选择的性别和爱好，以及输入的人物评价信息，并对获取到的人物信息进行连接，具体代码如下：

```
01  <script type="text/javascript">
02  function getInfo(){                                    // 定义 getInfo() 函数
03      var message = "";                                  // 定义字符串变量
04      message += " 姓名: " + form1.name.value + "\n";     // 获取人物姓名并连接字符串
05      message += " 性别: ";                               // 连接字符串
06      for(var i=0; i<form1.sex.length; i++){             // 循环获取单选按钮
07          if(form1.sex[i].checked){                      // 如果该单选按钮被选中
08              message += form1.sex[i].value + "\n";      // 获取人物性别并连接字符串
09          }
10      }
11      message += " 爱好: ";                               // 连接字符串
12      for(var i=0; i<form1.interest.length; i++){        // 循环获取复选框
13          if(form1.interest[i].checked){                 // 如果该复选框被选中
14              message += form1.interest[i].value + " ";  // 获取人物爱好并连接字符串
15          }
16      }
17      message += "\n 人物评价: " + form1.comment.value;    // 获取人物评价并连接字符串
18      alert(message);                                    // 输出人物信息
19  }
20  </script>
```

运行结果如图 12.3 所示。

12.3.4　下拉菜单

下拉菜单主要是为了节省页面空间而设计的，通过 <select> 和 <option> 标记来实现。菜单是一种最节省空间的方式，正常状态下只能看到一个选项，单击按钮打开菜单后才能看到全部的选项。

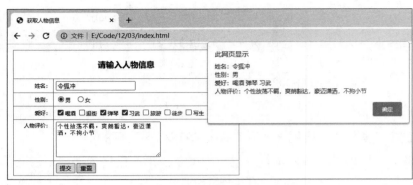

图 12.3　获取人物信息

（1）下拉菜单的属性

与其他表单对象的子对象相同，下拉菜单也有自己的属性。常用的下拉菜单的属性如表 12.10 所示。

表 12.10　下拉菜单常用的属性及说明

属性	说明
id	返回或设置下拉菜单的id属性值
name	返回下拉菜单的名称
type	返回下拉菜单的类型
value	返回下拉菜单的值
multiple	该值设置为true时，下拉菜单中的选项会以列表的方式显示，此时可以进行多选；该值设置为false时，只能进行单选
length	返回下拉菜单中的选项个数
options	返回一个数组，数组中的元素为下拉菜单中的选项
selectedIndex	返回或设置下拉菜单中当前选中的选项在options[]数组中的下标
disabled	返回或设置下拉菜单是否被禁用，该属性值为true时禁用下拉菜单，该属性值为false时启用下拉菜单

👑 说明：

在可以进行多选的列表框中，按住"Ctrl"键就可以实现选择多个选项的功能。

（2）下拉菜单的方法

常用的下拉菜单的方法如表 12.11 所示。

表 12.11　下拉菜单常用的方法及说明

方法	说明
blur()	该方法用于将焦点从下拉菜单中移开
focus()	该方法用于将焦点赋给下拉菜单
click()	该方法可以模拟下拉菜单被鼠标单击
remove(i)	该方法可以删除下拉菜单中的选项，其中，参数 i 为 options[] 数组中的下标

（3）Option 对象

在 HTML 中，创建下拉菜单需要使用 select 元素和 option 元素，select 元素用于声明下拉菜单，option 元素用于创建下拉菜单中的选项。在 JavaScript 中，下拉菜单中的每一个选项都可以看作一个 Option 对象。创建下拉菜单选项的构造函数如下：

```
new Option(text,value,defaultSelected,selected)
```

参数说明：

◆ text：显示在下拉菜单选项中的文字。

◆ value：下拉菜单选项的值。

◆ defaultSelected：该参数是一个布尔值，用于声明该选项是否是下拉菜单中的默认选项。如果该参数为 true，在重置表单时，下拉菜单会自动选中该选项。

◆ selected：该参数是一个布尔值，用于声明该选项当前是否处于被选中状态。

在创建 Option 对象之后，可以直接将其赋值给下拉菜单的 Option 数组元素。例如，表单名称为 myform，下拉菜单名称为 myselect，为下拉菜单添加一个下拉菜单选项，代码如下：

```
document.myform.myselect.options[0] = new Option("text","value");
```

Option 对象虽然是下拉菜单对象的子对象，但该对象也有自己的属性。常用的 Option 对象的属性如表 12.12 所示。

表 12.12 Option 对象常用的属性及说明

属性	说明
defaultSelected	该属性值为一个布尔值，用于声明在创建该 Option 对象时，该选项是否是默认选项
index	返回当前 Option 对象在 options[] 数组中的下标
selected	返回或设置当前 Option 对象是否被选中。该值为 true 时，当前 Option 对象为被选中状态；该值为 false 时，当前 Option 对象为未被选中状态
text	返回或设置选项中的文字
value	返回或设置选项中的值

（4）下拉菜单的应用——简单的选职位程序

如果为 select 元素设置了 multiple 属性，下拉菜单中的选项就会以列表的方式显示，此时，列表框中的选项可以进行多选。在实际应用中，利用列表框的多选可以实现随意添加、删除其中选项的功能。下面通过一个实例来说明如何添加、删除列表框中的选项。

[实例 12.4]　　　　　　　　　　　　　　　　　　（源码位置：资源包 \Code\12\04）

制作简单的选择职位的程序

制作一个简单的选择职位的程序，用户可以在"可选职位"列表框和"已选职位"列表框之间进行选项的移动。具体步骤如下：

① 在页面中定义表单，在表单中添加"可选职位"列表框和"已选职位"列表框，在两个列表框之间添加 ">>" 按钮和 "<<" 按钮，代码如下：

```
01  <form name="myform">
02    <table>
03      <tr>
04        <td> 可选职位 </td>
05        <td></td>
06        <td> 已选职位 </td>
07      </tr>
08      <tr>
09        <td>
10          <!-- 添加 "可选职位" 列表框 -->
11          <select name="job" size="6" multiple="multiple">
12           <option value=" 项目经理 "> 项目经理 </option>
13           <option value=" 会计助理 "> 会计助理 </option>
14           <option value=" 项目实施 "> 项目实施 </option>
15           <option value=" 销售经理 "> 销售经理 </option>
16           <option value=" 营销总监 "> 营销总监 </option>
17           <option value=" 物流经理 "> 物流经理 </option>
18          </select>
19        </td>
20        <td>
21          <!-- 添加 ">>" 和 "<<" 按钮 -->
22          <input type="button" value=">>" onClick="myJob()"><br>
23          <input type="button" value="<<" onClick="toJob()">
24        </td>
25        <td>
26          <!-- 添加 "已选职位" 列表框 -->
27          <select name="myjob" size="6" multiple="multiple">
28          </select>
29        </td>
30      </tr>
31    </table>
32  </form>
```

② 定义两个函数 myJob() 和 toJob()，myJob() 函数用于将 "可选职位" 列表框中的选项移动到 "已选职位" 列表框，toJob() 函数用于将 "已选职位" 列表框中的选项移动到 "可选职位" 列表框，具体代码如下：

```
01  <script type="text/javascript">
02  function myJob(){                                              // 定义 myJob() 函数
03    var jobLength = document.myform.job.length;                  // 获取 "可选职位" 下拉菜单选项个数
04    for(var i=jobLength-1; i>-1; i--){                           // 从最后一个选项开始循环
05      if(document.myform.job[i].selected){                       // 如果该选项被选中
06        var myOption = new Option(document.myform.job[i].text,
    document.myform.job[i].value);                                // 创建 Option 对象
07                                                                 // 为 "已选职位" 下拉菜单添加选项
08        document.myform.myjob.options[document.myform.myjob.options.length] = myOption;
09        document.myform.job.remove(i);                           // 删除移动的选项
10      }
11    }
12  }
13  function toJob(){                                              // 定义 toJob() 函数
14    var myjobLength = document.myform.myjob.length;              // 获取 "已选职位" 下拉菜单选项个数
15    for(var i=myjobLength-1; i>-1; i--){                         // 从最后一个选项开始循环
16      if(document.myform.myjob[i].selected){                     // 如果该选项被选中
17        var myOption = new Option(document.myform.myjob[i].text,
    document.myform.myjob[i].value);                              // 创建 Option 对象
18                                                                 // 为 "可选职位" 下拉菜单添加选项
19        document.myform.job.options[document.myform.job.options.length] = myOption;
20        document.myform.myjob.remove(i);                         // 删除移动的选项
21      }
22    }
```

```
23  }
24  </script>
```

运行结果如图 12.4 所示。

图 12.4　用户选择职位

 本章知识思维导图

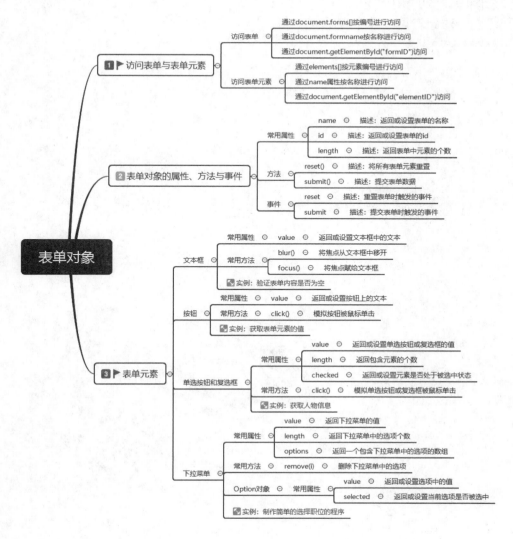

第 13 章

图像对象

扫码领取
➤ 配套视频
➤ 配套素材
➤ 学习指导
➤ 交流社群

 本章学习目标

- 熟悉引用图片的方式。
- 熟悉图像对象属性的使用。
- 熟悉图像对象的常用事件。
- 熟悉图像对象常见的几个应用。

13.1 图像对象概述

在网页中图片的使用非常普遍，只需要在 HTML 文件中使用 <img> 标签，并将其中的 src 属性值设置为图片的 URL 即可。本节将介绍在网页中引用图片的方法和图像对象的属性。

13.1.1 图像对象介绍

Document 对象的 images 属性的返回值是一个数组，数组中的每一个元素都是一个 Image 对象。Image 对象就是图像对象。在 HTML 文档中，可能会存在多张图片，在加载文档时，JavaScript 会自动创建一个 images[] 数组，数组中的元素个数是由文档中的 <img> 标签的个数决定的。images[] 数组中的每一个元素都代表着文档中的一张图片。

在操作图像对象之前，首先应当确定要引用的图片，JavaScript 中主要有 3 种引用图片的方式，分别如下：

① 通过 document.images[] 按编号访问，例如 document. images[0]。

② 通过 document.images[imageName] 按名称访问，例如 document.images["book"]。

③ 在支持 DOM 的浏览器中，使用 document.getElementById("imageID") 来定位要访问的图片。

例如，页面中有一张图片，代码如下：

```
<img name="book" id="mypic" src="book.png">
```

要引用该图片，可以使用 document.images[0]、document.images["book"] 或者 document. getElementById("mypic") 等方式。

13.1.2 图像对象的属性

Image 对象和其他对象一样，也有属于自己的一些属性，这些属性主要用于描述图片的宽度、高度和边框等信息。网页中的 Image 对象的属性如表 13.1 所示。

表 13.1 Image 对象的属性

属性	说明
border	返回或设置图片的边框宽度，以像素为单位
height	返回或设置图片的高度，以像素为单位
hspace	返回或设置图片左边和右边的文字与图片之间的间距，以像素为单位
lowsrc	返回或设置替代图片的低分辨率图片的 URL
name	返回或设置图片名称
src	返回或设置图片 URL
vspace	返回或设置图片上面和下面的文字与图片之间的间距，以像素为单位
width	返回或设置图片的宽度，以像素为单位
alt	返回或设置鼠标经过图片时显示的文字
complete	判断图像是否完全被加载，如果图像完全被加载，该属性将返回 true 值

（源码位置：资源包 \Code\13\01）

[实例 13.1]

输出图片的基本信息

本实例将通过 Image 对象的属性获取图片的一些基本信息，并将这些信息输出到页面中。代码如下：

```
01  <img width="510" height="225" name="book" src="book.jpg"><br><br>
02  <script type="text/javascript">
03  document.write(" 图片名称: "+document.images[0].name+"<br>");       // 输出图片名称
04  document.write(" 图片宽度: "+document.images[0].width+"<br>");      // 输出图片宽度
05  document.write(" 图片高度: "+document.images[0].height+"<br>");     // 输出图片高度
06  document.write(" 图片URL : "+document.images[0].src);              // 输出图片URL
07  </script>
```

运行结果如图 13.1 所示。

13.1.3 图像对象的事件

Image 对象没有可以使用的方法，除了一些常用事件之外，Image 对象还支持 onabort、onerror 等事件，这些事件是大多数其他对象都不支持的。Image 对象支持的事件如表 13.2 所示。

图 13.1 显示图片信息

表 13.2 Image 对象支持的事件

事件	说明
onabort	当用户放弃加载图片时触发该事件
onload	成功加载图片时触发该事件
onerror	在加载图片过程中产生错误时触发该事件
onclick	在图片上单击鼠标时触发该事件
ondblclick	在图片上双击鼠标时触发该事件
onmouseover	当鼠标移动到图片上时触发该事件
onmouseout	当鼠标从图片上移开时触发该事件
onmousedown	在图片上按下鼠标键时触发该事件
onmouseup	在图片上释放鼠标键时触发该事件
onmousemove	在图片上移动鼠标时触发该事件

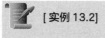

（源码位置：资源包 \Code\13\02）

[实例 13.2]

当鼠标指向图片时实现图片置换

本实例将实现图片置换的功能。当鼠标指向图片时，该图片会置换为另一张图片；当鼠标移出图片时，又会变成原来的图片。代码如下：

```
01  <script type="text/javascript">
02  function changeImage(imageName){                          // 定义 changeImage() 函数
03      document.images[imageName].src = 'images/js.png';     // 将图片置换为 js.png
04  }
```

```
05    function resetImage(imageName){                         // 定义 resetImage() 函数
06        document.images[imageName].src = 'images/htmlcss.png'; // 将图片置换为 htmlcss.png
07    }
08    </script>
09    <img name="htmlcss" src="images/htmlcss.png" onMouseOver="changeImage('htmlcss')" onMouseOut="resetImage('htmlcss')">
```

运行结果如图 13.2 和图 13.3 所示。

图 13.2　显示默认图片

图 13.3　显示置换后的图片

13.2　图像对象的应用

13.2.1　图片的随机显示

在网页中随机显示图片可以达到装饰和宣传的作用，例如随机变化的网页背景和横幅广告图片等。使用随机显示图片的方式可以优化网站的整体效果。

为了实现图片随机显示的功能，可以使用 Math 对象的 random() 方法和 floor() 方法。例如，定义随机显示图片的代码如下：

```
01    <img name="book" id="imgs">
02    <script type="text/javascript">
03    // 定义图片数组
04    var imgArr = new Array("img1.png","img2.png","img3.png","img4.png");
05    var n=Math.floor(Math.random()*imgArr.length);    // 获取随机数作为数组下标
06    var img=document.getElementById('imgs');          // 获取图像对象
07    img.src=imgArr[n];                                // 将数组元素作为显示图片的 src 属性值
08    </script>
```

上述 JavaScript 代码中首先定义一个数组，然后获取 0 到数组长度的随机数，接着使用 document.getElementById('imgs') 来获取页面中的图像对象，最后将随机获取的数组元素作为图像对象的 src 属性值，实现随机显示图片的功能。

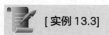

[实例 13.3]　　　　　　　　　　　　　　　　　（源码位置：资源包 \Code\13\03）

实现网页背景的随机变化

本实例将实现网页背景随机变化的功能，用户重复打开该网页可能会显示不同的页面背景，同时每隔 1s 时间，图片随机变化一次。关键代码如下：

```
01  <script type="text/javascript">
02  function changebg(){
03      var i = Math.floor(Math.random()*5);        // 获取 0 ~ 5 之间的随机数
04      var src = "";                                // 初始化变量
05      switch(i){
06          case 0:                                   // 如果随机数为 0
07              src = "0.jpg";                        // 为变量 src 赋值
08              break;                                 // 跳出 switch 语句
09          case 1:                                   // 如果随机数为 1
10              src = "1.jpg";                        // 为变量 src 赋值
11              break;                                 // 跳出 switch 语句
12          case 2:                                   // 如果随机数为 2
13              src = "2.jpg";                        // 为变量 src 赋值
14              break;                                 // 跳出 switch 语句
15          case 3:                                   // 如果随机数为 3
16              src = "3.jpg";                        // 为变量 src 赋值
17              break;                                 // 跳出 switch 语句
18          case 4:                                   // 如果随机数为 4
19              src = "4.jpg";                        // 为变量 src 赋值
20              break;                                 // 跳出 switch 语句
21      }
22      document.body.background=src;                // 将变量 src 的值作为页面的背景图片
23      setTimeout("changebg()",1000);              // 每隔 1s 执行一次 changebg() 函数
24  }
25  </script>
```

在上述代码中将 0 ～ 5 之间的随机数字取整，然后使用 switch 语句根据当前随机产生的值设置背景图片，最后使用 setTimeout() 方法每间隔 1000ms 调用一次 changebg() 函数。运行结果如图 13.4 和图 13.5 所示。

图 13.4　按时间随机变化的网页背景（1）

图 13.5　按时间随机变化的网页背景（2）

13.2.2　图片置顶

在浏览网页时，经常会看到图片总是置于顶端的情况，不管怎样拖动滚动条，它相对于浏览器的位置都不会改变，这样图片既可以起到宣传的作用，还不遮挡网页中的主体内容。

可以通过 document 对象下的 documentElement 对象中的 scrollTop 和 scrollLeft 属性来获取当前页面中横纵向滚动条所卷去的部分的值，然后使用该值定位放入层中的图片位置，实现图片置顶的功能。

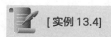
[实例 13.4]

（源码位置：资源包 \Code\13\04）

实现图片总置于顶端的功能

为了丰富网页的显示效果，在页面右侧顶端放置一张广告图片，当拖动页面右侧的滚动条时，实现图片总置于顶端的功能。代码如下：

```
01 <div id="Tdiv" style="position: absolute; left: 0; top: 0; z-index: 25">
02     <img id="image1" src="mrsoft.jpg" width="52" height="249">
03 </div>
04 <script type="text/javascript">
05 var ImgW=parseInt(image1.width);// 获取图片的宽度
06 function permute(tfloor,Top,left){
07         var RealTop=parseInt(document.documentElement.scrollTop);// 获取纵向滚动条滚动的距离
08         buyTop=Top+RealTop;// 获取图片在垂直方向的绝对位置
09         document.getElementById(tfloor).style.top=buyTop+"px";// 设置图片在垂直方向的绝对位置
10         var buyLeft=parseInt(document.documentElement.scrollLeft)+parseInt(document.
documentElement.clientWidth)-ImgW;// 获取图片在水平方向的绝对位置
11         document.getElementById(tfloor).style.left=buyLeft-left+"px";   /* 设置图片在水平方向的
绝对位置 */
12 }
13 setInterval('permute("Tdiv",2,2)',1);              // 每隔 1ms 就执行一次 permute() 函数
14 </script>
15 <img src="gougo.jpg">
```

上述代码中，使用 scrollTop 属性值来修改层的 style 样式中的 top 属性，使其总置于顶端。同时可以获取 scrollLeft 属性值与网页宽度（网页的宽度可以使用 clientWidth 属性来获取）的和，然后减去图片的宽度，使用所得的值来修改层的 style 样式中的 left 属性，这样就可以使图片总置于工作区的右侧。最后使用 setInterval() 方法循环执行 permute() 函数。运行结果如图 13.6 所示。

图 13.6　图片总置于顶端

13.2.3　图片验证码

在开发网站时，经常会用到随机显示验证码的情况，例如在网站后台管理的登录页面中加入以图片方式显示的验证码，可以防止不法分子使用注册机攻击网站的后台登录。

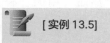
[实例 13.5]

（源码位置：资源包 \Code\13\05）

随机生成图片验证码

实现随机生成登录验证码的功能，其中验证码为图片，运行本实例，将以图片方式显示一个 4 位的随机验证码。代码如下：

```
01 <script type="text/javascript">
02 var str="";                              // 文字字符串
03 var img="";                              // 图片字符串
04 var strsource=['明','天','日','科','技','会','更','好','创','新'];// 定义字符串数组
05 for(var i=0;i<4;i++){
06     var n=Math.floor(Math.random()*strsource.length); // 获取 0~9 的随机数
07     str=str+strsource[n];                // 连接文字字符串
```

163

```
08      img=img+"<img src='Images/checkcode/"+n+".gif' width='19' height='20'> ";/* 连接验证码
图片 */
09      div1.innerHTML=img;                          // 输出图片验证码
10  }
11  </script>
```

上述代码中，首先定义一个放置验证码内容的数组，其中数组每个元素的索引值与图片的名称相对应，即数组中第一个元素"明"的索引值为 0，相应"明"的图片 URL 为 Images/checkcode/0.gif，为了使图片随机，可以使图片名称随机产生，最后将随机产生的验证码图片放在指定 <div> 标签内。运行结果如图 13.7 所示。

图 13.7　随机生成登录图片验证码

13.2.4　图像的预装载

只有在图像发送了 HTTP 请求之后，才会被浏览器装载。在网页中制作幻灯图像时，在服务器上获取图像要浪费很多时间。由于网页打开缓慢会严重影响到访问量，因此浏览器通常会采用一些措施来缓解这样的问题。例如，通过本地缓存存储图像，但这种方式在图片第一次被调用时依然存在上述问题。这里介绍一种图像预装载的方法来缓解图像装载缓慢的问题。

预装载是在 HTTP 请求图像之前将其下载到缓存的一种方式。通过使用这一方式，当页面需要图像时，图像可以立即从缓存中取出并显示在页面上。

JavaScript 有一个内嵌 Image 类，使用该类可以进行图像的预装载。将图像的 URL 传递给该对象的 src 之后，浏览器将会进行装载请求，并将预装载的图像保存到本地缓存中。有图像请求时，将调用本地缓存内的图像，从而将图像立即显示，而不是重新装载。

实例化一个图像对象，进行图片预装载的语法格式如下：

```
var preimg=new Image();
preimg.src="test.gif";
```

参数说明：

◆ preimg：创建的 Image 对象。

也可以将多个图像进行预装载。具体操作是将这些图像放入数组中，然后使用循环将其放入缓存中。

语法格式：

```
var test=['img1','img2','img3'];
var test2=[];
for(var i=0;i<test.length;i++){
    test2[i]=new Image();
    test2[i].src=test[i]+".gif";
}
```

参数说明：

◆ test：定义图像名称的数组名称。

◆ test2：定义图像对象的数组名称。

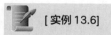

[实例 13.6]

（源码位置：资源包 \Code\13\06 ）

使用预装载图像制作幻灯效果

本实例使用预装载原理，在页面中以幻灯的形式显示图像。当页面被初始化时，图像以幻灯的形式显示在页面中，运行结果如图 13.8 所示。

图 13.8 使用预装载图像制作幻灯效果

代码如下：

```html
01  <script type="text/javascript">
02  var j=0;
03  var test=new Array(6);                        // 定义图像名称的数组
04  for(var i=0;i<=5;i++){
05      test[i]=i;                                // 将图像名称存入数组
06  }
07  var test2=[];                                 // 定义图像对象的数组
08  for(var i=0;i<test.length;i++){
09      test2[i]=new Image();                     // 创建 Image 对象
10      test2[i].src=test[i]+'.png';              // 图像预装载
11  }
12  function showpic(){
13      if(j==5)
14          j=0;
15      else
16          ++j;
17      var imagestr=test2[j].src.split("/");
18      var imagesrc=imagestr[imagestr.length-1]; // 获取图像名称
19      str="<img src='image/"+imagesrc+"'>";
20      div1.innerHTML=str;                       // 显示图像
21  }
22  </script>
23  <body onLoad="setInterval('showpic()',1000);">
24  <div id='div1' align="center"></div>
25  </body>
```

从上述代码中可以看出，首先创建一个数组 test，用于存放图像的名称，再创建一个用于存放图像对象的数组 test2，在循环中使用 new Image() 语句创建图像对象，赋给 test2 数组，并将图像名称赋给每个图像对象的 src 属性，即指定每个图像的 URL，这样就将多个图像预装载到了缓存中。由于图像对象的 URL 为绝对路径，因此这里需要对此 URL 字符串进行处理，使用 split("/") 函数将图像的绝对路径以 "/" 字符串进行分隔，将子字符串分别放入数组中，其中数组的最后一个值即为需要的图像名称，然后将图像放入 <div> 标记中。

为了使页面具有幻灯效果，需要使用 setInterval() 函数。该函数可在一定时间内执行相同的一段代码，这里设置的时间是 1000ms（1000ms=1s）。然后将该函数放置在 <body> 标记的 onload 事件中进行触发，当页面被初始化时，将间隔 1000ms 调用一次 showpic() 函数。在 showpic() 函数中，设置变量 j 的初始值为 0（图像对象的第一个元素），然后进行递增操作，直到变量 j 为 5（图像对象的最后一个元素），它又会被重置为 0，这样一直循环下去，最后实现了使用预装载图片制作幻灯的效果。

13.2.5 图片渐变效果

图片渐变在网页中非常受欢迎，实现这种效果需要结合一些属性，通常使用 CSS 样式中的 opacity 属性来实现图片渐变的效果。

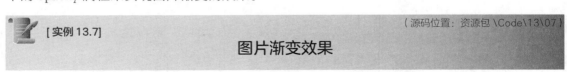

[实例 13.7]
（源码位置：资源包 \Code\13\07）

图片渐变效果

本实例用于实现图片从模糊状态变为清晰状态，然后又从清晰状态变为模糊状态，重复执行此操作，最后使图片形成渐隐渐现的效果。运行结果如图 13.9 和图 13.10 所示。

图 13.9 图片渐变效果（1）　　　　图 13.10 图片渐变效果（2）

首先在页面中设置一张图片，图片的初始样式 opacity 值为 0，也就是不可见。代码如下：

```
<img src="1.jpg" id="myImage" style="border:1px solid #000000;opacity:0">
```

编写实现图片渐变效果的 JavaScript 函数。代码如下：

```
01  <script type="text/javascript">
02  var b = 1;                        // 表示图片不透明度的数值
03  var c = true;                     // 初始化变量
04  function latent(){
05    if(c == true)
06     b++;                           // 增大不透明度
07    else
08     b--;                           // 减小不透明度
09    if(b==100){                     // 如果不透明度的数值是 100
10      b--;                          // 减小不透明度
11      c = false;
12    }
13    if(b==10){                      // 如果不透明度的数值是 10
14      b++;                          // 增大不透明度
15      c = true;
16    }
17    myImage.style.opacity=b/100;    // 设置图像的不透明度
18    setTimeout("latent()",25);      // 每隔 25ms 调用一次函数
19  }
20  latent();                         // 调用函数
21  </script>
```

13.2.6　进度条的显示

当需要装载很多图片时，进度条很有用，可以让用户看到图片的装载进度。从用户体验来讲，进度条是一种很必要的工具。例如，在进入一些游戏网站时，通常会先进入一个程序加载页面，此时就用到了进度条。

要实现进度条的显示功能，可以通过改变 <span> 标记的 width 属性来进行设置，同时还要对数字进行更新操作，这样用户既可以看到进度条的变化，也可以看到上面数字的变化。

[实例 13.8]　　　　　　　　　　　　　　　　　　　　　（源码位置：资源包 \Code\13\08）

进度条的显示

本实例用于实现在网页中显示进度条的功能，进度条在指定时间内增加 10% 的进度，直到增加到 100% 为止。运行结果如图 13.11 和图 13.12 所示。

图 13.11　进度条的显示（1）

图 13.12　进度条的显示（2）

为了在网页中体现进度条效果，首先需要创建 CSS 文件，设置进度条的样式。代码如下：

```
01  #test{
02      width:200px;                            /* 设置宽度 */
03      border:1px solid #000;                  /* 设置边框 */
04      background:#fff;                        /* 设置背景颜色 */
05      color:#000;                             /* 设置文字颜色 */
06  }
07  #progress{
08      display:block;                          /* 设置元素为块级元素 */
09      width:0;                                /* 设置宽度 */
10      background:#bce5fb;                     /* 设置背景颜色 */
11  }
```

设置完进度条的样式之后，需要在网页中应用上述定义的样式，可以在 <p> 标记和 <span> 标记中使用。代码如下：

```
01  <p id="test">
02      <span id="progress">10%</span>
03  </p>
```

为了达到进度条时时更改的功能，这里需要设置一个 JavaScript 函数，用于显示进度条上的百分比文本以及进度条的进度。代码如下：

```
01  <script type="text/javascript">
02      function progressTest(n){
03          var prog=document.getElementById('progress');   // 获取进度条元素
04          prog.firstChild.nodeValue=n+"%";                 // 设置进度条百分比
```

第2篇　核心技术篇

```
05          prog.style.width=(n*2)+"px";                    // 设置进度条宽度
06          n+=10;                                          // 百分比增加 10
07          if(n>100){
08              n=100;                                      // 进度条最大百分比
09          }
10          setTimeout('progressTest('+n+')',1000);         // 每隔 1s 调用一次函数
11      }
12      progressTest(10);                                   // 调用函数
13  </script>
```

在上述代码中可以看出，使用 document 对象的 getElementById('progress') 语句获取指定 id 的 <span> 标记，然后通过 prog.firstChild.nodeValue 语句指定 <span> 标记内部的值。通过 prog.style.width 语句设置进度条的宽度，这个宽度值可根据参数 n 的值发生变化（参数 n 在每次函数调用时自增 10，直到 100 为止）。为了使进度条具有自动增长功能，需要使用 setTimeout() 函数，这里使用 "setTimeout('progressTest('+n+')',1000);" 语句在 1000ms 后执行一次 progressTest() 函数。

 ## 本章知识思维导图

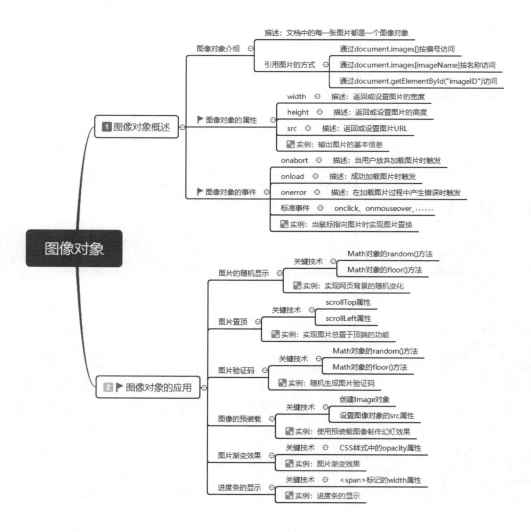

第 14 章
文档对象模型（DOM）

 本章学习目标

- 了解 DOM 的概念。
- 熟悉 DOM 对象的节点属性。
- 掌握操作节点的方法。
- 掌握获取文档中元素的方法。
- 熟悉 innerHTML 和 innerText 属性。
- 了解 outerHTML 和 outerText 属性。

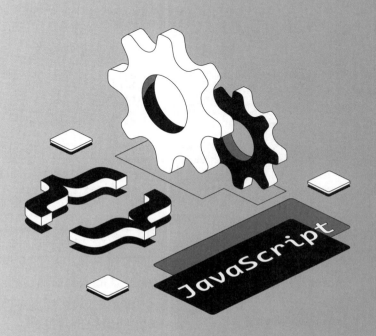

14.1　DOM 概述

DOM 是 Document Object Model（文档对象模型）的缩写，它是由 W3C(World Wide Web 委员会) 定义的。下面分别介绍每个单词的含义。

① Document（文档）　创建一个网页并将该网页添加到 Web 中，DOM 就会根据这个网页创建一个文档对象。如果没有 document（文档），DOM 也就无从谈起。

② Object（对象）　对象是一种独立的数据集合。例如文档对象，即是文档中元素与内容的数据集合。与某个特定对象相关联的变量被称为这个对象的属性。可以通过某个特定对象去调用的函数被称为这个对象的方法。

③ Model（模型）　模型代表将文档对象表示为树状模型。在这个树状模型中，网页中的各个元素与内容表现为一个个相互连接的节点。

DOM 是与浏览器或平台的接口，使其可以访问页面中的其他标准组件。DOM 解决了 Javascript 与 Jscript 之间的冲突，给开发者定义了一个标准的方法，使他们来访问站点中的数据、脚本和表现层对象。

文档对象模型采用的分层结构为树形结构，以树节点的方式表示文档中的各种内容。先以一个简单的 HTML 文档说明一下。代码如下：

```
01  <html>
02  <head>
03      <title> 标题内容 </title>
04  </head>
05  <body>
06  <h3> 三号标题 </h3>
07  <b> 加粗内容 </b>
08  </body>
09  </html>
```

运行结果如图 14.1 所示。

以上文档可以使用图 14.2 对 DOM 的层次结构进行说明。

图 14.1　输出标题和加粗的文本

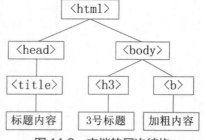

图 14.2　文档的层次结构

通过图 14.2 可以看出，在文档对象模型中，每一个对象都可以称为一个节点（Node），下面将介绍一下几种节点的概念。

① 根节点　在最顶层的 <html> 节点，称为根节点。

② 父节点　一个节点之上的节点是该节点的父节点（parent）。例如，<html> 就是 <head> 和 <body> 的父节点，<head> 就是 <title> 的父节点。

③ 子节点　位于一个节点之下的节点就是该节点的子节点。例如，<head> 和 <body> 就是 <html> 的子节点，<title> 就是 <head> 的子节点。

④ 兄弟节点　如果多个节点在同一个层次，并拥有着相同的父节点，这几个节点就是兄弟节点（sibling）。例如，<head> 和 <body> 就是兄弟节点，<he> 和 <b> 就是兄弟节点。

⑤ 后代　一个节点的子节点的结合可以称为是该节点的后代（descendant）。例如，<head> 和 <body> 就是 <html> 的后代，<h3> 和 <b> 就是 <body> 的后代。

⑥ 叶子节点　在树形结构最底部的节点称为叶子节点。例如，"标题内容""3 号标题"和"加粗内容"都是叶子节点。

在了解节点后，下面将介绍一下文档模型中节点的三种类型。

① 元素节点：在 HTML 中，<body>、<p>、<a> 等一系列标记，是这个文档的元素节点。元素节点组成了文档模型的语义逻辑结构。

② 文本节点：包含在元素节点中的内容部分，如 <p> 标签中的文本等。一般情况下，不为空的文本节点都是可见并呈现于浏览器中的。

③ 属性节点：元素节点的属性，如 <a> 标签的 href 属性与 title 属性等。一般情况下，大部分属性节点都是隐藏在浏览器背后，并且是不可见的。属性节点总是被包含于元素节点当中。

14.2　DOM 对象节点属性

在 DOM 中通过使用节点属性可以对各节点进行查询，查询出各节点的名称、类型、节点值、子节点和兄弟节点等。DOM 常用的节点属性如表 14.1 所示。

表 14.1　DOM 常用的节点属性

属性	说明
nodeName	节点的名称
nodeValue	节点的值，通常只应用于文本节点
nodeType	节点的类型
parentNode	返回当前节点的父节点
childNodes	子节点列表
firstChild	返回当前节点的第一个子节点
lastChild	返回当前节点的最后一个子节点
previousSibling	返回当前节点的前一个兄弟节点
nextSibling	返回当前节点的后一个兄弟节点
attributes	元素的属性列表

在对节点进行查询时，首先使用 getElementById 方法来访问指定 id 的节点，然后应用 nodeName 属性、nodeType 属性和 nodeValue 属性来获取该节点的名称、节点类型和节点的值。另外，通过使用 parentNode 属性、firstChild 属性、lastChild 属性、previousSibling 属性和 nextSibling 属性可以实现遍历文档树。

14.3　节点的操作

对节点的操作主要有创建节点、插入节点、复制节点、删除节点和替换节点。下面分别对这些操作进行详细介绍。

14.3.1 创建节点

创建节点先通过使用文档对象中的 createElement() 方法和 createTextNode() 方法，生成一个新元素，并生成文本节点。最后通过使用 appendChild() 方法将创建的新节点添加到当前节点的末尾处。

appendChild() 方法将新的子节点添加到当前节点的末尾。

语法如下：

```
obj.appendChild(newChild)
```

参数说明：

◆ newChild：表示新的子节点。

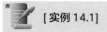 **[实例 14.1]**

（源码位置：资源包 \Code\14\01）

补全古诗

补全古诗《枫桥夜泊》的最后一句。实现步骤如下：

① 在页面中首先定义一个 div 元素，其 id 属性值为 poemDiv，在该 div 元素中再定义 4 个 div 元素，分别用来输出古诗的标题和古诗的前 3 句，然后创建一个表单，在表单中添加一个用于输入古诗最后一句的文本框和一个"添加"按钮，代码如下：

```
01  <div id="poemDiv">
02    <div class="poemtitle">枫桥夜泊 </div>
03    <div class="poem">月落乌啼霜满天 </div>
04    <div class="poem">江枫渔火对愁眠 </div>
05    <div class="poem">姑苏城外寒山寺 </div>
06  </div>
07  <p>
08  <form name="myform">
09    请输入最后一句: <input type="text" name="last">
10    <input type="button" value=" 添加 " onClick="completePoem()">
11  </form>
```

② 编写 JavaScript 代码，定义函数 completePoem()，在函数中分别应用 createElement() 方法、createTextNode() 方法和 appendChild() 方法将创建的节点添加到指定的 div 元素中，代码如下：

```
01  <script type="text/javascript">
02  function completePoem(){                          // 定义 completePoem() 函数
03    var div = document.createElement('div');        // 创建 div 元素
04    div.className = 'poem';                          // 为 div 元素添加 CSS 类
05    var last = myform.last.value;                    // 获取用户输入的古诗最后一句
06    txt=document.createTextNode(last);               // 创建文本节点
07    div.appendChild(txt);                            // 将文本节点添加到创建的 div 元素中
08    // 将创建的 div 元素添加到 id 为 poemDiv 的 div 元素中
09    document.getElementById('poemDiv').appendChild(div);
10  }
11  </script>
```

运行结果如图 14.3 和图 14.4 所示。

图 14.3　补全古诗之前的效果

图 14.4　补全古诗之后的效果

14.3.2　插入节点

插入节点通过使用 insertBefore() 方法来实现。insertBefore() 方法将新的子节点添加到指定子节点的前面。

语法如下：

```
obj.insertBefore(new,ref)
```

参数说明：

◆ new：表示新的子节点。

◆ ref：指定一个节点，在这个节点前插入新的节点。

　[实例 14.2]　　　　　　　　　　　　　　　　　　　　（源码位置：资源包 \Code\14\02）

向页面中插入文本

在页面的文本框中输入需要插入的文本，然后通过单击"插入"按钮将文本插入到页面中。程序代码如下：

```
01  <script type="text/javascript">
02    function crNode(str){                       // 创建节点的函数
03      var newP=document.createElement("p");      // 创建 p 元素
04      var newTxt=document.createTextNode(str);   // 创建文本节点
05      newP.appendChild(newTxt);                  // 将文本节点添加到创建的 p 元素中
06      return newP;                               // 返回创建的 p 元素
07    }
08    function insetNode(nodeId,str){              // 插入节点的函数
09      var node=document.getElementById(nodeId);  // 获取指定 id 的元素
10      var newNode=crNode(str);                   // 创建节点
11      if(node.parentNode)                        // 判断是否拥有父节点
12        node.parentNode.insertBefore(newNode,node); // 将创建的节点插入到指定元素的前面
13    }
14  </script>
15  <body background="bg.gif">
16    <p id="h"> 水不在深，有龙则灵 </p>
17    <form id="frm" name="frm">
18    输入文本: <input type="text" name="txt" />
19  <input type="button" value=" 插入 " onclick="insetNode('h',document.frm.txt.value);" />
20    </form>
21  </body>
```

运行结果如图 14.5、图 14.6 所示。

图 14.5　插入节点前

图 14.6　插入节点后

14.3.3　复制节点

复制节点可以使用 cloneNode() 方法来实现。

语法如下：

```
obj.cloneNode(deep)
```

参数说明：

◆ deep：该参数是一个 Boolean 值，表示是否为深度复制。深度复制是将当前节点的所有子节点全部复制，当值为 true 时表示深度复制。当值为 false 时表示简单复制，简单复制只复制当前节点，不复制其子节点。

[实例 14.3]　　　（源码位置：资源包 \Code\14\03）

复制下拉菜单

在页面中显示一个下拉菜单和两个按钮，单击两个按钮分别实现下拉菜单的简单复制和深度复制。程序代码如下：

```
01  <script type="text/javascript">
02    function AddRow(bl){
03      var sel=document.getElementById("education");  // 获取指定 id 的元素
04      var newSelect=sel.cloneNode(bl);               // 复制节点
05      var b=document.createElement("br");            // 创建 br 元素
06       di.appendChild(newSelect);                    // 将复制的新节点添加到指定节点的末尾
07       di.appendChild(b);                            // 将创建的 br 元素添加到指定节点的末尾
08    }
09  </script>
10  <form>
11    <hr>
12    <select name="education" id="education">
13     <option value="%"> 请选择学历 </option>
14     <option value="0"> 博士 </option>
15     <option value="1"> 硕士 </option>
16     <option value="2"> 本科 </option>
17    </select>
18    <hr>
19  <div id="di"></div>
20    <input type="button" value=" 复制 " onClick="AddRow(false)"/>
21    <input type="button" value=" 深度复制 " onClick="AddRow(true)"/>
22  </form>
```

运行实例，当单击"复制"按钮时只复制了一个新的下拉菜单，并未复制其选项，结果如图 14.7 所示。当单击"深度复制"按钮时将会复制一个新的下拉菜单并包含其选项，结果如图 14.8 所示。

图 14.7　普通复制后

图 14.8　深度复制后

14.3.4　删除节点

删除节点通过使用 removeChild() 方法来实现。该方法用来删除一个子节点。
语法如下：

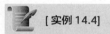

```
obj.removeChild(oldChild)
```

参数说明：

◆ oldChild：表示需要删除的节点。

[实例 14.4]　　　　　　　　　　　　　　　　　　　　　　（源码位置：资源包 \Code\14\04）

动态删除选中的文本

通过 DOM 对象的 removeChild() 方法，动态删除页面中所选中的文本。程序代码如下：

```
01  <script type="text/javascript">
02    function delNode(){
03      var deleteN=document.getElementById('di');        // 获取指定 id 的元素
04      if(deleteN.hasChildNodes()){                      // 判断是否有子节点
05        deleteN.removeChild(deleteN.lastChild);         // 删除节点
06      }
07    }
08  </script>
09  <h2> 删除节点 </h2>
10  <div id="di"><p> 从零开始学 JavaScript</p><p> 从零开始学 Vue.js</p><p> 从零开始学 Node.js</p></div>
11  <form>
12    <input type="button" value=" 删除 " onclick="delNode()" />
13  </form>
```

运行结果如图 14.9、图 14.10 所示。

图 14.9　删除节点前

图 14.10　删除节点后

14.3.5 替换节点

替换节点可以使用 replaceChild() 方法来实现。该方法用来将旧的节点替换成新的节点。语法如下：

```
obj.replaceChild(new,old)
```

参数说明：

◆ new：替换后的新节点。

◆ old：需要被替换的旧节点。

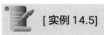 **[实例 14.5]** （源码位置：资源包 \Code\14\05）

替换标记和文本

通过 DOM 对象的 replaceChild() 方法，将原来的标记和文本替换为新的标记和文本。程序代码如下：

```
01  <script type="text/javascript">
02    function repN(str,bj){
03      var rep=document.getElementById('b1');        // 获取指定 id 的元素
04      if(rep){                                      // 如果指定 id 的元素存在
05        var newNode=document.createElement(bj);     // 创建节点
06        newNode.id="b1";                            // 设置节点的 id 属性值
07        var newText=document.createTextNode(str);   // 创建文本节点
08        newNode.appendChild(newText);               // 将文本节点添加到创建的节点元素中
09        rep.parentNode.replaceChild(newNode,rep);   // 替换节点
10      }
11    }
12  </script>
13  <b id="b1"> 前任教主阳顶天 </b>
14  <p>
15  新的标记: <input id="bj" type="text" size="15"><br>
16  新的文本: <input id="txt" type="text" size="15"><br>
17  <input type="button" value=" 替换 " onclick="repN(txt.value,bj.value)" />
```

运行实例，页面中显示的文本如图 14.11 所示。在文本框中输入替换后的标记和文本，单击"替换"按钮，结果如图 14.12 所示。

图 14.11 替换节点前

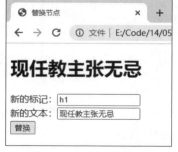

图 14.12 替换节点后

14.4 获取文档中的指定元素

虽然通过遍历文档树中全部节点的方法，可以找到文档中指定的元素，但是这种方法

比较麻烦，下面我们介绍两种直接搜索文档中指定元素的方法。

14.4.1 通过元素的 id 属性获取元素

使用 document 对象的 getElementById() 方法可以通过元素的 id 属性获取元素。例如，获取文档中 id 属性值为 username 的元素的代码如下：

```
document.getElementById("username");          // 获取 id 属性值为 username 的元素
```

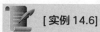 **[实例 14.6]**

（源码位置：资源包 \Code\14\06）

在页面的指定位置显示当前日期

在浏览网页时，经常会看到在页面的某个位置显示当前日期。这种方式既可填充页面效果，也可以方便用户。本实例使用 getElementById() 方法实现在页面的指定位置显示当前日期。具体步骤如下：

① 编写一个 HTML 文件，在该文件的 <body> 标记中添加一个 id 为 clock 的 <div> 标记，用于显示当前日期，关键代码如下：

```
<div id="clock"> 当前日期: </div>
```

② 编写自定义的 JavaScript 函数，用于获取当前日期，并显示到 id 为 clock 的 <div> 标记中，具体代码如下：

```
01  function clockon(){
02      var now=new Date();                                // 创建日期对象
03      var year=now.getFullYear();                        // 获取年份
04      var month=now.getMonth();                          // 获取月份
05      var date=now.getDate();                            // 获取日期
06      var day=now.getDay();                              // 获取星期
07      var week;                                          // 声明表示星期的变量
08      month=month+1;                                     // 获取实际月份
09      // 定义星期数组
10      var arr_week=[" 星期日 "," 星期一 "," 星期二 "," 星期三 "," 星期四 "," 星期五 "," 星期六 "];
11      week=arr_week[day];                                // 获取中文星期
12      time=year+" 年 "+month+" 月 "+date+" 日 "+week;     // 组合当前日期
13      var textTime=document.createTextNode(time);        // 创建文本节点
14      document.getElementById("clock").appendChild(textTime); // 显示当前日期
15  }
```

③ 编写 JavaScript 代码，在页面载入后调用 clockon() 函数，具体代码如下：

```
window.onload=clockon;          // 页面载入后调用函数
```

运行本实例，将显示如图 14.13 所示的效果。

14.4.2 通过元素的 name 属性获取元素

使用 document 对象的 getElementsByName() 方法可以通过元素的 name 属性获取元素，该方法通常用于获取表单元素。与 getElementById() 方法不同的是，使用该方法的返回值为一个数组，而不是一个元素。如果想通过 name 属性获取页面中唯一的元素，可以通过获取返回数组中下标值为 0 的元素进行获取。例如，页面中有一组单选按钮，name 属性均为 like，要获取

图 14.13　在页面的指定位置显示当前日期

第 2 篇　核心技术篇

第一个单选按钮的值，代码如下：

```
01  <input type="radio" name="like" id="radio" value=" 运动 " /> 运动
02  <input type="radio" name="like" id="radio" value=" 电影 " /> 电影
03  <input type="radio" name="like" id="radio" value=" 音乐 " /> 音乐
04  <script type="text/javascript">
05      alert(document.getElementsByName("like")[0].value);// 获取第一个单选按钮的值
06  </script>
```

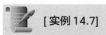 **[实例 14.7]**　　　　　　　　　　　　　　　　　　　（源码位置：资源包 \Code\14\07 ）

实现电影图片的轮换效果

应用 document 对象的 getElementsByName() 方法和 setInterval() 方法实现电影图片的轮换效果。实现步骤如下：

① 在页面中定义一个 <div> 元素，在该元素中定义两个图片，然后为图片添加超链接，并设置超链接标签 <a> 的 name 属性值为 banner，代码如下：

```
01  <div id='tabs'>
02      <a name="banner" href="#"><img src="images/banner1.jpg" width="760"></a>
03      <a name="banner" href="#"><img src="images/banner2.jpg" width="760"></a>
04  </div>
```

② 在页面中定义 CSS 样式，用于控制页面显示效果，具体代码参见光盘。

③ 在页面中编写 JavaScript 代码，应用 document 对象的 getElementsByName() 方法获取 name 属性值为 banner 的元素，然后编写自定义函数 changeimage()，最后应用 setInterval() 方法，每隔 3s 就执行一次 changeimage() 函数。具体代码如下：

```
01  <script type="text/javascript">
02  var len = document.getElementsByName("banner");      // 获取 name 属性值为 banner 的元素
03  var pos = 0;                                          // 定义变量值为 0
04  function changeimage(){
05      len[pos].style.display = "none";                 // 隐藏元素
06      pos++;                                           // 变量值加 1
07      if(pos == len.length) pos=0;                     // 变量值重新定义为 0
08      len[pos].style.display = "block";                // 显示元素
09  }
10  setInterval('changeimage()',3000);                   // 每隔 3s 执行一次 changeimage() 函数
11  </script>
```

运行本实例，将显示如图 14.14 所示的运行结果。

图 14.14　图片轮换效果

14.5　与 DHTML 相对应的 DOM

我们知道通过 DOM 技术可以获取网页对象。本节我们将介绍另外一种获取网页对象的方法，那就是通过 DHTML 对象模型的方法。使用这种方法可以不必了解文档对象模型的

具体层次结构，而直接得到网页中所需的对象。通过 innerHTML、innerText、outerHTML 和 outerText 属性可以很方便地读取和修改 HTML 元素内容。

14.5.1　innerHTML 和 innerText 属性

innerHTML 属性声明了元素含有的 HTML 文本，不包括元素本身的开始标记和结束标记。设置该属性可以用于为指定的 HTML 文本替换元素的内容。

例如，通过 innerHTML 属性修改 <div> 标记的内容的代码如下：

```
01  <div id="clock"></div>
02  <script type="text/javascript">
03      // 修改 <div> 标记的内容
04      document.getElementById("clock").innerHTML="2021-<b>10</b>-26";
05  </script>
```

运行结果为：

```
2021-10-26
```

innerText 属性与 innerHTML 属性的功能类似，只是该属性只能声明元素包含的文本内容，即使指定的是 HTML 文本，它也会认为是普通文本而原样输出。

使用 innerHTML 属性和 innerText 属性还可以获取元素的内容。如果元素只包含文本，那么 innerHTML 和 innerText 属性的返回值相同。如果元素既包含文本，又包含其他元素，那么这两个属性的返回值是不同的，如表 14.2 所示。

表 14.2　innerHTML 属性和 innerText 属性返回值的区别

HTML 代码	innerHTML 属性	innerText 属性
<div>明日学院</div>	"明日学院"	"明日学院"
<div><b>明日学院</b></div>	"<b>明日学院</b>"	"明日学院"
<div><span class="red"></span></div>	"<span class="red"></span>"	""

在本章中介绍了与 DHTML 相对应的 DOM，其中，innerHTML 属性最为常用，下面就通过一个具体的实例来说明 innerHTML 属性的应用。

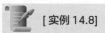 [实例 14.8]

（源码位置：资源包 \Code\14\08）

显示时间和问候语

在网页的合适位置显示当前的时间和分时问候语。实现步骤如下：

① 在页面的适当位置添加两个 <div> 标记，这两个标记的 id 属性值分别为 time 和 greet，代码如下：

```
01  <div id="time">显示当前时间 </div>
02  <div id="greet">显示问候语 </div>
```

② 编写自定义函数 ShowTime()，用于在 id 为 time 的 <div> 标记中显示当前时间，在 id 为 greet 的 <div> 标记中显示问候语。ShowTime() 函数的具体代码如下：

```
01  function ShowTime(){
02      var strgreet = "";                        // 初始化变量
```

```
03      var datetime = new Date();                        // 获取当前时间
04      var hour = datetime.getHours();                   // 获取小时
05      var minu = datetime.getMinutes();                 // 获取分钟
06      var seco = datetime.getSeconds();                  // 获取秒钟
07      strtime =hour+":"+minu+":"+seco+" ";              // 组合当前时间
08      if(hour >= 0  && hour < 8){                        // 判断是否为早上
09          strgreet =" 早上好，一天好心情 ";               // 为变量赋值
10      }
11      if(hour >= 8  && hour < 11){                       // 判断是否为上午
12          strgreet =" 上午好，努力工作 ";                 // 为变量赋值
13      }
14      if(hour >= 11  && hour < 13){                      // 判断是否为中午
15          strgreet = " 中午好，好好吃饭 ";                // 为变量赋值
16      }
17      if(hour >= 13  && hour < 17){                      // 判断是否为下午
18          strgreet =" 下午好，继续努力 ";                 // 为变量赋值
19      }
20      if(hour >= 17  && hour < 24){                      // 判断是否为晚上
21          strgreet =" 晚上好，早点休息 ";                 // 为变量赋值
22      }
23      document.getElementById("time").innerHTML=" 现在是: <b>"+strtime+"</b>";
24      document.getElementById("greet").innerText="<b>"+strgreet+"</b>";
25  }
```

③ 在页面的载入事件中调用 ShowTime() 函数，显示当前时间和问候语，具体代码如下：

```
window.onload=ShowTime;                          // 在页面载入后调用 ShowTime() 函数
```

运行本实例，将显示如图 14.15 所示的运行结果。

从图 14.15 中可以看出，当前的时间（13:57:36）和问候语（下午好，继续努力）虽然都使用了 <b> 标记括起来，但是由于问候语使用的是 innerText 属性设置的，因此 <b> 标记将被作为普通文本输出，而不能实现文字加粗显示的效果。从本实例中，可以清楚地看到 innerHTML 属性和 innerText 属性的区别。

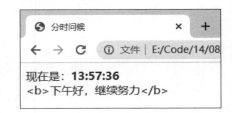

图 14.15　分时问候

14.5.2　outerHTML 和 outerText 属性

outerHTML 和 outerText 属性与 innerHTML 和 innerText 属性类似，只是 outerHTML 和 outerText 属性替换的是整个目标节点，也就是这两个属性还对元素本身进行修改。

下面以列表的形式给出对于特定代码通过 outerHTML 和 outerText 属性获取的返回值，如表 14.3 所示。

表 14.3　outerHTML 属性和 outerText 属性返回值的区别

HTML 代码	outerHTML 属性	outerText 属性
<div>明日学院 </div>	<div>明日学院 </div>	"明日学院"
<div id="clock">2021-<b>06</b>-22</div>	<div id="clock">2021-<b>06</b>-22</div>	"2021-06-22"
<div id="clock"><span></span></div>	<div id="clock"><span></span></div>	""

注意：

在使用 outerHTML 和 outerText 属性后，原来的元素（如 <div> 标记）将被替换成指定的内容，这时当使用

document.getElementById() 方法查找原来的元素（如 <div> 标记）时，将发现原来的元素（如 <div> 标记）已经不存在了。

 ## 本章知识思维导图

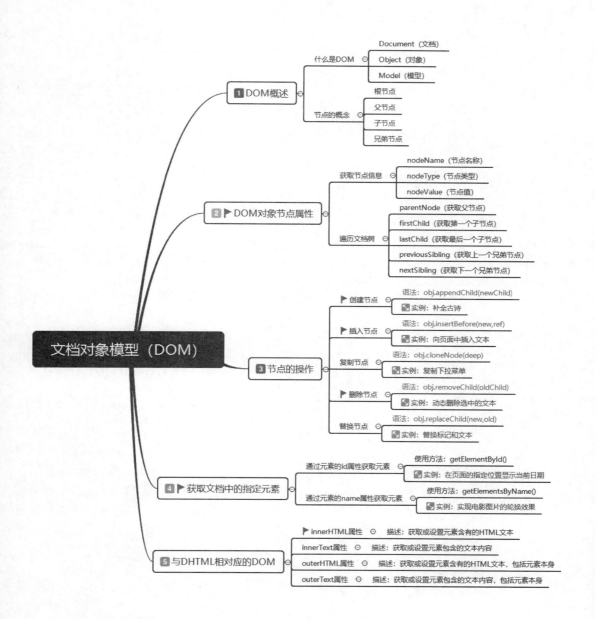

第 15 章

Window 对象

 本章学习目标

- 了解什么是 Window 对象。
- 熟悉三种对话框的使用。
- 掌握打开和关闭窗口的方法。
- 熟悉控制窗口的方法。
- 掌握设置超时的操作。

15.1 Window 对象概述

Window 对象代表的是打开的浏览器窗口，通过 Window 对象可以打开窗口或关闭窗口、控制窗口的大小和位置，由窗口弹出的对话框，还可以控制窗口上是否显示地址栏、工具栏和状态栏等栏目。对于窗口中的内容，Window 对象可以控制是否重载网页、返回上一个文档或前进到下一个文档。

在框架方面，Window 对象可以处理框架与框架之间的关系，并通过这种关系在一个框架处理另一个框架中的文档。Window 对象还是所有其他对象的顶级对象，通过对 Window 对象的子对象进行操作，可以实现更多的动态效果。Window 对象作为对象的一种，也有着其自己的方法和属性。

15.1.1 Window 对象的属性

顶层 Window 对象是所有其他子对象的父对象，它出现在每一个页面上，并且可以在单个 JavaScript 应用程序中被多次使用。

为了便于读者学习，本节将以表格的形式对 Window 对象中的属性进行详细说明。Window 对象的属性以及说明如表 15.1 所示。

表 15.1　Window 对象的属性

属性	说明
document	对话框中显示的当前文档
frames	表示当前对话框中所有 frame 对象的集合
location	指定当前文档的 URL
name	对话框的名字
status	状态栏中的当前信息
defaultStatus	状态栏中的当前信息
top	表示最顶层的浏览器对话框
parent	表示包含当前对话框的父对话框
opener	表示打开当前对话框的父对话框
closed	表示当前对话框是否关闭的逻辑值
self	表示当前对话框
screen	表示用户屏幕，提供屏幕尺寸、颜色深度等信息
navigator	表示浏览器对象，用于获得与浏览器相关的信息

15.1.2 Window 对象的方法

除了属性之外，Window 对象中还有很多方法。Window 对象的方法以及说明如表 15.2 所示。

表 15.2　Window 对象的方法

方法	说明
alert()	弹出一个警告对话框
confirm()	在确认对话框中显示指定的字符串
prompt()	弹出一个提示对话框
open()	打开新浏览器对话框并且显示由 URL 或名字引用的文档，并设置创建对话框的属性
close()	关闭被引用的对话框
focus()	将被引用的对话框放在所有打开对话框的前面
blur()	将被引用的对话框放在所有打开对话框的后面
scrollTo(x,y)	把对话框滚动到指定的坐标
scrollBy(offsetx,offsety)	按照指定的位移量滚动对话框
setTimeout(timer)	在指定的毫秒数过后，对传递的表达式求值
setInterval(interval)	指定周期性执行代码
moveTo(x,y)	将对话框移动到指定坐标处
moveBy(offsetx,offsety)	将对话框移动到指定的位移量处
resizeTo(x,y)	设置对话框的大小
resizeBy(offsetx,offsety)	按照指定的位移量设置对话框的大小
print()	相当于浏览器工具栏中的"打印"按钮
navigate(URL)	使用对话框显示 URL 指定的页面

15.1.3　Window 对象的使用

Window 对象可以直接调用其方法和属性，例如：

```
window. 属性名
window. 方法名 ( 参数列表 )
```

Window 是不需要使用 new 运算符来创建的对象。因此，在使用 Window 对象时，只要直接使用"Window"来引用 Window 对象即可，代码如下：

```
01  window.alert(" 字符串 ");                          // 弹出对话框
02  window.document.write(" 字符串 ");                 // 输出文字
```

在实际运用中，JavaScript 允许使用一个字符串来给窗口命名，也可以使用一些关键字来代替某些特定的窗口。例如，使用"self"代表当前窗口、"parent"代表父级窗口等。对于这种情况，可以用这些关键字来代表"window"，代码如下：

```
parent. 属性名
parent. 方法名 ( 参数列表 )
```

15.2　对话框

对话框是为了响应用户的某种需求而弹出的小窗口，本节将介绍几种常用的对话框：警告对话框、确认对话框及提示对话框。

15.2.1 警告对话框

在页面中弹出警告对话框主要是在 <body> 标签中调用 Window 对象的 alert() 方法实现的，下面对该方法进行详细说明。

利用 Window 对象的 alert() 方法可以弹出一个警告框，并且在警告框内可以显示提示字符串文本。

语法如下：

```
window.alert(str)
```

参数 str 表示要在警告对话框中显示的提示字符串。

用户可以单击警告对话框中的"确定"按钮来关闭该对话框。不同浏览器的警告对话框样式可能会有些不同。

[实例 15.1]

（源码位置：资源包 \Code\15\01 ）

弹出警告对话框

在页面中定义一个函数，当页面载入时就执行这个函数，应用 alert() 方法弹出一个警告对话框。代码如下：

```
01  <body onLoad="al()">
02  <script type="text/javascript">
03  function al(){                              // 自定义函数
04      window.alert(" 欢迎访问明日学院 !");        // 弹出警告对话框
05  }
06  </script>
07  </body>
```

运行结果如图 15.1 所示。

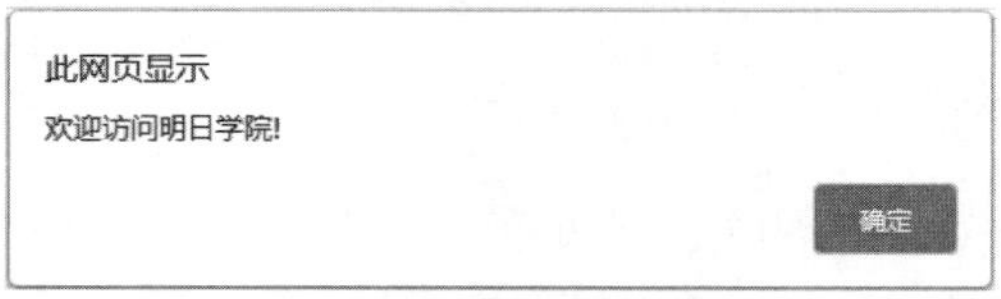

> 👑 注意：
> 警告对话框是由当前运行的页面弹出的，在对该对话框进行处理之前，不能对当前页面进行操作，并且其后面的代码也不会被执行。只有将警告对话框进行处理后（如单击"确定"或者关闭对话框），才可以对当前页面进行操作，后面的代码也才能继续执行。

此网页显示

欢迎访问明日学院!

确定

图 15.1　警告对话框的应用

> 👑 说明：
> 也可以利用 alert() 方法对代码进行调试。当弄不清楚某段代码执行到哪里，或者不知道当前变量的取值情况时，便可以利用该方法显示有用的调试信息。

15.2.2 确认对话框

Window 对象的 confirm() 方法用于弹出一个确认对话框。该对话框中包含有两个按钮（在中文操作系统中显示为"确定"和"取消"，在英文操作系统中显示为"OK"和"Cancel"）。

语法如下：

```
window.confirm(question)
```

◆ window：Window 对象。

第 2 篇　核心技术篇

185

◆ question：要在对话框中显示的纯文本。通常，应该表达程序想要让用户回答的问题。

返回值：如果用户单击了"确定"按钮，返回值为 true；如果用户单击了"取消"按钮，返回值为 false。

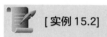

[实例15.2]	（源码位置：资源包 \Code\15\02 ）

弹出确认对话框

本实例主要应用 confirm() 方法实现在页面中弹出"确定要关闭窗口"的对话框，代码如下：

```
01  <script type="text/javascript">
02    var bool = window.confirm("确定要关闭窗口吗？");    // 弹出确认对话框并赋值变量
03    if(bool == true){                                  // 如果返回值为 true，即用户单击了确定按钮
04      window.close();                                  // 关闭窗口
05    }
06  </script>
```

运行结果如图 15.2 所示。

15.2.3 提示对话框

利用 Window 对象的 Prompt() 方法可以在浏览器窗口中弹出一个提示框。与警告框

此网页显示
确定要关闭窗口吗？

确定   取消

图 15.2 弹出确认对话框

和确认框不同，在提示框中有一个输入框。当显示输入框时，在输入框内显示提示字符串，在输入文本框显示缺省文本，并等待用户输入，当用户在该输入框中输入文字，并单击"确定"按钮后，返回用户输入的字符串，当单击"取消"按钮时，返回 null 值。

语法如下：

```
window.prompt(str1, str2)
```

◆ str1：为可选项，表示字符串 (String)，指定在对话框内要被显示的信息。如果忽略此参数，将不显示任何信息。

◆ str2：为可选项，表示字符串 (String)，指定对话框内输入框（input）的值（value）。如果忽略此参数，将被设置为 undefined。

例如，将文本框中的数据显示在提示对话框中，将提示对话框中输入的内容显示在页面中。代码如下：

```
01  <script type="text/javascript">
02    function pro(){
03      var message=document.getElementById("message");    // 获取指定 id 值的元素
04      var pname=window.prompt(message.value,"");          // 设置文本框的值
05      document.getElementById("show").innerHTML=" 人物姓名："+pname;
06    }
07  </script>
08  <input id="message" type="text" size="20" value=" 请输入人物姓名"><p>
09  <input type="button" value=" 显示对话框 " onClick="pro()"><p>
10  <div id="show"></div>
```

运行代码，单击"显示对话框"按钮，会弹出一个提示对话框，运行结果如图 15.3 所示。在提示对话框内的输入框中输入数据，单击"确定"按钮后将输入的内容显示在页面中，运行结果如图 15.4 所示。

图 15.3　弹出提示对话框

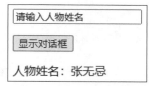

图 15.4　单击"确定"按钮后输出信息

15.3　打开与关闭窗口

窗口的打开和关闭主要使用 Window 对象中的 open() 和 close() 方法实现，也可以在打开窗口时指定窗口的大小及位置。下面介绍窗口的打开与关闭的实现方法。

15.3.1　打开窗口

打开窗口可以使用 Window 对象的 open() 方法。利用 open() 方法可以打开一个新的窗口，并在窗口中装载指定 URL 地址的网页，还可以指定新窗口的大小以及窗口中可用的选项，并且可以为打开的窗口定义一个名称。

open() 方法的语法如下：

```
WindowVar=window.open(url,windowname[,location]);
```

◆ WindowVar：当前打开窗口的句柄。如果 open() 方法成功，则 windowVar 的值为一个 Window 对象的句柄，否则 windowVar 的值是一个空值。

◆ url：目标窗口的 URL。如果 URL 是一个空字符串，则浏览器将打开一个空白窗口，允许用 write() 方法创建动态 HTML。

◆ windowname：Window 对象的名称。该名称可以作为属性值在 <a> 和 <form> 标记的 target 属性中出现。如果指定的名称是一个已经存在的窗口名称，则返回对该窗口的引用，而不会再新打开一个窗口。

◆ location：打开窗口的参数。

location 的可选参数如表 15.3 所示。

表 15.3　location 的可选参数及说明

参数	说明
top	窗口顶部离开屏幕顶部的像素数
left	窗口左端离开屏幕左端的像素数
width	对话框的宽度
height	对话框的高度
scrollbars	是否显示滚动条
resizable	设定对话框大小是否固定
toolbar	浏览器工具条，包括后退及前进按钮等
menubar	菜单条，一般包括文件、编辑及其他一些条目
location	定位区，也叫地址栏，是可以输入 URL 的浏览器文本区
direction	更新信息的按钮

187

例如，打开一个新窗口，代码如下：

```
window.open("new.html","new");                    // 打开一个新窗口
```

打开一个指定大小的窗口，代码如下：

```
window.open("new.html","new","height=360,width=650");  // 打开一个指定大小的窗口
```

打开一个指定位置的窗口，代码如下：

```
window.open("new.html","new","top=200,left=300"); // 打开一个指定位置的窗口
```

打开一个带滚动条的固定窗口，代码如下：

```
window.open("new.html","new","scrollbars,resizable");  // 打开一个带滚动条的固定窗口
```

打开一个新的浏览器对话框，在该对话框中显示 movie.html 文件，设置打开对话框的名称为"movie"，并设置对话框的宽度和高度，代码如下：

```
var win=window.open("movie.html","movie","width=500,height=300");// 定义打开窗口的句柄
```

👑 说明：

在实际应用中，除了自动打开新窗口之外，还可以通过单击图片、按钮或超链接的方式来打开新窗口。

📝 [实例 15.3]　　　　　　　　　　　　　　　　　　　　（源码位置：资源包 \Code\15\03）

弹出指定大小和位置的新窗口

本实例将通过 open() 方法在进入首页时弹出一个指定大小及指定位置的新窗口。代码如下：

```
01  <script type="text/javascript">
02  // 打开指定大小及指定位置的新窗口
03  window.open("new.html","new","height=141,width=690,top=100,left=200");
04  </script>
```

运行结果如图 15.5 所示。

👑 注意：

在使用 open() 方法时，需要注意以下几点。

① 通常浏览器窗口中，总有一个文档是打开的，因而不需要为输出建立一个新文档。

② 在完成对 Web 文档的写操作后，要使用或调用 close() 方法来实现对输出流的关闭。

图 15.5　打开指定大小及指定位置的新窗口

③ 在使用 open() 来打开一个新流时，可为文档指定一个有效的文档类型，有效文档类型包括 text/html、text/gif、text/xim、text/plugin 等。

15.3.2　关闭窗口

在对窗口进行关闭时，主要有关闭当前窗口和关闭子窗口两种操作，下面分别对它们进行介绍。

（1）关闭当前窗口

利用 Window 对象的 close() 方法可以实现关闭当前窗口的功能。语法如下：

```
window.close();
```

关闭当前窗口，可以用下面的任何一种语句来实现：

```
window.close();
close();
this.close();
```

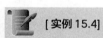

[实例 15.4]

（源码位置：资源包 \Code\15\04）

关闭子窗口时自动刷新父窗口

本实例将通过 Window 对象的 open() 方法打开一个新窗口（子窗口），当用户在该窗口中进行关闭操作后，关闭子窗口时，系统会自动刷新父窗口来实现页面的更新。实现步骤如下：

① 制作用于显示会议信息列表的会议管理页面 index.html，在该页面中加入空的超链接，并在其 onClick 事件中加入 JavaScript 脚本，实现打开一个指定大小的新窗口。关键代码如下：

```
01  <a href="#" onClick="javascript:window.open('new.html','','width=420,height=230')">
02      会议记录
03  </a>
```

② 制作会议记录详细信息页面 new.html，在该页面中通过"关闭"按钮的 onclick 事件调用自定义函数 clo()，从而实现关闭弹出窗口时刷新父窗口，关键代码如下：

```
01  <script type="text/javascript">
02  function clo(){
03      alert(" 关闭子窗口！ ");            // 弹出对话框
04      window.opener.location.reload();    // 刷新父窗口
05      window.close();                     // 关闭当前窗口
06  }
07  </script>
08  <input type="submit" name="Submit" value=" 关闭 " onclick="clo();">
```

运行 index.html 页面，单击页面中的"会议记录"超链接，将弹出会议记录页面，在该页面中通过单击"关闭"按钮关闭会议记录页面，同时系统会自动刷新父窗口。结果如图 15.6 所示。

（2）关闭子窗口

通过 close() 方法可以关闭以前动态创建的窗口，在窗口创建时，将窗口句柄以变量的形式进行保存，然后通过 close() 方法关闭创建的窗口。

close() 方法的语法如下：

图 15.6　关闭弹出窗口时刷新父窗口

```
windowname.close();
```

参数 windowname 表示已打开窗口的句柄。

例如，在主窗口旁边弹出一个子窗口，当单击主窗口中的按钮后，自动关闭子窗口。代码如下：

189

```
01  <form name="form1">
02    <input type="button" name="Button" value=" 关闭子窗口 " onClick="closenew ()">
03  </form>
04  <script type="text/javascript">
05  var win = window.open("new.html","new","width=360,height=200");    // 打开指定大小的窗口
06  function closenew(){
07    win.close();                                                     // 关闭打开的窗口
08  }
09  </script>
```

运行结果如图 15.7 所示。

图 15.7　关闭子窗口

15.4　控制窗口

通过 Window 对象除了可以打开窗口或关闭窗口之外，还可以控制窗口的大小和位置、由窗口弹出的对话框，还可以控制窗口上是否显示地址栏、工具栏和状态栏等栏目。而且 Window 对象返回上一个文档或前进到下一个文档，甚至于还可以停止加载文档。

15.4.1　移动窗口

下面介绍几种移动窗口的方法。

（1）moveTo() 方法

利用 moveTo() 方法可以将窗口移动到指定坐标 (x,y) 处。

语法如下：

```
window.moveTo(x,y)
```

◆ x：窗口左上角的 x 坐标。

◆ y：窗口左上角的 y 坐标。

例如，将窗口移动到指定坐标（300,200）处，代码如下：

```
window.moveTo(300,200);              // 将窗口移动到坐标（300,200）处
```

（2）resizeTo() 方法

利用 resizeTo() 方法可以将当前窗口改变成 (x,y) 大小，x、y 分别为宽度和高度。

语法如下：

```
window.resizeTo(x,y)
```

◆ x：窗口的水平宽度。

◆ y：窗口的垂直宽度。

例如，将当前窗口改变成 (600,500) 大小，代码如下：

```
window.resizeTo(600,500);            // 将当前窗口改变成 (600,500) 大小
```

（3）screen 对象

screen 对象是 JavaScript 中的屏幕对象，反映了当前用户的屏幕设置。该对象的常用属性如表 15.4 所示。

表 15.4　screen 对象的常用属性

属性	说明
width	用户整个屏幕的水平尺寸，以像素为单位
height	用户整个屏幕的垂直尺寸，以像素为单位
pixelDepth	显示器的每个像素的位数
colorDepth	返回当前颜色设置所用的位数，1 代表黑白，8 代表 256 色，16 代表增强色，24/32 代表真彩色。8 位颜色支持 256 种颜色，16 位颜色（通常叫作"增强色"）支持大概 64000 种颜色，而 24 位颜色（通常叫作"真彩色"）支持大概 1600 万种颜色
availWidth	返回窗口内容区域的水平尺寸，以像素为单位
availHeight	返回窗口内容区域的垂直尺寸，以像素为单位

例如，使用 screen 对象设置屏幕属性，代码如下：

```
01  document.write(window.screen.width+"<br>");      // 输出屏幕宽度
02  document.write(window.screen.height+"<br>");     // 输出屏幕高度
03  document.write(window.screen.colorDepth);        // 输出屏幕颜色位数
```

运行结果为：

```
1440
900
24
```

[实例 15.5]

（源码位置：资源包 \Code\15\05）

控制弹出窗口的居中显示

本实例将在页面下方定义一个"TOP"超链接，单击该超链接，弹出居中显示的管理员登录窗口。实现步骤如下：

① 在页面的适当位置添加控制窗口弹出的超级链接，本实例中采用的是图片热点超级链接，关键代码如下：

```
01  <map name="Map">
02    <area shape="rect" coords="82,17,125,39" href="#" onClick="manage()">
03    <area shape="circle" coords="49,28,14">
04  </map>
```

② 编写自定义的 JavaScript 函数 manage()，用于弹出新窗口并控制其居中显示，代码如下：

```
01  <script type="text/javascript">
02    function manage(){
03      var hdc=window.open('Login_M.html','','width=342,height=280');  // 打开新窗口
04      width=screen.width;                                             // 获取屏幕宽度
05      height=screen.height;                                           // 获取屏幕高度
06      hdc.moveTo((width-342)/2,(height-280)/2);                       // 移动窗口至屏幕居中
```

第 2 篇　核心技术篇

```
07    }
08  </script>
```

③ 最后设计弹出窗口页面 Login_M.htm，代码请参考本书附带光盘。

运行结果如图 15.8 所示。

15.4.2 窗口滚动

利用 Window 对象的 scroll() 方法可以指定窗口的当前位置，从而实现窗口滚动效果。

语法如下：

```
scroll(x,y);
```

图 15.8 弹出居中显示的窗口

◆ x：屏幕的横向坐标。

◆ y：屏幕的纵向坐标。

Window 对象中有 3 种方法可以用来滚动窗口中的文档，这 3 种方法的使用如下：

```
window.scroll(x,y);
window.scrollTo(x,y);
window.scrollBy(x,y);
```

以上 3 种方法的具体解释如下：

◆ scroll()：该方法可以将窗口中显示的文档滚动到指定的绝对位置。滚动的位置由参数 x 和 y 决定，其中 x 为要滚动的横向坐标，y 为要滚动的纵向坐标。两个坐标都是相对文档的左上角而言的，即文档的左上角坐标为（0,0）。

◆ scrollTo()：该方法的作用与 scroll() 方法完全相同。scroll() 方法是 JavaScript 1.1 中所规定的，而 scrollTo() 方法是 JavaScript 1.2 中所规定的。建议使用 scrollTo() 方法。

◆ scrollBy：该方法可以将文档滚动到指定的相对位置上，参数 x 和 y 是相对当前文档位置的坐标。如果参数 x 的值为正数，则向右滚动文档；如果参数 x 值为负数，则向左滚动文档。与此类似，如果参数 y 的值为正数，则向下滚动文档；如果参数 y 的值为负数，则向上滚动文档。

例如，当页面出现纵向滚动条时，页面中的内容将从上向下进行滚动，当滚动到页面最底端时停止滚动。代码如下：

```
01  <img src="1.bmp">
02  <script type="text/javascript">
03  var position = 0;                              // 定义滚动的纵向坐标
04  function scroller(){
05     position++;                                 // 纵向坐标值加 1
06     scrollTo(0,position);                       // 窗口滚动
07     var timer = setTimeout("scroller()",10);    // 设置超时
08  }
09  scroller();                                    // 调用函数实现窗口滚动
10  </script>
```

运行结果如图 15.9 所示。

图 15.9　窗口自动滚动

15.4.3　改变窗口大小

利用 Window 对象的 resizeBy() 方法可以实现将当前窗口改变指定的大小 (x,y)，当 x、y 的值大于 0 时为扩大，小于 0 时为缩小。

语法如下：

```
window.resizeBy(x,y)
```

◆ x：放大或缩小的水平宽度。

◆ y：放大或缩小的垂直高度。

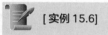 [实例 15.6]　　　　　　　　　　　　　　　　　　　　（源码位置：资源包 \Code\15\06）

动态改变窗口的大小

本实例将实现在打开 index.html 文件后，在该页面中单击"打开窗口"超链接，在屏幕的左上角将会弹出一个"改变窗口大小"的窗口，并动态改变窗口的宽度和高度，直到与屏幕大小相同为止。实现方法如下：

编写用于实现打开窗口特殊效果的 JavaScript 代码。首先自定义函数 openwin()，用于打开指定的窗口，并设置其位置和大小，然后自定义函数 resize()，用于动态改变窗口的大小，关键代码如下：

```
01  <script type="text/javascript">
02  var winheight,winsize,x;                    // 声明变量
03  function openwin(){
04      winheight=100;                          // 打开窗口的初始高度
05      winsize=100;                            // 打开窗口的初始宽度
06      x=5;                                    // 设置窗口改变大小的垂直高度
07      win2=window.open("melody.html","","scrollbars='no'");   // 打开窗口
08      win2.moveTo(0,0);                       // 移动窗口至屏幕左上角
09      win2.resizeTo(100,100);                 // 设置窗口大小
10      resize();                               // 调用改变窗口大小的函数
11  }
12  function resize(){
13      if (winheight>=screen.availHeight-3)    // 如果窗口高度大于等于屏幕可见高度减 3
14          x=0;                                // 窗口的高度停止变化
15      win2.resizeBy(5,x);                     // 改变窗口大小
16      winheight+=5;                           // 窗口的高度值加 5
17      winsize+=5;                             // 窗口的宽度值加 5
18      if (winsize>=screen.width-5){           // 如果窗口宽度大于等于屏幕宽度减 5
19          winheight=100;                      // 将 winheight 变量值恢复为初始值
```

```
20        winsize=100;                         // 将 winsize 变量值恢复为初始值
21        return;                              // 返回
22     }
23     setTimeout("resize()",50);              // 每隔 50ms 调用一次 resize() 函数
24 }
25 </script>
26 <a href="javascript:openwin()"> 打开窗口 </a>
```

运行结果如图 15.10 和图 15.11 所示。

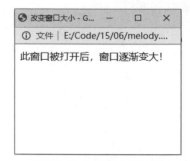

图 15.10　初始运行效果

图 15.11　窗口逐渐放大

15.4.4　访问窗口历史

利用 history 对象实现访问窗口历史，history 对象是一个只读的 URL 字符串数组，该对象主要用来存储一个最近所访问网页的 URL 地址的列表。

语法如下：

```
[window.]history.property|method([parameters])
```

history 对象的常用属性以及说明如表 15.5 所示。

表 15.5　history 对象的常用属性

属性	说明
length	历史列表的长度，用于判断列表中的入口数目
current	当前文档的 URL
next	历史列表的下一个 URL
previous	历史列表的前一个 URL

history 对象的常用方法以及说明如表 15.6 所示。

表 15.6　history 对象的常用方法

方法	说明
back()	退回前一页
forward()	重新进入下一页
go()	进入指定的网页

例如，利用 history 对象中的 back() 方法和 forward() 方法来引导用户在页面中跳转，代码如下：

```
01  <a href="javascript:window.history.forward();">forward</a>
02  <a href="javascript:window.history.back();">back</a>
```

还可以使用 history.go() 方法指定要访问的历史记录。若参数为正数，则向前移动；若参数为负数，则向后移动。例如：

```
01  <a href="javascript:window.history.go(-2);"> 向后退两次 </a>
02  <a href="javascript:window.history.go(3);"> 向前进三次 /a>
```

使用 history.length 属性能够访问 history 数组的长度，通过这个长度可以很容易地转移到列表的末尾。例如：

```
<a href="javascript:window.history.go(window.history.length-1);"> 末尾 </a>
```

15.4.5　设置超时

为一个窗口设置在某段时间后执行何种操作，称为"设置超时"。

Window 对象的 setTimeout( ) 方法用于设置一个超时，以便在超出这个时间后触发某段代码的运行。基本语法如下：

```
timerId=setTimeout( 要执行的代码 , 以毫秒为单位的时间 );
```

其中，"要执行的代码"可以是一个函数，也可以是其他 JavaScript 语句；"以毫秒为单位的时间"指代码执行前需要等待的时间，即超时时间。

在代码执行前，还可以使用 Window 对象的 clearTimeout( ) 方法来中止该超时设置。其语法格式为：

```
clearTimeout(timerId);
```

 [实例 15.7]　　　　　　　　　　　　　　　　　（源码位置：资源包 \Code\15\07）

动态显示日期和时间

本实例将实现在页面中的指定位置动态显示当前的日期和时间。实现代码如下：

```
01  <img src="images/star.jpg">
02  <div id="show"></div>
03  <script type="text/javascript">
04      function ShowTime(){
05          var today = new Date();                    // 创建日期对象
06          var hour = today.getHours();               // 获取小时数
07          var minu = today.getMinutes();             // 获取分钟数
08          var seco = today.getSeconds();             // 获取秒数
09          if(hour < 10)                              // 如果小时数小于 10
10              hour ="0" + hour;                      // 在小时数前面补 0
11          if(minu < 10)                              // 如果分钟数小于 10
12              minu ="0" + minu;// 在分钟数前面补 0
13          if(seco < 10)                              // 如果秒数小于 10
14              seco ="0" + seco;                      // 在秒数前面补 0
15          document.getElementById("show").innerHTML="-------"+today.getFullYear()+" 年
"+(today.getMonth()+1)+" 月 "+today.getDate()+" 日 "+hour+" 时 "+minu+" 分 "+seco+" 秒 "+"-------";
// 显示日期时间
16          window.setTimeout("ShowTime();",1000);     // 每隔 1s 调用一次 ShowTime() 函数
17      }
18      ShowTime();// 调用函数
19  </script>
```

运行结果如图 15.12 所示。

图 15.12 动态显示日期时间

15.5 通用窗口事件

Window 对象支持很多事件，但绝大多数不是通用的。本节主要介绍通用窗口事件。

可以通用于各种浏览器的窗口事件很少，表 15.7 中列出了这些事件，这些事件的使用方法为：

window. 通用事件名 = 要执行的 JavaScript 代码

表 15.7 通用窗口事件

事件	描述
onfocus 事件	当浏览器窗口获得焦点时激活
onblur 事件	浏览器窗口失去焦点时激活
onload 事件	当文档完全载入窗口时触发，但需注意，事件并非总是完全同步
onunload 事件	当文档未载入时触发
onresize 事件	当用户改变窗口大小时触发
onerror 事件	当出现 JavaScript 错误时，触发一个错误处理事件

本章知识思维导图

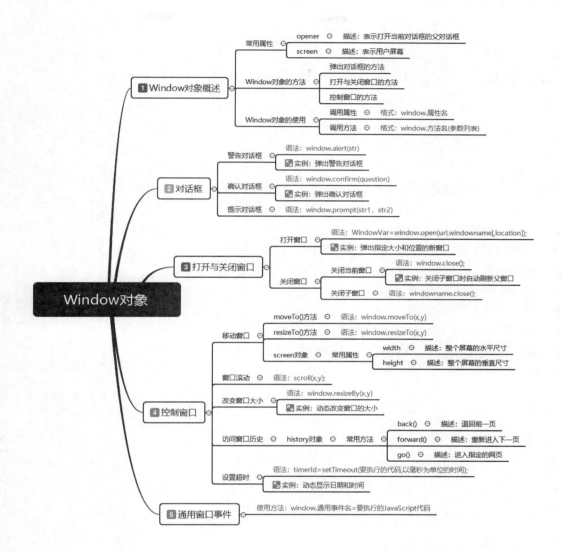

第 16 章

Style 对象

 本章学习目标

- 了解什么是 Style 对象。
- 了解样式标签属性和样式属性的区别。
- 熟悉颜色和背景属性的使用。
- 熟悉边框属性的使用。
- 熟悉定位属性的使用。
- 熟悉字体属性的使用。
- 熟悉表格布局属性的使用。

16.1　Style 对象简介

Style 对象是 HTML 对象的一个属性。Style 对象提供了一组对应于 CSS 样式的属性（如 background、fontSize 和 borderColor 等）。每个 HTML 对象都有一个 style 属性，可以使用该属性访问 CSS 样式属性。

内联样式使用 Style 对象属性为单个 HTML 元素指派应用的 CSS 样式，使用 Style 对象可以检查这些指派，并进行新的指派或更改已有的指派。要使用 Style 对象，应该在 HTML 元素上使用 style 关键字。要获得内联样式的当前设置，应该在 Style 对象上使用对应的 Style 对象的属性。

例如，将给定文档中绝对定位的 p 元素的定位属性设置为空，代码如下：

```
01  <script type="text/javascript">
02      var oP=document.getElementsByTagName("p");
03      if(oP.length){
04          for(var i=0;i<oP.length;i++){
05              if(oP[i].style.position=="absolute"){
06                  oP[i].style.position="";
07              }
08          }
09      }
10  </script>
```

16.2　Style 对象的样式标签属性和样式属性

使用 Style 对象，首先需要了解如何检索样式表中的属性值。使用 Style 对象检索属性值的语法格式如下：

> document.getElementById(对象名称).style. 属性

16.2.1　样式标签属性和样式属性

在 Style 对象中，样式标签属性和样式属性基本上是相互对应的，两种属性的用法也基本相同。唯一的区别是样式标签属性用于设置对象的属性，而样式属性用于检索或更改对象的属性。也可以说，样式标签属性是静态属性，样式属性是动态属性。因此，在本节中将综合对样式标签属性和样式属性进行讲解。

例如，利用 Style 对象改变字体的大小，代码如下：

```
01  <style type="text/css">
02      p { font-size: 12px; text-indent: 0.5in;}
03  </style>
04  <p id="pid">明日学院 </p>
05  <script type="text/javascript">
06      document.getElementById("pid").style.fontSize = "36px";
07  </script>
```

Style 对象的常用样式标签属性和样式属性如表 16.1 所示。

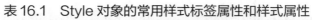

表 16.1 Style 对象的常用样式标签属性和样式属性

属性	说明
background	设置或检索对象最多5个独立的背景属性
backgroundColor	设置或检索对象的背景颜色
backgroundImage	设置或检索对象的背景图像
backgroundPosition	设置或检索对象的背景位置
backgroundPositionX	设置或检索 backgroundPosition 属性的 X 坐标
backgroundPositionY	设置或检索 backgroundPosition 属性的 Y 坐标
behavior	设置或检索 DHTML 行为的位置
border	设置或检索对象边框的绘制属性
borderBottom	设置或检索对象下边框的属性
borderBottomColor	设置或检索对象下边框的颜色
borderBottomStyle	设置或检索对象下边框的样式
borderBottomWidth	设置或检索对象下边框的宽度
borderColor	设置或检索对象的边框颜色
borderLeft	设置或检索对象左边框的属性
borderLeftColor	设置或检索对象左边框的颜色
borderLeftStyle	设置或检索对象左边框的样式
borderLeftWidth	设置或检索对象左边框的宽度
borderRight	设置或检索对象右边框的属性
borderRightColor	设置或检索对象右边框的颜色
borderRightStyle	设置或检索对象右边框的样式
borderRightWidth	设置或检索对象右边框的宽度
borderStyle	设置或检索对象上、下、左、右边框的样式
borderTop	设置或检索对象上边框的属性
borderTopColor	设置或检索对象上边框的颜色
borderTopStyle	设置或检索对象上边框的样式
borderTopWidth	设置或检索对象上边框的宽度
borderWidth	设置或检索对象上、下、左、右边框的宽度
bottom	设置或检索对象相对于文档层次中下一个定位对象底部的位置
color	设置或检索对象文本的颜色
cursor	设置或检索当鼠标指针指向对象时使用的形状
direction	设置或检索对象的文本方向
display	设置或检索对象是否需要渲染
font	设置或检索对象最多6个独立的字体属性
fontFamily	设置或检索对象文本使用的字体名称
fontSize	设置或检索对象文本使用的字体大小
fontStyle	设置或检索对象的字体样式，如斜体、常规或倾斜体

属性	说明
fontVariant	设置或检索对象文本是否以小型大写字母显示
fontWeight	设置或检索对象的字体宽度
height	设置或检索对象的高度
left	设置或检索对象相对于文档层次中下一个定位对象左边界的位置
letterSpacing	设置或检索对象的字符间附加空间的总和
lineHeight	设置或检索对象两行间的距离
lineStyle	设置或检索对象最多 3 个独立的 listStyle 属性
listStyleImage	检索要为对象应用的列表项目符号的图像
listStylePosition	检索要为对象应用的列表项目符号的位置
listStyleType	检索对象预定义的项目符号类型
margin	设置或检索对象的上、下、左、右边距
marginBottom	设置或检索对象的下边距宽度
marginLeft	设置或检索对象的左边距宽度
marginRight	设置或检索对象的右边距宽度
marginTop	设置或检索对象的上边距宽度
padding	设置或检索要在对象和其边距（若存在边框）之间插入的全部空间
paddingBottom	设置或检索要在对象下边框和内容之间插入的空间总量
paddingLeft	设置或检索要在对象左边框和内容之间插入的空间总量
paddingRight	设置或检索要在对象右边框和内容之间插入的空间总量
paddingTop	设置或检索要在对象上边框和内容之间插入的空间总量
right	设置或检索对象相对于文档层次中下一个定位对象右边界的位置
scrollbar3dLightColor	设置或检索滚动条上滚动按钮和滚动滑块的左上颜色
scrollbarArrowColor	设置或检索滚动箭头标识的颜色
scrollbarBaseColor	设置或检索滚动条的主要颜色，其中包含滚动按钮和滚动滑块
scrollbarDarkShadowColor	设置或检索滚动条上滑槽的颜色
scrollbarFaceColor	设置或检索滚动条和滚动条的滚动箭头的颜色
scrollbarHighlightColor	设置或检索滚动框和滚动条滚动箭头的左上边缘颜色
scrollbarShadowColor	设置或检索滚动框和滚动条滚动箭头的右下边缘颜色
scrollbarTrackColor	设置或检索滚动条上轨迹元素的颜色
styleFloat	设置或检索文本要绕排到对象的哪一侧
tableLayout	检索表明表格布局是否固定的字符串
textAlign	设置或检索对象中的文本是左对齐、右对齐、居中对齐还是两端对齐
textDecoration	设置或检索对象中的文本是否有闪烁、删除线、上画线或下画线样式
top	设置或检索对象相对于文档层次中下一个定位对象上边界的位置
verticalAlign	设置或检索对象的垂直排列
visibility	设置或检索对象的内容是否显示

属性	说明
whiteSpace	设置或检索对象中是否自动换行
width	设置或检索对象的宽度
wordBreak	设置或检索单词内的换行行为，特别是对象中出现多语言的情况下
wordSpacing	设置或检索对象中单词间的附加空间总量
wordWrap	设置或检索当内容超过其容器边界时是否换行到下一行
zIndex	设置或检索定位对象的堆叠次序
zoom	设置或检索对象的放大比例

16.2.2　颜色和背景属性

（1）backgroundColor 属性

backgroundColor 属性用于设置或检索对象的背景颜色。其对应的样式标签属性为 background-color 属性。

语法格式：

```
background-color : color
```

参数说明：

◆ color：指定颜色。

　说明：

在 Style 对象中，样式属性与样式标签属性语法中的参数类型基本相同，因此下面将只列出样式标签属性的参数。

（2）color 属性

color 属性用于设置或检索对象文本的颜色，无默认值。其对应的样式标签属性为 color 属性。

语法格式：

```
color : color
```

参数说明：

◆ color：指定颜色。

[实例 16.1]

（源码位置：资源包 \Code\16\01）

选中的行背景变色

当鼠标指针指向表格中的任意一个单元格时，该单元格所在行的背景颜色及字体颜色发生改变。

本实例主要是通过 Style 对象的 backgroundColor 和 color 属性来改变行的背景色和前景色。当鼠标指针指向表中的单元格时，通过 onmouseover 事件调用自定义函数 over()，改变单元格所在行的前景色和背景色；当鼠标指针离开单元格时，通过 onmouseout 事件将所选行的前景色和背景色改变为初始状态。代码如下：

```
01  <table>
02    <tr id="tr1" onMouseOver="over(this.id)" onMouseOut="out(this.id)">
03      <td style="width: 82px;"> 商品类型 </td>
04      <td style="width: 85px;"> 商品名称 </td>
05      <td style="width: 95px;"> 价格（元）</td>
06    </tr>
07    <tr id="tr2" onMouseOver="over(this.id)" onMouseOut="out(this.id)">
08      <td> 家电 </td>
09      <td> 洗衣机 </td>
10      <td>1000</td>
11    </tr>
12    <tr id="tr3" onMouseOver="over(this.id)" onMouseOut="out(this.id)">
13      <td> 服饰 </td>
14      <td>T 恤 </td>
15      <td>160</td>
16    </tr>
17  </table>
18  <script type="text/javascript">
19  function over(trname){
20      eval(trname).style.backgroundColor="#0000FF";
21      eval(trname).style.color="#FFFFFF";
22  }
23  function out(trname){
24      eval(trname).style.backgroundColor="#FFFFFF";
25      eval(trname).style.color="#000000";
26  }
27  </script>
```

运行结果如图 16.1 所示。

（3）backgroundImage 属性

backgroundImage 属性用来设置或检索对象的背景图像，其对应的样式标签属性为 background- image 属性。

语法格式：

图 16.1　选中的行背景变色

```
background-image : none | url(url)
```

参数说明：

◆ none：无背景图。

◆ url：使用绝对或相对地址指定背景图像。

（4）backgroundPosition 属性

backgroundPosition 属性用来设置或检索对象的背景图像位置。使用前，必须先指定 background-image 属性。其对应的样式标签属性为 background-position 属性。

语法格式：

```
background-position : x% y% | xpos ypos
background-position : topleft | top center | top right | center left |center center
center right | bottom left | bottom center | bottom right
```

参数说明：

◆ x% y%：用百分数表示的背景图像位置。x 值表示水平位置，y 值表示垂直位置。左上角是 0%0%，右下角是 100%100%。如果仅指定一个值，其他值默认是 50%。

◆ xpos ypos：由数字和单位标识符组成的长度值。x 值表示水平位置，y 值表示垂直位置。左上角是 00，单位可以是像素（0px 0px）或任何其他的 CSS 单位。如果仅指定一个关键字，其他值默认是 50%。

◆ top left | top center | top right | center left | center center | center right | bottom left | bottom center | bottom right：用两个英文关键字设置的背景图像位置。如果仅指定一个关键字，其他值默认是 "center"。

（5）backgroundRepeat 属性

backgroundRepeat 属性用来设置或检索对象的背景图像如何铺排。使用前，必须先指定对象的背景图像。其对应的样式标签属性为 background-repeat 属性。

语法格式：

```
background-repeat : repeat | no-repeat | repeat-x | repeat-y
```

参数说明：

◆ repeat：背景图像在纵向和横向上平铺。
◆ no-repeat：背景图像不平铺。
◆ repeat-x：背景图像在横向上平铺。
◆ repeat-y：背景图像在纵向上平铺。

（6）backgroundAttachment 属性

backgroundAttachment 属性用来设置或检索背景图像是随对象内容滚动还是固定的，其对应的样式标签属性为 background- attachment 属性。

语法格式：

```
background-attachment : scroll | fixed
```

参数说明：

◆ scroll：背景图像随对象内容滚动。
◆ fixed：背景图像固定。

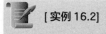 **[实例 16.2]** （源码位置：资源包 \Code\16\02）

背景固定居中

在制作网页时，为了使网页更加美观，通常会在页面背景中添加一个图片。有时因图片过小，在页面中会重复显示图片，反而破坏了页面的美观性。本实例将使页面中的背景固定居中，当页面内容过多时，无论怎样移动滚动条，背景图片始终固定在居中位置。

在本实例中，主要通过 Style 对象中的 backgroundImage、backgroundPosition、backgroundRepeat 和 backgroundAttachment 属性，在页面中添加背景图片，并对图片进行居中显示。代码如下：

```
01  <body style="width: 1200px; height: 900px">
02  <script type="text/javascript">
03  document.body.style.backgroundImage="URL(1.jpg)";
04  document.body.style.backgroundPosition="center";
05  document.body.style.backgroundRepeat="no-repeat";
06  document.body.style.backgroundAttachment="fixed";
07  </script>
08  </body>
```

运行结果如图 16.2 所示。

16.2.3 边框属性

（1）borderColor 属性

borderColor 属性用于设置或检索对象的边框颜色，其对应的样式标签属性为 border-color 属性。
语法格式：

```
border-color:color
```

图 16.2　背景固定居中

例如，定义元素边框颜色属性值。代码如下：

```
01   border-top-color:#3333FF;
02   border-left-color:#3333FF;
03   border-right-color:#CCFF00;
04   border-bottom-color:#CCFF00;
```

边框颜色属性用于设置元素的边框颜色。可以使用 1 ~ 4 个关键字。如果 4 个值都给出了，它们分别应用于上、右、下和左边框的式样。如果给出一个值，它将被运用到各边上。如果 2 个或 3 个值给出了，省略的值与对边相等。也可以使用略写的边框属性。

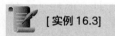 [实例 16.3]
（源码位置：资源包 \Code\16\03）

单元格边框变色

将表格中每个单元格外边框的颜色按一定的时间间隔进行改变。在本实例中，主要是通过 setTimeout() 方法按一定的时间改变表格中单元格的外边框颜色，修改表格单元格颜色是用单元格 Style 对象的 borderColor 属性来进行修改的，通过一个布尔型的变量来选择变化的两种颜色，代码如下：

```
01   <table id="table1" style="width: 200px;">
02     <tr>
03       <td style="width: 60px;" id="Ttd0"> </td>
04       <td style="width: 58px;" id="Ttd1">单价 </td>
05       <td style="width: 66px;" id="Ttd2">数量 </td>
06     </tr>
07     <tr>
08       <td id="Ttd3"> 草莓 </td>
09       <td id="Ttd4">20</td>
10       <td id="Ttd5">6</td>
11     </tr>
12     <tr>
13       <td id="Ttd6"> 苹果 </td>
14       <td id="Ttd7">8</td>
15       <td id="Ttd8">5</td>
16     </tr>
17   </table>
18   <script type="text/javascript">
19   var tt=true;
20   table1.cellSpacing="0";                  // 设置单元格的间距
21   table1.border="1";                       // 设置单元格的边框宽度
22   function changcolor(){
23     for (var i=0;i<9;i++){                 // 设置所有单元格的边框颜色
```

第 2 篇　核心技术篇

```
24          if (tt){eval("Ttd"+i).style.borderColor="#00FFCC";}
25          if (!tt){eval("Ttd"+i).style.borderColor="#FF66FF";}
26      }
27      tt=!tt;                                    // 对变量的值取反
28      setTimeout("changcolor()",200);            // 每隔 200ms 调用一次函数
29  }
30  changcolor();                                  // 调用函数
31  </script>
```

运行结果如图 16.3 和图 16.4 所示。

图 16.3　单元格边框变色前

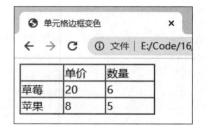

图 16.4　单元格边框变色后

（2）borderWidth 属性

borderWidth 属性用于设置或检索对象上、下、左、右边框的宽度。其对应的样式标签属性为 border-width 属性。

语法格式：

```
border-width:border-top-width border-left-width border-bottom-width border-right-width
```

参数说明：
◆ 如果只提供一个参数值，将作用于全部的 4 条边。
◆ 如果提供两个参数值，第一个作用于上、下边框，第二个作用于左、右边框。
◆ 如果提供 3 个参数值，第一个作用于上边框，第二个用于左、右边框，第三个作用于下边框。
◆ 如果提供全部 4 个参数值，将按上、右、下、左的顺序作用于 4 个边框。

👑 说明：
要使用该属性，必须先设定对象 height 或 width 属性，或者设定 position 属性为 absolute。

（3）borderStyle 属性

borderStyle 属性用于设置或检索对象上、下、左、右边框的样式。其对应的样式标签属性为 border-style 属性。

语法格式：

```
border-style:none|hidden|dotted|dashed|solid|double|inset|outset|ridge|groove
```

border-style 属性参数值如表 16.2 所示。

表 16.2　border-style 属性参数值

参数值	说明	参数值	说明
none	无边框	double	边框为双实线
hidden	隐藏边框	groove	边框为带有立体感的沟槽
dotted	边框由点组成	ridge	边框呈脊形
dashed	边框由短线组成	inset	边框内嵌一个立体边框
solid	边框为实线	outset	边框外嵌一个立体边框

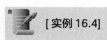 注意：

如果 border-style 设置为 none，则 border-width 属性将失去作用。

[实例 16.4] 　　　　　　　　　　　　　　　（源码位置：资源包 \Code\16\04）

立体窗口

在浏览网页时，经常会看到带有特殊效果的页面，本实例将通过对窗口样式的设置，使窗口具有立体效果。本实例主要应用了 Style 对象的 borderWidth（边框的宽度）、borderColor（边框的颜色）和 borderStyle（边框的样式）属性，对页面的边框进行设置。

编写用于实现立体窗口的 JavaScript 代码，代码如下：

```
01  <script type="text/javascript">
02  document.body.style.borderWidth="6px";
03  document.body.style.borderColor="#00CCFF";
04  document.body.style.borderStyle="groove";
05  </script>
```

运行结果如图 16.5 所示。

16.2.4　定位属性

（1）clip 属性

clip 属性检索或设置对象的可视区域，区域外的部分是透明的，必须将 postiton 的值设为 absolute，clip 属性方可使用。其对应的样式标签属性为 clip 属性。

图 16.5　立体窗口

语法格式：

```
clip : auto | rect(number number number number)
```

参数说明：

◆ auto：对象无剪切。

◆ rect(number number number number)：依据上—右—下—左的顺序提供自对象左上角为 (0,0) 坐标计算的 4 个偏移数值。其中，任意数值都可用 auto 替换，即此边不剪切。

（源码位置：资源包 \Code\16\05）

[实例 16.5]

百叶窗

在浏览网页时，经常会动态地打开页面，然后显示页面中的内容。本实例将以百叶窗的形式动态地显示页面。

在本实例中，主要是将页面工作区的宽度分成 16 等份，然后按每份的宽度在页面中添加 16 个等宽的层，层的高度为页面工作区的高度，将层按顺序平铺在页面中，并用 <div> 标记的 Style 对象的 clip 属性的 rect 参数来实现奇数层的高由大到小进行显示，偶数层的高由小到大进行显示，代码如下：

```
01  <script type="text/javascript">
02  // 在页面中添加 16 个层，并设置层的大小及位置
03  var s="";
04  for (i=1;i<=16;++i){
05    s=s+'<div id="i'+i+'" style="position:absolute; left:0; top:0; background-color:#0066FF; border:'+"0.1px"+' '+"solid"+' '+"#0066FF"+' "></div>';
06  }
07  document.write(s);
08  var speed=30;
09  var temp=new Array();
10  var Height=document.body.clientHeight,Top=0;
11  for (i=1;i<=16;i++){
12    temp[i]=document.getElementById("i"+i).style;
13    temp[i].width=document.body.clientWidth/16;
14    temp[i].height=document.body.clientHeight;
15    temp[i].left=(i-1)*parseInt(temp[i].width);
16  }
17  // 自定义函数 kind()，使奇数层的高由大到小进行显示，偶数层的高由小到大进行显示
18  function kind(){
19    Height-=speed;
20    for (i=1;i<=16;i=i+2){
21      temp[i].clip="rect(0 auto+"+Height+" 0)";
22    }
23    Top+=speed
24    for (i=2;i<=16;i=i+2){
25      temp[i].clip="rect("+Top+" auto auto auto)";
26    }
27    if (Height<=0)
28      clearInterval(tim);
29  }
30  // 窗体载入，重复调用自定义函数 kind()
31  tim=setInterval("kind()",100)
32  </script>
```

运行结果如图 16.6 所示。

（2）top 属性

top 属性用于设置或检索对象相对于文档层次中下一个定位对象的上边界的位置。其对应的样式标签属性为 top 属性。

语法格式：

```
top : auto | length
```

参数说明：

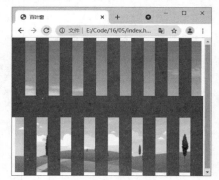

图 16.6　百叶窗

◆ auto：默认值。无特殊定位，根据 HTML 定位规则在文档流中分配。

◆ length：由浮点数字和单位标识符组成的长度值 / 百分数。必须定义 position 属性值为 absolute 或者 relative，此取值方可生效。

该属性仅仅在对象的定位（position）属性被设置时可用；否则，该属性设置会被忽略。该属性对于 currentStyle 对象而言是只读的，对于其他对象而言是可读写的。对应的脚本特性为 top。其值为字符串，所以不可用于脚本（Scripts）中的计算。

（3）left 属性

left 属性用于设置或检索对象相对于文档层次中下一个定位对象的左边界的位置。其对应的样式标签属性为 left 属性。

语法格式：

```
left : auto | length
```

参数说明：

◆ auto：默认值，无特殊定位，根据 HTML 定位规则在文档流中分配。

◆ length：由浮点数字和单位标识符组成的长度值 / 百分数。必须定义 position 属性值为 absolute 或者 relative，此取值方可生效。

left 属性仅仅在对象的定位（position）属性被设置时可用；否则，该属性设置会被忽略。该属性对于 currentStyle 对象而言是只读的，对于其他对象而言是可读写的。对应的脚本特性为 left，其值为一字符串，所以不可用于脚本（Scripts）中的计算。

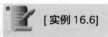
[实例 16.6]　　　　　　　　　　　　　　　　　　（源码位置：资源包 \Code\16\06）

烟花效果

在浏览网页时，经常会看到一些动画效果，使页面显得更加生动。本实例在页面打开时，在页面上实现绽放的烟花效果。在本实例中，主要是用 document 对象的 write() 方法将层添加到页面上，并根据 Math 对象的 sin()（检索正弦值）方法来动态改变每个层 Style 对象的 top 和 left 属性值，使层根据正弦值进行扩大和缩小，代码如下：

```
01  <script type="text/javascript">
02      // 自定义变量及数组，并用数组来保存颜色值，在页面中添加多个层，设置其大小、颜色和初始位置
03      var col = new Array('#ffffff','#fff000','#ffa000','#ff00ff','#00ff00','#0000ff','#ff0000');
04      var p='<div id="rearDiv" style="position:absolute;top:0px;left:0px">';
05      var n=0;
06      for (var i=0;i<14;++i){
07          n++;
08          if (n=(col.length-1)) n=0;
09          p=p+'<div style="position:relative;width:1px;height:1px;background:'+col[n]+';font-size:3px">.</div>';
10      }
11      p=p+"</div>";
12      document.write(p);
13      var Clrs = new Array('#ff0000','#00ff00','#000aff','#ff00ff','#ffa500','#ffff00','#00ff00','#ffffff','#fffff0');
14      var sClrs = new Array('#ffa500','#55ff66','#AC9DFC','#fff000','#fffff0');
15      var peepY;
16      var peepX;
17      var step = 5;
```

```
18        var tallyStep = 0;
19        var backColor = '#ffa000';
20        var Mtop = 250;
21        var Mleft = 250;
22        var rearDiv = document.getElementById("rearDiv");
23    // 自定义函数 dissilient()，调用自定义函数 enlarge() 和 reduce()，实现绽放的烟花效果
24    function dissilient() {
25        peepY = window.document.body.clientHeight/3;
26        peepX = window.document.body.clientWidth/8;
27        enlarge();
28        tallyStep+= step;
29        reduce();
30        T=setTimeout("dissilient()",20);
31    }
32    // 自定义函数 enlarge()，利用正弦值来实现烟花的扩大与缩小
33    function enlarge(){
34        for (var i = 0 ; i < rearDiv.children.length ; i++) {
35            var c=Math.round(Math.random()*(Clrs.length-1));
36            if (tallyStep < 90)
37                rearDiv.children[i].style.background=backColor;
38            if (tallyStep > 90)
39                rearDiv.children[i].style.background=Clrs[c];
40            rearDiv.children[i].style.top = Mtop + peepY*Math.sin((tallyStep+i*5)/3)*Math.
sin(550+tallyStep/100);
41            rearDiv.children[i].style.left = Mleft + peepY*Math.
cos((tallyStep+i*5)/3)*Math.sin(550+tallyStep/100);
42        }
43    }
44    // 自定义函数 reduce()，用于改变烟花的绽放位置
45    function reduce(){
46        if (tallyStep == 220) {
47            tallyStep = -10;
48            var k=Math.round(Math.random()*(sClrs.length-1));
49            backColor = sClrs[k];
50            Dtop = window.document.body.clientHeight - 250;
51            Dleft = peepX * 3.5;
52            Mtop = Math.round(Math.random()*Dtop);
53            Mleft = Math.round(Math.random()*Dleft);
54            rearDiv.style.top = Mtop+document.body.scrollTop;
55            rearDiv.style.left = Mleft+document.body.scrollLeft;
56            if ((Mtop < 20) || (Mleft < 20)) {
57                Mtop += 90;
58                Mleft += 90;
59            }
60        }
61    }
62    dissilient();
63 </script>
```

运行结果如图 16.7 和图 16.8 所示。

图 16.7　烟花效果

图 16.8　烟花绽放效果

210

（4）paddingTop 属性

paddingTop 属性用于设置对象与其最近一个定位的父对象顶部的相关位置。其对应的样式标签属性为 padding-top 属性。

语法格式：

```
padding-top:length
```

参数说明：

◆ length：由浮点数字和单位标识符组成的长度值或者百分数。其百分取值应基于父对象的宽度。

（5）position 属性

position 属性用于检索对象的定位方式。

语法格式：

```
position : static | absolute | fixed | relative
```

参数说明：

◆ static：无特殊定位，对象遵循 HTML 定位规则。

◆ absolute：将对象从文档流中拖出，使用 left、right、top、bottom 等属性进行绝对定位，而其层叠通过 z-index 属性定义。此时对象不具有边距，但仍有补白和边框。

◆ fixed：生成固定定位的元素，相对于浏览器窗口进行定位。

◆ relative：对象不可层叠，但将依据 left、right、top、bottom 等属性在正常文档流中偏移位置。

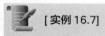

[实例 16.7]　　　　　　　　　　　　　（源码位置：资源包 \Code\16\07 ）

跟随鼠标指针移动的图片

在浏览某些网站时，经常会看到图标跟随着鼠标的移动而移动，这些跟随鼠标移动的图标有的是 CUR 鼠标文件，而有的却是一些图片。在本实例中将使用一个 GIF 格式的图片作为鼠标光标，然后通过 JavaScript 实现图片跟随鼠标移动。

在本实例中，将图片放在了一个层中，使层的位置与鼠标的位置相等，当层改变位置时，图片也会随之改变位置，代码如下：

```
01  <script type="text/javascript">
02  // 实现跟随鼠标移动图片的 JavaScript 代码
03  var x,y;
04  function handlerMM(){
05      x =  window.event.x + document.body.clientLeft;
06      y =      window.event.y + document.body.clientTop;
07  }
08  function makesnake() {
09          var ob = document.getElementById("tdiv");
10          ob.style.left=x+"px";                    // 设置图片到左端的距离
11          ob.style.top=y+"px";                     // 设置图片到顶部的距离
12          var timer=setTimeout("makesnake()",10);
13  }
14  document.onmousemove = handlerMM;                 // 鼠标移动时调用函数
15  </script>
```

添加页面设置代码，当页面加载时调用 makesnake() 函数，代码如下：

```
01  <body onload="makesnake()" style="background: url('mr.jpg')">
02  <div id="tdiv" style='position:absolute'>
03      <img src='mouse.gif'>
04  </div>
05  </body>
```

运行结果如图 16.9 所示。

16.2.5　字体属性

（1）fontStyle 属性

fontStyle 属性用于设置或检索对象中的字体样式。其对应的样式标签属性为 font-style 属性。

语法格式：

```
font-style : normal | italic | oblique
```

图 16.9　跟随鼠标指针移动的图片

参数说明：

◆ normal：默认值，正常的字体。

◆ italic：斜体。对于没有斜体变量的特殊字体，将应用 oblique。

◆ oblique：倾斜的字体。

（2）fontVariant 属性

fontVariant 属性用于设置或检索对象中的文本是否为小型的大写字母。其对应的样式标签属性为 font-variant 属性。

语法格式：

```
font-variant : normal | small-caps
```

参数说明：

◆ normal：默认值，正常的字体。

◆ small-caps：小型的大写字母字体。

（3）fontWeight 属性

fontWeight 属性用于设置或检索对象中文本字体的粗细。其作用由用户端系统安装的字体的特定字体变量映射决定，系统选择最近的匹配。也就是说，用户可能看不到不同值之间的差异。其对应的样式标签属性为 font-weight 属性。

语法格式：

```
font-weight : normal | bold | bolder | lighter | 100 | 200 | 300 | 400 | 500 | 600 | 700 | 800 |
900
```

font-weight 属性的参数值如表 16.3 所示。

表 16.3　font-weight 属性的参数值

参数值	说明
normal	默认值，表示正常的字体，相当于400。声明该值，将取消之前的任何设置
bold	粗体，相当于700，也相当于b对象的作用
bolder	比normal略粗
lighter	比normal略细
100	字体至少像200那样细
200	字体至少像100那样粗，像300那样细
300	字体至少像200那样粗，像400那样细
400	相当于normal
500	字体至少像400那样粗，像600那样细
600	字体至少像500那样粗，像700那样细
700	相当于bold
800	字体至少像700那样粗，像900那样细
900	字体至少像800那样粗

（4）fontSize 属性

fontSize 属性用于设置或检索对象中的字体尺寸。其对应的样式标签属性为 font-size 属性。

语法格式：

```
font-size : xx-small | x-small | small | medium | large | x-large | xx-large | larger | smaller | length
```

font-size 属性的参数值如表 16.4 所示。

表 16.4　font-size 属性的参数值

参数值	说明
xx-small	绝对字体尺寸，根据对象字体进行调整，最小
x-small	绝对字体尺寸，根据对象字体进行调整，较小
small	绝对字体尺寸，根据对象字体进行调整，小
medium	默认值，绝对字体尺寸，根据对象字体进行调整，正常
large	绝对字体尺寸，根据对象字体进行调整，大
x-large	绝对字体尺寸，根据对象字体进行调整，较大
xx-large	绝对字体尺寸，根据对象字体进行调整，最大
larger	相对字体尺寸，相对于父对象中字体尺寸进行相对增大，使用成比例的em单位计算
smaller	相对字体尺寸，相对于父对象中字体尺寸进行相对减小，使用成比例的em单位计算
length	百分数	由浮点数字和单位标识符组成的长度值，不可为负值。其百分比取值应基于父对象中字体的尺寸

（5）lineHeight 属性

lineHeight 属性用于检索或设置对象的行高，即字体最底端与字体内部顶端之间的距离。其对应的样式标签属性为 line-height 属性。

语法格式：

```
line-height : normal | length
```

参数说明：

◆ normal：默认值，表示默认行高。

◆ length：可以是百分比数字，也可以是由浮点数字和单位标识符组成的长度值，允许为负值。其百分比取值应基于字体的高度尺寸。

> 说明：
>
> 行高是字体下沿与字体内部高度的顶端之间的距离。为负值的行高可用来实现阴影效果。假如一个格式化的行包括不止一个对象，则最大行高会被应用。在这种情况下，该属性不可为负值。

（6）fontFamily 属性

fontFamily 属性用于设置或检索对象中文本的字体名称序列，默认值为 Times New Roman。其对应的样式标签属性为 font-family 属性。

语法格式：

```
font-family : name
font-family :ncursive | fantasy | monospace | serif | sans-serif
```

参数说明：

◆ name：字体名称。按优先顺序排列，以逗号隔开。如果字体名称包含空格，则应使用引号括起。

第二种声明方式使用所列出的字体序列名称。如果使用 fantasy 序列，将提供默认字体序列。

（7）textDecoration 属性

textDecoration 属性用于设置或检索对象中的文本装饰。其对应的样式标签属性为 text-decoration 属性。

语法格式：

```
text-decoration : none | underline | blink | overline | line-through
```

text-decoration 属性的参数值如表 16.5 所示。

表 16.5　text-decoration 属性的参数值

参数值	说明	参数值	说明
none	无装饰	line-through	贯穿线
blink	闪烁	overline	上画线
underline	下画线		

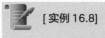

（源码位置：资源包 \Code\16\08）

[实例 16.8]

改变超链接字体样式

一般网站中都有很多超链接，有时当将鼠标指针移动到某一超链接上时，此超链接就会以不同的字体样式显示。例如，超链接的字体样式显示为斜体、粗体、下画线、删除线或是粗斜体等。本实例将通过 JavaScript 改变超链接字体的样式。

本实例应用了字体样式中的 fontWeight、fontStyle 以及 textDecoration 属性。通过设置其属性值，来改变超链接的字体样式，代码如下：

```
01  <script type="text/javascript">
02  function over(v){
03    if (v=="a"){
04      a.style.fontWeight = "bold";              // 粗体
05    }
06    if (v==b){
07      b.style.fontStyle = "italic";             // 斜体
08    }
09    if (v=="c"){
10      c.style.textDecoration = "underline";     // 下画线
11    }
12    if (v=="d"){
13      d.style.textDecoration = "line-through";  // 删除线
14    }
15    if (v=="e"){
16      e.style.fontWeight = "bold";              // 粗体
17      e.style.fontStyle = "italic";             // 斜体
18    }
19  }
20  function out(){
21                                                // 恢复默认样式
22    a.style.fontWeight = "normal";
23    b.style.fontStyle = "normal";
24    c.style.textDecoration = "none";
25    d.style.textDecoration = "none";
26    e.style.fontStyle = "normal";
27    e.style.fontWeight = "normal";
28  }
29  </script>
```

在超链接的 onmouseover 事件和 onmouseout 事件中调用自定义的 JavaScript 函数 over() 和 out()，代码如下：

```
01  <table>
02    <tr>
03      <td>
04        <a href="#" id="a" onmouseover="over('a');" onmouseout="out();"> 粗体文字 </a>
05        <a href="#" id="b" onmouseover="over('b');" onmouseout="out();"> 斜体文字 </a>
06        <a href="#" id="c" onmouseover="over('c');" onmouseout="out();"> 下画线文字 </a>
07        <a href="#" id="d" onmouseover="over('d');" onmouseout="out();"> 删除线文字 </a>
08        <a href="#" id="e" onmouseover="over('e');" onmouseout="out();"> 粗斜体文字 </a>
09      </td>
10    </tr>
11  </table>
```

运行实例，结果如图 16.10 所示。

16.2.6　表格布局属性

tableLayout 属性用于设置或检索表格的布局算法。其对应的样式标签属性为 table-layout 属性。

语法格式：

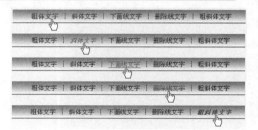

图 16.10　改变超链接字体样式

```
table-layout : auto | fixed
```

参数说明：

◆ auto：默认的自动算法。布局将基于各单元格的内容，表格在每一单元格读取计算之后才会显示出来。

◆ fixed：固定布局的算法。在这种算法中，水平布局将仅仅基于表格的宽度、表格边框的宽度、单元格间距和列的宽度，和表格内容无关。也就是说，内容可以被剪切。

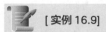 **[实例 16.9]**　（源码位置：资源包 \Code\16\09)

限制表格的宽度

在向表格输入信息时，当信息长度大于单元格的宽度时，单元格的宽度将自动向右扩展，使表格看上去极不美观。本实例将限制单元格的宽度，当信息长度超出单元格的宽度时，单元格的高度将增大。

在本实例中，主要是应用表格 Style 对象的 tableLayout 属性的 fixed 值来固定表格的大小。在用 tableLayout 属性之前，要用表格的 width 和 height 属性来设置表格的宽度和高度，代码如下：

```
01  <!-- 在页面中添加一个表格，并设置表格的 id-->
02  <table id="table1">
03    <tr>
04      <td> 明日学院，是吉林省明日科技有限公司倾力打造的在线实用技能学习平台。该平台于 2016 年正式上线，主要为学习者提供海量、优质的课程。 </td>
05    </tr>
06  </table>
07  <script type="text/javascript">
08    var w=180;
09    var h=5;
10    table1.align="center";              // 居中显示
11    table1.style.width=w;               // 设置表格宽度
12    table1.style.height=h;              // 设置表格高度
13    table1.style.tableLayout="fixed";   // 固定布局
14  </script>
```

运行结果如图 16.11 所示。

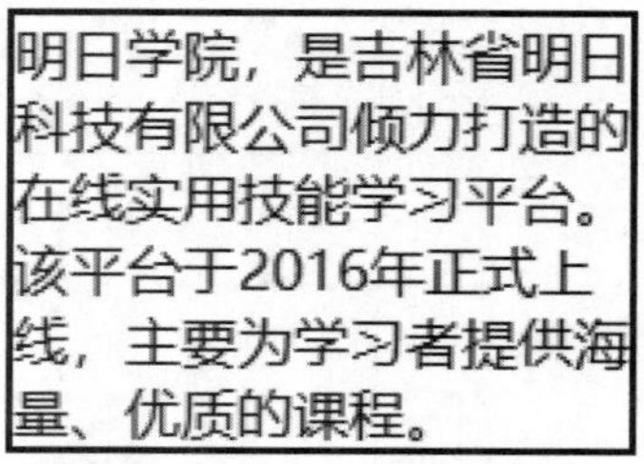

> 明日学院，是吉林省明日
> 科技有限公司倾力打造的
> 在线实用技能学习平台。
> 该平台于2016年正式上
> 线，主要为学习者提供海
> 量、优质的课程。

图 16.11　限制表格的宽度

本章知识思维导图

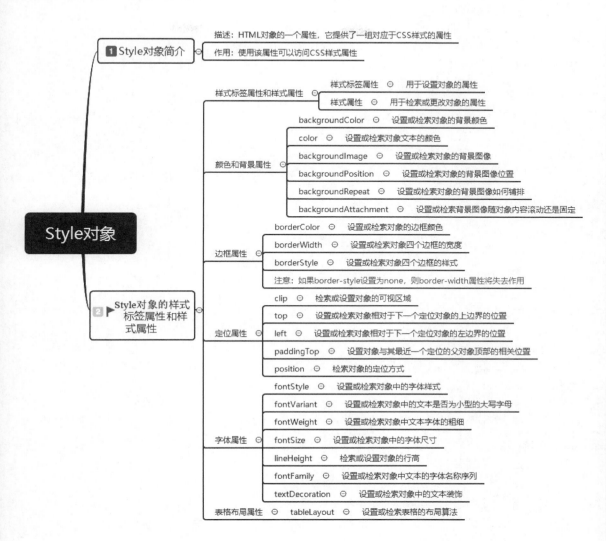

JavaScript

从零开始学 JavaScript

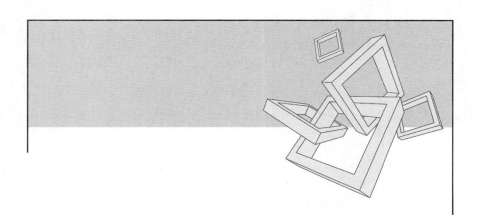

第3篇
高级应用篇

第 17 章

JavaScript 中使用 XML

 本章学习目标

- 了解 XML 的概念。
- 熟悉创建 XML 的方法。
- 熟悉解析 XML 的方法。
- 掌握读取 XML 的不同方法。

17.1　XML 简介

XML（eXtensible Markup Language，可扩展标记语言）是一种用于描述数据的标记语言，很容易使用，而且可以定制。XML 只描述数据的结构以及数据之间的关系，它是一种纯文本的语言，用于在计算机之间共享结构化数据。与其他文档格式相比，XML 的优点在于它定义了一种文档自我描述的协议。下面对 XML 进行详细地介绍。

17.1.1　创建 XML

为了更好地理解 XML 文档，先来看一个简单的实例。通过该实例，可以了解 XML 文档的创建方法以及结构。

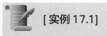 **[实例 17.1]**　（源码位置：资源包 \Code\17\01）

XML 文档的创建

在本实例中创建一个简单的 XML 文档。这里以管理员系统为例，文档中需包括用户名、编号和邮箱。运行结果如图 17.1 所示。

图 17.1　XML 文档的创建

代码如下：

```
01  <?xml version="1.0" encoding="utf-8"?>
02  <?xml-stylesheet type="text/css" href="style.css"?>
03  <!-- 这是 XML 文档的注释 -->
04  < 管理员系统 >
05    < 管理员 1>
06      < 用户名 > 令狐冲 </ 用户名 >
07      < 编号 >001</ 编号 >
08      < 邮箱 >lhc@mr.com</ 邮箱 >
09    </ 管理员 1>
10    < 管理员 2>
11      < 用户名 > 韦小宝 </ 用户名 >
12      < 编号 >002</ 编号 >
13      < 邮箱 >wxb@mr.com</ 邮箱 >
14    </ 管理员 2>
15  </ 管理员系统 >
```

XML 文档的结构主要由两部分组成：序言和文档元素。

（1）序言

序言中包含 XML 声明、处理指令和注释。序言必须出现在 XML 文件的开始处。本实例代码中的第 1 行是 XML 声明，用于说明这是一个 XML 文件，并且指定 XML 的版本号。代码中的第 2 行是一条处理指令，引用处理指令的目的是提供有关 XML 应用的程序信息，实例中处理指令告诉浏览器使用 CSS 样式表文件 style.css。代码中的第 3 行为注释语句。

（2）文档元素

XML 文件中的元素是以树形分层结构排列的，元素可以嵌套在其他元素中。文档中必须只有一个顶层元素，称为文档元素或者根元素，类似于 HTML 语言中的 <body> 标记，其他所有元素都嵌套在根元素中。XML 文档中主要包含各种元素、属性、文本内容、字符和实体引用、CDATA 区等。

本实例代码中，文档元素是"管理员系统"，其起始和结束标记分别是 < 管理员系统 >、</ 管理员系统 >。在文档元素中定义了标记 < 管理员 >，又在 < 管理员 > 标记中定义了 < 用户名 >、< 编号 >、< 邮箱 >。

了解了 XML 文档的基本格式，还要熟悉创建 XML 文档的规则，要知道什么样的 XML 文档才具有良好的结构。XML 文档的规则如下：

① XML 元素名是区分大小写的，而且开始和结束标记必须准确匹配。

② 文档只能包含一个文档元素。

③ 元素可以是空的，也可以包含其他元素、简单的内容或元素和内容的组合。

④ 所有的元素必须有结束标记，或者是简写形式的空元素。

⑤ XML 元素必须正确地嵌套，不允许元素相互重叠或跨越。

⑥ 元素可以包含属性，属性必须放在单引号或双引号中。在一个元素节点中，具有给定名称的属性只能有一个。

⑦ XML 文档中的空格被保留。空格是节点内容的一部分，可以手动删除空格。

17.1.2　DOM 与 XML

DOM 的全称是 Document Object Model，即文档对象模型。DOM 将文档看作包含元素及其他数据的节点树，树中的元素可以是 HTML 元素，也可以是 XML 元素。用户可以访问这些元素，也可以对其显示和编辑。要实现 XML、DOM 与 JavaScript 的应用，必须了解 JavaScript 中 DOM 的属性和方法。

通过 DOM 操作 XML 的过程中，首先要了解 DOM 元素的属性，如表 17.1 所示。

表 17.1　DOM 元素的属性和说明

属性	说明
ChildNodes	返回当前元素所有子元素的数组
FirstChild	返回当前元素的第一个下级子元素
LastChild	返回当前元素的最后一个元素
NextSibling	返回紧跟在当前元素后面的元素
NodeValue	指定元素值的读/写属性
ParentNode	返回元素的父节点
PreviousSibling	返回紧邻当前元素之前的元素

其次，还要了解遍历 XML 文档的 DOM 元素方法，如表 17.2 所示。

表 17.2　DOM 元素的方法和说明

方法	说明
getElementById(id)	获取有指定唯一 id 属性值文档中的元素
getElementsByTagName(name)	返回当前元素中有指定标记名的子元素的数组
hasChildNodes()	返回一个布尔值，指示元素是否有子元素
getAttribute(name)	返回元素的属性值，属性由 name 指定

最后，要掌握创建动态 DOM 的方法，如表 17.3 所示。

表 17.3　创建动态 DOM 的方法和说明

方法	说明
document.createElement(tagName)	文档对象上的 createElement() 方法。创建由 tagName 指定的元素。如果以字符串作为方法参数，就会生成一个 div 元素
document.createTextNode(text)	文档对象的 createTextNode() 方法。创建一个包含静态文本的节点
<element>.appendChild(childNode)	appendChild() 方法将指定的节点增加到当前元素的子节点列表（作为一个新的子节点）。例如，可以增加一个 option 元素，作为 select 元素的子节点
<element>.getAttribute(name)	获得和设置元素的 name 属性
<element>.setAttribute(name,value)	获得和设置元素的 name 属性和 value 值
<element>.insertBefore(newNode,targetNode)	将节点 newNode 作为当前元素的子节点，插入 targetNode 元素前面
<element>.removeAttribute(name)	从元素中删除属性 name
<element>.removeChild(childNode)	从元素中删除子元素 childNode
<element>.replaceChild(newNode,oldNode)	将节点的 oldNode 替换为节点 newNode
<element>.hasChildnodes()	返回一个布尔值，指示元素是否有子元素

17.2　解析 XML 文本

不但可以通过 XSLT（eXtensible Stylesheet Language Transformations）、客户端程序和 CSS 获取 XML 数据，还可以通过 DOM 处理 XML 数据。

应用 DOM 处理 XML 数据，首先需要对 XML 进行解析，解析之后会生成一个 XML DOM 对象。虽然 XML 和 DOM 已经变成 Web 开发的重要组成部分，但目前只有 IE 浏览器可以通过载入 XML 文件的方式来解析客户端 XML 文件。Chrome 和 Mozilla 等浏览器通过载入 XML 文件的方式只能处理服务器端 XML。

说明：
为了在不同的浏览器中实现效果，本章只是重点介绍通过 DOM 解析 XML 文本的方法。

下面分别介绍在不同的浏览器中解析 XML 文本的方法。

17.2.1　在 IE 浏览器中解析 XML 文本

（1）创建 XML DOM 对象的实例

Microsoft 在 JavaScript 中引入了用于创建 ActiveX 对象的 ActiveXObject 类，通过该类可

以创建 XML DOM 对象的实例。语法格式如下：

```
var xmldoc = new ActiveXObject("Microsoft.XMLDOM");
```

（2）解析 XML 文本

在 IE 浏览器中，解析 XML 文本使用的是 loadXML() 方法。其语法格式如下：

```
xmldoc.loadXML(text);
```

参数说明：

◆ xmldoc：XML DOM 对象的实例。

◆ text：要解析的 XML 文本。

在解析 XML 时可以采用同步或异步两种模式。默认情况下，XML 是按照异步模式解析的。如果需要使用同步模式，可以设置 async 属性为 false。

loadXML() 方法可直接向 XML DOM 输入 XML 文本，例如：

```
xmldoc.loadXML("<root><son/></root>");
```

17.2.2 在非 IE 浏览器中解析 XML 文本

（1）创建 DOMParser 对象

DOMParser 对象用于解析 XML 文本。要使用 DOMParser，需要使用不带参数的构造函数来进行实例化，语法格式如下：

```
var parser=new DOMParser();
```

（2）解析 XML 文本

在非 IE 浏览器中解析 XML 文本需要使用 DOMParser 对象中的 parseFromString() 方法。语法格式如下：

```
parseFromString(text, contentType)
```

参数说明：

◆ text：要解析的 XML 文本。

◆ contentType：文本的内容类型。可能是 "text/xml""application/xml" 或 "application/xhtml+xml"。

例如，实现在不同的浏览器中解析 XML 文本的代码如下：

```
01  <script type="text/javascript">
02      txt="<booklist><book>";
03      txt=txt+"<bookname> 从零开始学 JavaScript</bookname>";
04      txt=txt+"<author> 明日科技 </author>";
05      txt=txt+"<year>2021</year>";
06      txt=txt+"</book></booklist>";
07      if (window.DOMParser){                    // 非 IE 浏览器
08          parser=new DOMParser();
09          xmlDoc=parser.parseFromString(txt,"text/xml");
10      }else{                                     // IE 浏览器
```

```
11        xmlDoc=new ActiveXObject("Microsoft.XMLDOM");
12        xmlDoc.async=false;
13        xmlDoc.loadXML(txt);
14    }
15  </script>
```

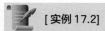 **[实例 17.2]**

（源码位置：资源包 \Code\17\02）

获取 XML 文本中的数据

在本实例中通过 DOM 元素的属性获取 XML 文本中的数据。创建一个 get_xml() 函数，首先定义变量用于输出 XML 文本中的数据，然后创建解析器实例，加载指定的 XML 文本，最后应用 XML DOM 对象的 documentElement 属性访问 XML 中的根元素，并按照树形结构的特点应用 DOM 模型访问 XML 中的其他元素和数据。代码如下：

```
01  <script type="text/javascript">
02  var txt='<?xml version="1.0" encoding="utf-8"?>' +        // 定义 XML 文本
03        '<employes>' +
04        '<employe id="1">' +
05        '<number>001</number>' +
06        '<name> 韦小宝 </name>' +
07        '<object>JavaScript</object>' +
08        '<tel>84978981</tel>' +
09        '<address> 长春市朝阳区 </address>' +
10        '<e_mail>wxb@mr.com</e_mail>' +
11        '</employe>' +
12        '</employes>';
13  function get_xml(){
14    var xmldoc,employesNode,employeNode,peopleNode;        // 定义变量
15    var nameNode,titleNode,numberNode,displayText;         // 定义变量
16      if (window.DOMParser) {                              // 非 IE 浏览器
17          parser=new DOMParser();
18          xmldoc=parser.parseFromString(txt,"text/xml");
19      } else {                                             //IE 浏览器
20          xmldoc=new ActiveXObject("Microsoft.XMLDOM");
21          xmldoc.async=false;
22          xmldoc.loadXML(txt);
23      }
24    employesNode=xmldoc.documentElement;                   // 获取根节点
25    employeNode=employesNode.firstChild;                   // 访问根元素下的第一个节点
26    numberNode=employeNode.firstChild;                     // 获取 number 元素
27    nameNode=numberNode.nextSibling;                       // 获取 name 元素
28    objectNode=nameNode.nextSibling;
29    telNode=objectNode.nextSibling;
30    // 实现字符串的拼接，输出 XML 文本中的数据
31    displayText=" 员工信息: "+numberNode.firstChild.nodeValue+', '+nameNode.firstChild.
nodeValue+', '+objectNode.firstChild.nodeValue+', '+telNode.firstChild.nodeValue;
32    div.innerHTML=displayText;        /* 指定在 id 标识为 div 的 <div> 标签中输出字符串 displayText 的
信息 */
33  }
34  </script>
35  <body>
36  <!-- 应用 onClick 事件调用函数 get_xml()-->
37  <input type="button" value=" 读取 XML 数据 " onClick="get_xml()">
38  <p>
39  <div id="div"></div>
40  </body>
```

运行结果如图 17.2 所示。

第 3 篇　高级应用篇

图 17.2　获取 XML 文本中的数据

17.3　读取 XML 数据

把 XML 载入 DOM 中后，还需将 XML 中的内容读取出来。下面通过几个方面来介绍从 XML 中读取数据的方法。

17.3.1　获取 XML 元素的属性值

在 XML 元素中，可以像 HTML 元素那样为指定的元素定义属性，还可以获取到属性的值。下面介绍一种获取 XML 元素属性值的方法，即通过 attributes 属性获取元素的属性集合，然后应用 getNamedItem() 方法得到指定属性的值。

[实例 17.3]　　　　　　　　　　　　　　　　　（源码位置：资源包 \Code\17\03）

获取 XML 元素的属性值

本实例应用 attributes 属性和 getNamedItem() 方法获取指定 XML 中的属性值。实现步骤如下：

① 首先创建 XML 文本，并且为指定的元素设置属性。代码如下：

```
01    var txt='<?xml version="1.0" encoding="utf-8"?>' + // 定义 XML 文本
02        '<employes><employe id="1" position="项目总监">' +
03        '<number>001</number>' +
04        '<name> 令狐冲 </name>' +
05        '<object>JavaScript</object>' +
06        '<tel>84978981</tel>' +
07        '<address> 长春市朝阳区 </address>' +
08        '<e_mail>lhc@mr.com</e_mail>' +
09        '</employe></employes>';
```

② 接下来实现 XML 元素中数据和属性值的输出。首先创建变量，实现 XML 文本中各个节点的引用，然后解析指定的 XML 文本。接着获取 employe 元素的引用，通过 attributes 获取 employe 元素的属性集合，再应用 getNamedItem() 方法获取集合 attributes 中 position 对象的引用，并将其赋值给变量 positionperson。最后，通过字符串的拼接，实现 XML 文本中数据和属性值的输出，这里获取的属性值为"项目总监"。代码如下：

```
01    <script type="text/javascript">
02    function get_xml(){
03    var xmldoc,employesNode,employeNode;              // 定义变量
04    var nameNode,titleNode,numberNode,displayText;    // 定义变量
05    var attributes,positionperson
06     if (window.DOMParser) {                          // 非 IE 浏览器
07       parser=new DOMParser();
```

```
08          xmldoc=parser.parseFromString(txt,"text/xml");
09      } else {                                      //IE 浏览器
10          xmldoc=new ActiveXObject("Microsoft.XMLDOM");
11          xmldoc.async=false;
12          xmldoc.loadXML(txt);
13      }
14      employesNode=xmldoc.documentElement;              // 获取根节点
15      employeNode=employesNode.firstChild;              // 访问根元素下的第一个节点
16      numberNode=employeNode.firstChild;                // 获取 number 元素
17      nameNode=numberNode.nextSibling;                  // 获取 name 元素
18      objectNode=nameNode.nextSibling;
19      telNode=objectNode.nextSibling;
20      attributes=employeNode.attributes;                // 获取 employe 节点的属性集合
21      positionperson=attributes.getNamedItem("position") // 获取集合指定对象的引用
22      // 实现字符串的拼接，输出 XML 文本中的数据
23      displayText=" 员工信息: "+numberNode.firstChild.nodeValue+', '+nameNode.firstChild.
nodeValue+', '+objectNode.firstChild.nodeValue+', '+telNode.firstChild.nodeValue+"<br> 职务:
"+positionperson.value;
24      div.innerHTML=displayText;   // 指定在 ID 标识为 div 的 <div> 标签中输出字符串 displayText 的信息
25  }
26  </script>
27  <body>
28  <!-- 应用 onClick 事件调用函数 get_xml()-->
29  <input type="button" value=" 获取 XML 元素的属性值 " onClick="get_xml()">
30  <p>
31  <div id="div"></div>
```

运行结果如图 17.3 所示。

图 17.3　获取 XML 元素的属性值

17.3.2　通过 DOM 元素的方法读取 XML 数据

下面介绍另外一种通过 JavaScript 访问 XML 文本数据的方法，即应用 getElements ByTagName() 方法按名称访问 XML 文本中的数据。

［实例 17.4］　　　　　　　　　　　　　　　　　　（源码位置：资源包 \Code\17\04 ）

应用名称访问 XML 数据

在本实例中首先解析创建的 XML 文本；接着应用 getElementsByTagName() 方法获取 number 元素、name 元素和 object 元素的引用，返回结果为一个数组，数组中每个元素都对应 XML 中的一个元素，并且次序相同；最后获取对应元素所包含文字的值，并且对字符串进行拼接。例如，通过表达式 nameNode[1].firstChild.nodeValue 获取 name 元素所包含文字的值。

👑 注意:

在 JavaScript 中，数组下标从 0 开始计数；firstChild 属性说明要访问的是 name 元素所包含的文字，而不是 name 元素本身；nodeValue 属性用于获取节点的值。

代码如下:

```
01  <script type="text/javascript">
02      var txt='<?xml version="1.0" encoding="utf-8"?>' +      // 定义 XML 文本
03          '<employes>' +
04          '    <employe id="1">' +
05          '        <number>001</number>' +
06          '        <name> 张无忌 </name>' +
07          '        <object>HTML</object>' +
08          '        <tel>84978981</tel>' +
09          '        <address> 长春市朝阳区 </address>' +
10          '        <e_mail>zwj@mr.com</e_mail>' +
11          '    </employe>' +
12          '    <employe id="2">' +
13          '        <number>002</number>' +
14          '        <name> 令狐冲 </name>' +
15          '        <object>CSS</object>' +
16          '        <tel>84978981</tel>' +
17          '        <address> 长春市南关区 </address>' +
18          '        <e_mail>lhc@mr.com</e_mail>' +
19          '    </employe>' +
20          '    <employe id="3">' +
21          '        <number>003</number>' +
22          '        <name> 韦小宝 </name>' +
23          '        <object>JavaScript</object>' +
24          '        <tel>84978981</tel>' +
25          '        <address> 长春市高新区 </address>' +
26          '        <e_mail>wxb@mr.com</e_mail>' +
27          '    </employe>' +
28          '</employes>';
29  function get_xml(){
30      var xmldoc,employesNode,employeNode,peopleNode;       // 定义变量
31      var nameNode,titleNode,numberNode,displayText;        // 定义变量
32      if (window.DOMParser) {                               // 非 IE 浏览器
33          parser=new DOMParser();
34          xmldoc=parser.parseFromString(txt,"text/xml");
35      } else {                                              //IE 浏览器
36          xmldoc=new ActiveXObject("Microsoft.XMLDOM");
37          xmldoc.async=false;
38          xmldoc.loadXML(txt);
39      }
40      numberNode=xmldoc.getElementsByTagName("number");     // 获取 number 元素的引用
41      nameNode=xmldoc.getElementsByTagName("name");         // 获取 name 元素的引用
42      objectNode=xmldoc.getElementsByTagName("object");
43      telNode=xmldoc.getElementsByTagName("tel");
44      // 实现字符串的拼接，输出 XML 文本中的数据
45      displayText=" 员工信息: "+numberNode[1].firstChild.nodeValue+', '+nameNode[1].firstChild.
    nodeValue+', '+objectNode[1].firstChild.nodeValue+', '+telNode[1].firstChild.nodeValue;
46      div.innerHTML=displayText; // 指定在 id 标识为 div 的 <div> 标签中输出字符串 displayText 的信息
47  }
48  </script>
49  <body>
50  <!-- 应用 onClick 事件调用函数 get_xml()-->
51  <input type="button" value=" 读取 XML 数据 " onClick="get_xml()">
52  <p>
53  <div id="div"></div>
54  </body>
```

运行结果如图 17.4 所示。

图 17.4　应用名称访问 XML 数据

17.3.3　在表格中读取 XML 数据

[实例 17.5]　　　　　　　　　　　　　　　　　（源码位置：资源包 \Code\17\05 ）

在表格中读取 XML 数据

本实例主要实现在表格中读取 XML 数据的方法。实现步骤如下：

① 首先定义 XML 文本和自定义函数 readXML()。在该函数中，先在不同的浏览器中解析创建的 XML 文本，把 XML 文本载入到 DOM 中，然后调用自定义函数 createTable()，在页面的指定位置显示 XML 文本的内容。代码如下：

```
01  var txt='<?xml version="1.0" encoding="utf-8"?>' +  // 定义 XML 文本
02          '<goodss>' +
03          '<goods>' +
04          '<name>OPPO Reno5 智能手机 </name>' +
05          '<type> 手机通信 </type>' +
06          '<goodsunit> 台 </goodsunit>' +
07          '<price>2999 （元） </price>' +
08          '</goods>' +
09          '<goods>' +
10          '<name> 惠普笔记本电脑 </name>' +
11          '<type> 电脑 / 办公 </type>' +
12          '<goodsunit> 台 </goodsunit>' +
13          '<price>3999 （元） </price>' +
14          '</goods>' +
15          '<goods>' +
16          '<name> 海尔对开门冰箱 </name>' +
17          '<type> 家用电器 </type>' +
18          '<goodsunit> 台 </goodsunit>' +
19          '<price>5699 （元） </price>' +
20          '</goods>' +
21          '</goodss>';
22  function readXML() {
23      if (window.DOMParser) {                    // 非 IE 浏览器
24        parser=new DOMParser();
25        xmldoc=parser.parseFromString(txt,"text/xml");
26      } else {                                   //IE 浏览器
27        xmldoc=new ActiveXObject("Microsoft.XMLDOM");
28        xmldoc.async=false;
29        xmldoc.loadXML(txt);
30      }
31      createTable(xmldoc);
32  }
```

② 接下来，编写自定义函数 createTable()，用于将载入到 DOM 中的 XML 取出并以表格形式显示在页面中。该函数只包括一个参数 xmldoc，用于指定载入 DOM 中的 XML，无

返回值。代码如下：

```
01  function createTable(xmldoc) {
02      var table = document.createElement("table");
03      table.setAttribute("width","100%");
04      table.style.borderCollapse="collapse";
05      parentTd.appendChild(table);                      // 在指定位置创建表格
06      var header = table.createTHead();
07      header.bgColor="#EEEEEE";                          // 设置表头背景
08      var headerrow = header.insertRow(0);
09      headerrow.style.height="27px";                    // 设置表头高度
10      headerrow.insertCell(0).appendChild(document.createTextNode(" 商品名称 "));
11      headerrow.insertCell(1).appendChild(document.createTextNode(" 类别 "));
12      headerrow.insertCell(2).appendChild(document.createTextNode(" 单位 "));
13      headerrow.insertCell(3).appendChild(document.createTextNode(" 单价 "));
14      headerrow.style.textAlign="center";
15      headerrow.style.border="1px solid #0000FF";
16      var goodss = xmldoc.getElementsByTagName("goods");
17      for(var i=0;i<goodss.length;i++) {
18          var g = goodss[i];
19          var name = g.getElementsByTagName("name")[0].firstChild.data;
20          var type = g.getElementsByTagName("type")[0].firstChild.data;
21          var goodsunit = g.getElementsByTagName("goodsunit")[0].firstChild.data;
22          var price = g.getElementsByTagName("price")[0].firstChild.data;
23          var row = table.insertRow(i+1);
24          row.style.height="27px";                      // 设置行高
25          row.style.textAlign="center";
26          row.style.border="1px solid #0000FF";
27          row.insertCell(0).appendChild(document.createTextNode(name));
28          row.insertCell(1).appendChild(document.createTextNode(type));
29          row.insertCell(2).appendChild(document.createTextNode(goodsunit));
30          row.insertCell(3).appendChild(document.createTextNode(price));
31      }
32  }
```

③ 最后，将用于显示新创建表格的 div 的 id 属性设置为 parentTd，并在 <body> 标记中应用 onload 事件调用自定义函数 readXML()，读取 XML 并显示在页面中。代码如下：

```
01  <body onLoad="readXML()">
02  <div id="box">
03      <div class="content">
04          <div id="parentTd"></div>
05      </div>
06  </div>
07  </body>
```

运行结果如图 17.5 所示。

图 17.5　在表格中读取 XML 数据

17.3.4　通过 JavaScript 操作 XML 实现分页

在浏览网站时，有些页面中的数据量比较大，如果要在一个页面中显示所有的数据，这样浏览这些数据是十分不方便的。为了避免这个问题，可以对这些数据进行分页显示。下面的实例将介绍对读取的 XML 数据进行分页处理的方法。

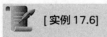 **[实例 17.6]**

（源码位置：资源包 \Code\17\06）

对读取的 XML 数据进行分页操作

本实例主要应用 JavaScript 操作 XML 并对数据进行分页显示。具体步骤如下：

① 在 div 中定义多个 <span> 标记，该标记用于显示分页的数据，包括文章的编号、作者、发表日期等内容。代码如下：

```
01  <div id="box">
02    <div class="top">
03      <span> 文章编号: <span id="id"></span></span>
04      <span> 作者: <span id="author"></span></span>
05      <span> 发表日期: <span id="datetime"></span></span>
06    </div>
07    <div class="mid">
08      <span> 文章主题: <span id="topic"></span></span>
09    </div>
10    <div class="bottom">
11      <span> 文章内容 </span><span id="contents"></span>
12    </div>
13  </div>
```

② 定义 XML 文本，在文本中包含用于分页显示的文章信息，包括文章编号、作者、发表日期和主题等内容。代码如下：

```
01    var txt='<?xml version="1.0" encoding="utf-8"?>' +  // 定义 XML 文本
02            '<docs>' +
03            '<doc>' +
04            '<id>1</id>' +
05            '<author> 香山居士 </author>' +
06            '<datetime>2021-05-20 13:56:12</datetime>' +
07            '<topic> 最幸福的时光 </topic>' +
08            '<content>有的人说，最幸福的事莫过于有人相信你，有人陪伴着你。你知道吗？还有人在等着你。
</content>' +
09            '</doc>' +
10            '<doc>' +
11            '<id>2</id>' +
12            '<author> 白龙使 </author>' +
13            '<datetime>2021-06-10 10:10:20</datetime>' +
14            '<topic> 和太阳赛跑 </topic>' +
15            '<content> 每当太阳升起来的时候，我都会迎着它的方向奋力地向前奔跑。耳边的风似乎在和我交
谈着什么。</content>' +
16            '</doc>' +
17            '<doc>' +
18            '<id>3</id>' +
19            '<author> 卧龙先生 </author>' +
20            '<datetime>2021-06-02 15:26:36</datetime>' +
21            '<topic> 故乡的秋 </topic>' +
22            '<content> 故乡的秋藏在记忆的最深处。烟波浩荡的湖面清澈得像一面镜子，稻田一眼望不到边，
还有那故乡的山更是让人心驰神往。</content>' +
23            '</doc>' +
24            '<doc>' +
```

第
3
篇

高
级
应
用
篇

```
25          '<id>4</id>' +
26          '<author> 流浪歌手 </author>' +
27          '<datetime>2021-06-12 09:36:26</datetime>' +
28          '<topic> 小桥流水人家 </topic>' +
29          '<content> 我的故乡是一个有山有水有炊烟的地方。</content>' +
30          '</doc>' +
31          '</docs>';
```

③ 在不同的浏览器中解析创建的 XML 文本，把 XML 文本载入 DOM 中，然后定义分页的相关参数，接下来编写自定义的 JavaScript 函数 showPage()，通过该函数实现向前移动或向后移动一条记录的操作。代码如下：

```
01   var xmldoc,idNode,authorNode,datetimeNode,topicNode,contentNode;  // 定义变量
02   if (window.DOMParser) {                                           // 非 IE 浏览器
03       var parser=new DOMParser();
04       xmldoc=parser.parseFromString(txt,"text/xml");
05   } else {                                                          //IE 浏览器
06       xmldoc=new ActiveXObject("Microsoft.XMLDOM");
07       xmldoc.async=false;
08       xmldoc.loadXML(txt);
09   }
10   var docs = xmldoc.getElementsByTagName("doc");
11   var pages = docs.length;
12   var currentPage = 0;
13   function showPage(action){
14       if(action=="add")
15           currentPage++;
16       else
17           currentPage--;
18       if(currentPage>=pages) currentPage=pages;
19       else if(currentPage<=0) currentPage=1;
20       var i=currentPage-1;
21       idNode=docs[i].getElementsByTagName("id");              // 获取 id 元素的引用
22       authorNode=docs[i].getElementsByTagName("author");      // 获取 author 元素的引用
23       datetimeNode=docs[i].getElementsByTagName("datetime");  // 获取 datetime 元素的引用
24       topicNode=docs[i].getElementsByTagName("topic");        // 获取 topic 元素的引用
25       contentNode=docs[i].getElementsByTagName("content");    // 获取 content 元素的引用
26       id.innerHTML=idNode[0].firstChild.nodeValue;
27       author.innerHTML=authorNode[0].firstChild.nodeValue;
28       datetime.innerHTML=datetimeNode[0].firstChild.nodeValue;
29       topic.innerHTML=topicNode[0].firstChild.nodeValue;
30       contents.innerHTML=contentNode[0].firstChild.nodeValue;
31   }
```

④ 在页面的适当位置添加"上一篇"和"下一篇"超链接，并应用 onclick 事件调用相应函数。代码如下：

```
    <div><a href="#"
onClick="showPage('reduce')">上一篇 </
a> <a href="#" onClick="showPage('add')">
下一篇 </a></div>
```

运行结果如图 17.6 所示。页面中显示第一篇从 XML 文本中获取的文章信息，单击"下一篇"超链接，即可查看下一篇文章信息；单击"上一篇"超链接，即可查看上一篇文章信息。

图 17.6　对 XML 数据分页显示

本章知识思维导图

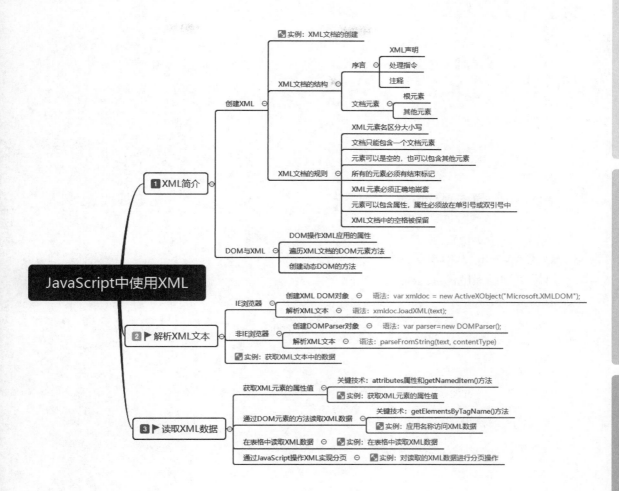

第 18 章

Ajax 技术

扫码领取
- ▶ 配套视频
- ▶ 配套素材
- ▶ 学习指导
- ▶ 交流社群

 本章学习目标

- 了解什么是 Ajax。
- 熟悉 Ajax 的技术组成。
- 熟悉 XMLHttpRequest 对象的使用。

18.1   Ajax 概述

Ajax 是 JavaScript、XML、CSS、DOM 等多种已有技术的组合，可以实现客户端的异步请求操作，这样可以实现在不需要刷新页面的情况下与服务器进行通信，从而减少了用户的等待时间。Ajax 是由 Jesse James Garrett 创造的，是 Asynchronous JavaScript And XML 的缩写，即异步 JavaScript 和 XML 技术。可以说，Ajax 是"增强的 JavaScript"，是一种可以调用后台服务器获得数据的客户端 JavaScript 技术，支持更新部分页面的内容而不重载整个页面。

18.1.1   Ajax 应用案例

随着 Web 2.0 时代的到来，越来越多的网站开始应用 Ajax。实际上，Ajax 为 Web 应用带来的变化，我们已经在不知不觉中体验过了，例如 Google 地图和百度地图。下面我们就来看看都有哪些网站在用 Ajax，从而更好地了解 Ajax 的用途。

（1）百度搜索提示

在百度首页的搜索文本框中输入要搜索的关键字时，下方会自动给出相关提示。如果给出的提示有符合要求的内容，可以直接选择，这样可以方便用户。例如，输入"明日科"后，在下面将显示如图 18.1 所示的提示信息。

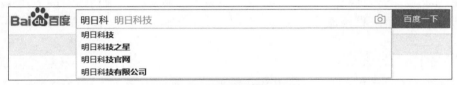

图 18.1   百度搜索提示页面

（2）明日学院选择偏好课程

进入到明日学院的首页，单击"选择我的偏好"超链接时会弹出推荐的语言标签列表，单击列表中某个语言标签超链接，在不刷新页面的情况下即可以在下方显示该语言相应的课程，效果如图 18.2 所示。

图 18.2   明日学院首页选择偏好课程

18.1.2   Ajax 的开发模式

在 Web 2.0 时代以前，多数网站都采用传统的开发模式，而随着 Web 2.0 时代的到来，越来越多的网站开始采用 Ajax 开发模式。为了让读者更好地了解 Ajax 开发模式,下面将对 Ajax 开发模式与传统开发模式进行比较。

在传统的 Web 应用模式中,页面中用户的每一次操作都将触发一次返回 Web 服务器的 HTTP 请求,服务器进行相应地处理(获得数据、运行与不同的系统会话)后,返回一个 HTML 页面给客户端。如图 18.3 所示。

而在 Ajax 应用中,页面中用户的操作将通过 Ajax 引擎与服务器端进行通信,然后将返回结果提交给客户端页面的 Ajax 引擎,再由 Ajax 引擎来决定将这些数据插入页面的指定位置。如图 18.4 所示。

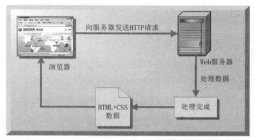

图 18.3　Web 应用的传统开发模式

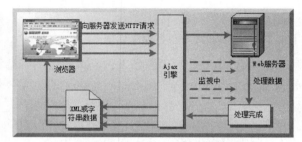

图 18.4　Web 应用的 Ajax 开发模式

从图 18.3 和图 18.4 中可以看出,对于每个用户的行为,在传统的 Web 应用模式中,将生成一次 HTTP 请求,而在 Ajax 应用开发模式中,将变成对 Ajax 引擎的一次 JavaScript 调用。在 Ajax 应用开发模式中通过 JavaScript 实现在不刷新整个页面的情况下,对部分数据进行更新,从而降低了网络流量,给用户带来了更好的体验。

18.1.3　Ajax 的优点

与传统的 Web 应用不同,Ajax 在用户与服务器之间引入一个中间媒介(Ajax 引擎),从而消除了网络交互过程中的处理—等待—处理—等待的缺点,从而大大改善了网站的视觉效果。下面我们就来看看使用 Ajax 的优点有哪些。

① 可以把一部分以前由服务器负担的工作转移到客户端,利用客户端闲置的资源进行处理,减轻服务器和带宽的负担,节约空间和成本。

② 无刷新更新页面,从而使用户不用再像以前一样在服务器处理数据时,只能在死板的白屏前焦急地等待。Ajax 使用 XMLHttpRequest 对象发送请求并得到服务器响应,在不需要重新载入整个页面的情况下,就可以通过 DOM 及时将更新的内容显示在页面上。

③ 可以调用 XML 等外部数据,进一步促进页面显示和数据的分离。

④ 基于标准化的并被广泛支持的技术,不需要下载插件或者小程序,即可轻松实现桌面应用程序的效果。

⑤ Ajax 没有平台限制。Ajax 把服务器的角色由原本传输内容转变为传输数据,而数据格式则可以是纯文本格式和 XML 格式,这两种格式没有平台限制。

同其他事物一样,Ajax 也不尽是优点,它也有一些缺点,具体表现在以下几个方面。

① 大量的 JavaScript,不易维护。

② 可视化设计上比较困难。

③ 打破"页"的概念。

④ 给搜索引擎带来困难。

18.2　Ajax 的技术组成

Ajax 是 XMLHttpRequest 对象和 JavaScript、XML 语言、DOM、CSS 等多种技术的组合。其中，只有 XMLHttpRequest 对象是新技术，其他的均为已有技术。下面我们就对 Ajax 使用的技术进行简要介绍。

18.2.1　XMLHttpRequest 对象

Ajax 使用的技术中，最核心的技术就是 XMLHttpRequest，它是一个具有应用程序接口的 JavaScript 对象，能够使用超文本传输协议（HTTP）连接一个服务器，是微软公司为了满足开发者的需要，于 1999 年在 IE 5.0 浏览器中率先推出的。现在许多浏览器都对其提供了支持，不过实现方式与 IE 有所不同。关于 XMLHttpRequest 对象的使用将在下面进行详细介绍。

18.2.2　XML 语言

XML 是 Extensible Markup Language（可扩展的标记语言）的缩写，它提供了用于描述结构化数据的格式，适用于不同应用程序间的数据交换，而且这种交换不以预先定义的一组数据结构为前提，增强了可扩展性。XMLHttpRequest 对象与服务器交换的数据，通常采用 XML 格式。下面我们将对 XML 进行简要介绍。

（1）XML 文档结构

XML 是一套定义语义标记的规则，也是用来定义其他标识语言的元标识语言。使用 XML 时，首先要了解 XML 文档的基本结构，再根据该结构创建所需的 XML 文档。下面我们先通过一个简单的 XML 文档来说明 XML 文档的结构。placard.xml 文件的代码如下：

```
01  <?xml version="1.0" encoding="gb2312"?><!-- 说明是 XML 文档，并指定 XML 文档的版本和编码 -->
02  <placard version="2.0">                <!-- 定义 XML 文档的根元素，并设置 version 属性 -->
03    <description> 公告栏 </description>    <!-- 定义 XML 文档元素 -->
04    <createTime> 创建于 2021 年 5 月 21 日 </createTime>
05    <info id="1">                        <!-- 定义 XML 文档元素 -->
06      <title> 重要通知 </title>
07      <content><![CDATA[ 今天下午 1:30 将进行乒乓球比赛，请各位选手做好准备。]]></content>
08      <pubDate>2021-5-21 16:15:36</pubDate>
09    </info>                              <!-- 定义 XML 文档元素的结束标记 -->
10    <info id="2">
11      <title> 幸福 </title>
12      <content><![CDATA[ 一家人永远在一起就是最大的幸福 ]]></content>
13      <pubDate>2021-5-22 10:26:36</pubDate>
14    </info>
15  </placard>                            <!-- 定义 XML 文档根元素的结束标记 -->
```

在上面的 XML 代码中，第一行是 XML 声明，用于说明这是一个 XML 文档，并且指定版本号及编码。除第一行以外的内容均为元素。在 XML 文档中，元素以树形分层结构排列，其中 <placard> 为根元素，其他的都是该元素的子元素。

👑 说明：

在 XML 文档中，如果元素的文本中包含标记符，可以使用 CDATA 段将元素中的文本括起来。使用 CDATA 段括起来的内容都会被 XML 解析器当作普通文本，所以任何符号都不会被认为是标记符。CDATA 的语法格式如下：

```
<![CDATA[ 文本内容 ]]>
```

👑 注意：
> CDATA 段不能进行嵌套，即 CDATA 段中不能再包含 CDATA 段。另外在字符串"]]>"之间不能有空格或换行符。

（2）XML 语法要求

了解了 XML 文档的基本结构后，接下来还需要熟悉创建 XML 文档的语法要求。创建 XML 文档的语法要求如下：

① XML 文档必须有一个顶层元素，其他元素必须嵌入在顶层元素中。

② 元素嵌套要正确，不允许元素间相互重叠或跨越。

③ 每一个元素必须同时拥有起始标记和结束标记。这点与 HTML 不同，XML 不允许忽略结束标记。

④ 起始标记中的元素类型名必须与相应结束标记中的名称完全匹配。

⑤ XML 元素类型名区分大小写，而且开始和结束标记必须准确匹配。例如，分别定义起始标记 <Title>、结束标记 </title>，由于起始标记的类型名与结束标记的类型名不匹配，说明元素是非法的。

⑥ 元素类型名称中可以包含字母、数字以及其他字母元素类型，也可以使用非英文字符。名称不能以数字或符号 "-" 开头，名称中不能包含空格符和冒号 "："。

⑦ 元素可以包含属性，但属性值必须用单引号或双引号括起来，但是前后两个引号必须一致，不能一个是单引号，一个是双引号。在一个元素节点中，属性名不能重复。

（3）为 XML 文档中的元素定义属性

在一个元素的起始标记中，可以自定义一个或者多个属性。属性是依附于元素存在的。属性值用单引号或者双引号括起来。

例如，给元素 info 定义属性 id，用于说明公告信息的 ID 号，代码如下：

```
<info id="1">
```

给元素添加属性是为元素提供信息的一种方法。当使用 CSS 样式表显示 XML 文档时，浏览器不会显示属性以及其属性值。若使用数据绑定、HTML 页中的脚本或者 XSL 样式表显示 XML 文档则可以访问属性及属性值。

👑 注意：
> 相同的属性名不能在元素起始标记中出现多次。

（4）XML 的注释

注释是为了便于阅读和理解在 XML 文档添加的附加信息。注释是对文档结构或者内容的解释，不属于 XML 文档的内容，所以 XML 解析器不会处理注释内容。XML 文档的注释以字符串 "<!--" 开始，以字符串 "-->" 结束。XML 解析器将忽略注释中的所有内容，这样可以在 XML 文档中添加注释说明文档的用途，或者临时注释掉没有准备好的文档部分。

👑 注意：
> 在 XML 文档中，解析器将 "-->" 看作一个注释结束符号，所以字符串 "-->" 不能出现在注释的内容中，只能作为注释的结束符号。

18.2.3 JavaScript 脚本语言

JavaScript 是一种解释型的、基于对象的脚本语言，其核心已经嵌入到目前主流的 Web 浏览器中。虽然平时应用最多的是通过 JavaScript 实现一些网页特效及表单数据验证等功能，但 JavaScript 可以实现的功能远不止这些。JavaScript 是一种具有丰富的面向对象特性的程序设计语言，利用它能执行许多复杂的任务，例如，Ajax 就是利用 JavaScript 将 DOM、XHTML（或 HTML）、XML 以及 CSS 等技术综合起来，并控制它们的行为。因此，要开发一个复杂高效的 Ajax 应用程序，就必须对 JavaScript 有深入的了解。

JavaScript 不是 Java 语言的精简版，并且只能在某个解释器或"宿主"上运行，如 ASP、PHP、JSP、Internet 浏览器或者 Windows 脚本宿主。

JavaScript 是一种宽松类型的语言，宽松类型意味着不必显式定义变量的数据类型。此外，在大多数情况下，JavaScript 将根据需要自动进行转换。例如，如果将一个数值添加到由文本组成的某项（一个字符串），该数值将被转换为文本。

18.2.4 DOM

DOM 是 Document Object Model（文档对象模型）的缩写，它为 XML 文档的解析定义了一组接口。解析器读入整个文档，然后构建一个驻留内存的树结构，最后通过 DOM 可以遍历树以获取来自不同位置的数据，可以添加、修改、删除、查询和重新排列树及其分支。另外，还可以根据不同类型的数据源来创建 XML 文档。在 Ajax 应用中，通过 JavaScript 操作 DOM，可以达到在不刷新页面的情况下实时修改用户界面的目的。

18.2.5 CSS

CSS 是 Cascading Style Sheet（层叠样式表）的缩写，是用于控制网页样式并允许将样式信息与网页内容分离的一种标记性语言。在 Ajax 中，通常使用 CSS 进行页面布局，并通过改变文档对象的 CSS 属性控制页面的外观和行为。CSS 是一种 Ajax 开发人员所需要的重要武器，提供了从内容中分离应用样式和设计的机制。虽然 CSS 在 Ajax 应用中扮演至关重要的角色，但它也是创建跨浏览器应用的一大阻碍，因为不同的浏览器厂商支持不同的 CSS 级别。

18.3 XMLHttpRequest 对象

XMLHttpRequest 是 Ajax 中最核心的技术，它是一个具有应用程序接口的 JavaScript 对象，能够使用超文本传输协议（HTTP）连接一个服务器，是微软公司为了满足开发者的需要，于 1999 年在 IE 5.0 浏览器中率先推出的。现在许多浏览器都对其提供了支持，不过实现方式与 IE 有所不同。使用 XMLHttpRequest 对象，Ajax 可以像桌面应用程序一样只同服务器进行数据层面的交换，而不用每次都刷新页面，也不用每次都将数据处理的工作交给服务器来做，这样既减轻了服务器负担，又加快了响应速度，缩短了用户等待的时间。

18.3.1 XMLHttpRequest 对象的初始化

在使用 XMLHttpRequest 对象发送请求和处理响应之前，首先需要初始化该对象，由于 XMLHttpRequest 不是一个 W3C 标准，因此对于不同的浏览器，初始化的方法也是不同的。

通常情况下，初始化 XMLHttpRequest 对象只需要考虑两种情况，一种是 IE 浏览器，另一种是非 IE 浏览器，下面分别进行介绍。

（1）IE 浏览器

IE 浏览器把 XMLHttpRequest 实例化为一个 ActiveX 对象。具体方法如下：

```
var http_request = new ActiveXObject("Msxml2.XMLHTTP");
```

或者

```
var http_request = new ActiveXObject("Microsoft.XMLHTTP");
```

在上面的语法中，Msxml2.XMLHTTP 和 Microsoft.XMLHTTP 是针对 IE 浏览器的不同版本而进行设置的，目前比较常用的是这两种。

（2）非 IE 浏览器

非 IE 浏览器（例如 Firefox、Opera、Mozilla、Safari）把 XMLHttpRequest 对象实例化为一个本地 JavaScript 对象。具体方法如下：

```
var http_request = new XMLHttpRequest();
```

为了提高程序的兼容性，可以创建一个跨浏览器的 XMLHttpRequest 对象。创建一个跨浏览器的 XMLHttpRequest 对象其实很简单，只需要判断一下不同浏览器的实现方式，如果浏览器提供了 XMLHttpRequest 类，则直接创建一个该类的实例，否则实例化一个 ActiveX 对象。具体代码如下：

```
16  <script type="text/javascript">
17      if (window.XMLHttpRequest) {              // 非 IE 浏览器
18          http_request = new XMLHttpRequest();
19      } else if (window.ActiveXObject) {        //IE 浏览器
20          try {
21              http_request = new ActiveXObject("Msxml2.XMLHTTP");
22          } catch (e) {
23              try {
24                  http_request = new ActiveXObject("Microsoft.XMLHTTP");
25              } catch (e) {}
26          }
27      }
28  </script>
```

在上面的代码中，调用 window.ActiveXObject 将返回一个对象，或是 null，在 if 语句中，会把返回值看作是 true 或 false（如果返回的是一个对象，则为 true，否则返回 null，则为 false）。

👑 说明：

> 由于 JavaScript 具有动态类型特性，而且 XMLHttpRequest 对象在不同浏览器上的实例是兼容的，因此可以用同样的方式访问 XMLHttpRequest 实例的属性或方法，不需要考虑创建该实例的方法是什么。

18.3.2　XMLHttpRequest 对象的常用属性

XMLHttpRequest 对象提供了一些常用属性，通过这些属性可以获取服务器的响应状态及响应内容等，下面将对 XMLHttpRequest 对象的常用属性进行介绍。

（1）指定状态改变时所触发的事件处理器的属性

XMLHttpRequest 对象提供了用于指定状态改变时所触发的事件处理器的属性 onreadystatechange。在 Ajax 中，每个状态改变时都会触发这个事件处理器，通常会调用一个 JavaScript 函数。

例如，通过下面的代码可以实现当指定状态改变时所要触发的 JavaScript 函数，这里为 getResult()。

```
http_request.onreadystatechange = getResult;    // 当状态改变时执行 getResult() 函数
```

（2）获取请求状态的属性

XMLHttpRequest 对象提供了用于获取请求状态的属性 readyState，该属性共包括 5 个属性值，如表 18.1 所示。

表 18.1　readyState 属性的属性值

值	意义	值	意义
0	未初始化	1	正在加载
2	已加载	3	交互中
4	完成		

在实际应用中，该属性经常用于判断请求状态，当请求状态等于 4，也就是为完成时，再判断请求是否成功，如果成功将开始处理返回结果。

（3）获取服务器的字符串响应的属性

XMLHttpRequest 对象提供了用于获取服务器响应的属性 responseText，表示为字符串。例如，获取服务器返回的字符串响应，并赋值给变量 result 可以使用下面的代码：

```
var result=http_request.responseText;              // 获取服务器返回的字符串响应
```

在上面的代码中，http_request 为 XMLHttpRequest 对象。

（4）获取服务器的 XML 响应的属性

XMLHttpRequest 对象提供了用于获取服务器响应的属性 responseXML，表示为 XML。这个对象可以解析为一个 DOM 对象。例如，获取服务器返回的 XML 响应，并赋值给变量 xmldoc，可以使用下面的代码：

```
var xmldoc = http_request.responseXML;            // 获取服务器返回的 XML 响应
```

在上面的代码中，http_request 为 XMLHttpRequest 对象。

（5）返回服务器的 HTTP 状态码的属性

XMLHttpRequest 对象提供了用于返回服务器的 HTTP 状态码的属性 status。该属性的语法格式如下：

```
http_request.status
```

参数说明：

◆ http_request：XMLHttpRequest 对象。

返回值：长整型的数值，代表服务器的 HTTP 状态码。常用的状态码如表 18.2 所示。

表 18.2　status 属性的状态码

值	意义	值	意义
100	继续发送请求	200	请求已成功
202	请求被接受，但尚未成功	400	错误的请求
404	文件未找到	408	请求超时
500	内部服务器错误	501	服务器不支持当前请求所需要的某个功能

👑 注意：

status 属性只能在 send() 方法返回成功时才有效。

status 属性常用于当请求状态为完成时，判断当前的服务器状态是否成功。例如，当请求完成时，判断请求是否成功的代码如下：

```
01  <script type="text/javascript">
02      if (http_request.readyState == 4) {      // 当请求状态为完成时
03          if (http_request.status == 200) {    // 请求成功，开始处理返回结果
04              alert(" 请求成功! ");
05          } else{                              // 请求未成功
06              alert(" 请求未成功! ");
07          }
08      }
09  </script>
```

18.3.3　XMLHttpRequest 对象的常用方法

XMLHttpRequest 对象提供了一些常用的方法，通过这些方法可以对请求进行操作。下面对 XMLHttpRequest 对象的常用方法进行介绍。

（1）创建新请求的方法

open() 方法用于设置进行异步请求目标的 URL、请求方法以及其他参数信息，具体语法如下：

```
open("method","URL"[,asyncFlag[,"userName"[, "password"]]])
```

open() 方法的参数说明如表 18.3 所示。

表 18.3　open() 方法的参数说明

参数	说明
method	用于指定请求的类型，一般为 GET 或 POST
URL	用于指定请求地址，可以使用绝对地址或者相对地址，并且可以传递查询字符串
asyncFlag	为可选参数，用于指定请求方式，异步请求为 true，同步请求为 false，默认情况下为 true
userName	为可选参数，用于指定请求用户名，没有时可省略
password	为可选参数，用于指定请求密码，没有时可省略

例如，设置异步请求目标为 shop.html，请求方法为 GET，请求方式为异步的代码如下：

```
http_request.open("GET","shop.html",true);        // 设置异步请求, 请求方法为 GET
```

（2）向服务器发送请求的方法

send() 方法用于向服务器发送请求。如果请求声明为异步, 该方法将立即返回, 否则将等到接收到响应为止。send() 方法的语法格式如下:

```
send(content)
```

参数 content 用于指定发送的数据, 可以是 DOM 对象的实例、输入流或字符串。如果没有参数需要传递, 可以设置为 null。

例如, 向服务器发送一个不包含任何参数的请求, 可以使用下面的代码:

```
http_request.send(null);                 // 向服务器发送一个不包含任何参数的请求
```

（3）设置请求的 HTTP 头的方法

setRequestHeader() 方法用于为请求的 HTTP 头设置值。setRequestHeader() 方法的具体语法格式如下:

```
setRequestHeader("header", "value")
```

◆ header : 用于指定 HTTP 头。
◆ value : 用于为指定的 HTTP 头设置值。

👑 说明:

setRequestHeader() 方法必须在调用 open() 方法之后才能调用。

例如, 在发送 POST 请求时, 需要设置 Content-Type 请求头的值为 "application/x-www-form-urlencoded", 这时就可以通过 setRequestHeader() 方法进行设置, 具体代码如下:

```
// 设置 Content-Type 请求头的值
http_request.setRequestHeader("Content-Type","application/x-www-form-urlencoded");
```

（4）停止或放弃当前异步请求的方法

abort() 方法用于停止或放弃当前异步请求。其语法格式如下:

```
abort()
```

例如, 要停止当前异步请求可以使用下面的语句:

```
http_request.abort();                 // 停止当前异步请求
```

（5）返回 HTTP 头信息的方法

XMLHttpRequest 对象提供了两种返回 HTTP 头信息的方法, 分别是 getResponseHeader() 和 getAllResponseHeaders() 方法。下面分别进行介绍。

① getResponseHeader() 方法。getResponseHeader() 方法用于以字符串形式返回指定的 HTTP 头信息。其语法格式如下:

```
getResponseHeader("headerLabel")
```

第 3 篇　高级应用篇

参数 headerLabel 用于指定 HTTP 头，包括 Server、Content-Type 和 Date 等。

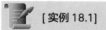 说明：

getResponseHeader() *方法必须在调用* send() *方法之后才能调用。*

例如，要获取 HTTP 头 Content-Type 的值，可以使用以下代码：

```
http_request.getResponseHeader("Content-Type");        // 获取 HTTP 头 Content-Type 的值
```

如果请求的是 HTML 文件，上面的代码将获取到以下内容：

```
text/html
```

② getAllResponseHeaders() 方法。getAllResponseHeaders() 方法用于以字符串形式返回完整的 HTTP 头信息。该方法的语法格式如下：

```
getAllResponseHeaders()
```

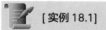 说明：

getAllResponseHeaders() *方法必须在调用* send() *方法之后才能调用。*

[实例 18.1]　　（源码位置：资源包 \Code\18\01-）

读取 HTML 文件

本实例将通过 XMLHttpRequest 对象读取 HTML 文件，并输出读取结果。关键代码如下：

```
01  <script type="text/javascript">
02  var xmlHttp;                              // 定义 XMLHttpRequest 对象
03  function createXmlHttpRequestObject(){
04                                            // 如果在 IE 浏览器下运行
05    if(window.ActiveXObject){
06      try{
07        xmlHttp=new ActiveXObject("Microsoft.XMLHTTP");
08      }catch(e){
09        xmlHttp=false;
10      }
11    }else{
12                                            // 如果在 Mozilla 或其他的浏览器下运行
13      try{
14        xmlHttp=new XMLHttpRequest();
15      }catch(e){
16        xmlHttp=false;
17      }
18    }
19    // 返回创建的对象或显示错误信息
20    if(!xmlHttp)
21      alert(" 返回创建的对象或显示错误信息 ");
22    else
23      return xmlHttp;
24  }
25  function ReqHtml(){
26    createXmlHttpRequestObject();            // 调用函数创建 XMLHttpRequest 对象
27    xmlHttp.onreadystatechange=StatHandler;  // 指定回调函数
28    xmlHttp.open("GET","text.html",true);    // 调用 text.html 文件
29    xmlHttp.send(null);
30  }
31  function StatHandler(){
```

```
32        if(xmlHttp.readyState==4 && xmlHttp.status==200){      // 如果请求已完成并请求成功
33                                                               // 获取服务器返回的数据
34          document.getElementById("webpage").innerHTML=xmlHttp.responseText;
35        }
36    }
37    </script>
38    <body>
39    <!-- 创建超链接 -->
40    <a href="#" onclick="ReqHtml();"> 请求 HTML 文件 </a>
41    <!-- 通过 div 标签输出请求内容 -->
42    <div id="webpage"></div>
```

运行本实例，单击"请求 HTML 文件"超链接，将输出如图 18.5 所示的页面。

图18.5　通过 XMLHttpRequest 对象读取 HTML 文件

📖 注意：

运行该实例需要搭建 Web 服务器，推荐使用 Apache 服务器。安装服务器后，将该实例文件夹"01"存储在网站根目录（通常为安装目录下的 htdocs 文件夹）下，在地址栏中输入"http://localhost/01/index.html"，然后单击"Enter"键运行。

📖 说明：

通过 XMLHttpRequest 对象不但可以读取 HTML 文件，还可以读取文本文件、XML 文件，其实现交互的方法与读取 HTML 文件类似。

本章知识思维导图

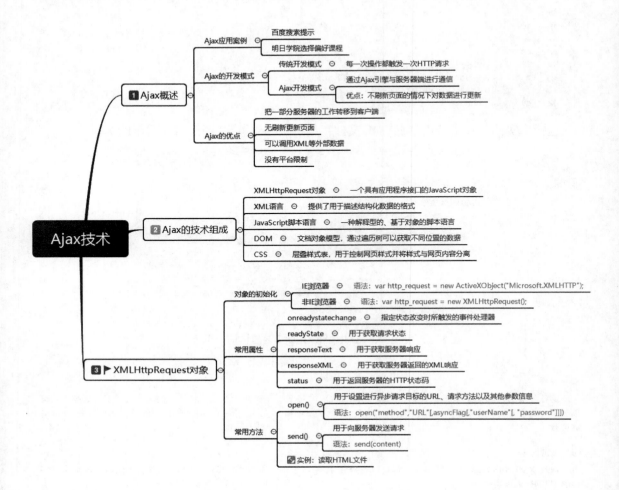

第 19 章

jQuery 基础

 本章学习目标

- 了解什么是 jQuery。
- 了解 jQuery 的下载与配置。
- 熟悉 jQuery 的工厂函数。
- 熟悉基本选择器的使用。
- 熟悉层级选择器的使用。
- 熟悉过滤选择器的使用。
- 熟悉属性选择器的使用。
- 熟悉表单选择器的使用。

19.1　jQuery 概述

　　jQuery 是一套简洁、快速、灵活的 JavaScript 脚本库，它是由 John Resig 于 2006 年创建的，帮助开发人员简化了 JavaScript 代码。JavaScript 脚本库类似于 Java 的类库，我们将一些工具方法或对象方法封装在类库中，方便用户使用。因为简便易用，jQuery 已被大量的开发人员推崇使用。

　　👑　**注意：**

　　　　jQuery 是脚本库，而不是框架。"库"不等于"框架"，例如"System 程序集"是类库，而 Spring MVC 是框架。

　　脚本库能够帮助我们完成编码逻辑，实现业务功能。使用 jQuery 将极大地提高编写 JavaScript 代码的效率，让写出来的代码更加简洁、健壮。同时网络上丰富的 jQuery 插件也让开发人员的工作变得更为轻松，让项目的开发效率有了质的提升。jQuery 不仅适合于网页设计师、开发者以及那些编程爱好者，同样适合用于商业开发，可以说 jQuery 适合任何应用 JavaScript 的地方。

　　jQuery 是一个简洁快速的 JavaScript 脚本库，它能让开发人员在网页上简单地操作文档、处理事件、运行动画效果或者添加异步交互。jQuery 的设计会改变开发人员编写 JavaScript 代码的方式，提高编程效率。jQuery 主要特点如下：代码精致小巧，强大的功能函数，跨浏览器，链式的语法风格，插件丰富。

19.2　jQuery 下载与配置

　　要在网站中应用 jQuery 库，需要下载并配置它，下面将介绍如何下载与配置 jQuery。

19.2.1　下载 jQuery

　　jQuery 是一个开源的脚本库，可以从它的官方网站（http://jquery.com）中下载。下面介绍具体的下载步骤。

　　① 在浏览器的地址栏中输入"http://jquery.com/download"，并按下"Enter"键，将进入 jQuery 的下载页面，如图 19.1 所示。

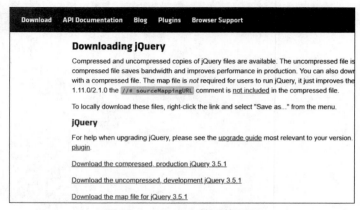

图 19.1　jQuery 的下载页面

② 在下载页面中，可以下载最新版本的 jQuery 库，目前，jQuery 的最新版本是 jQuery 3.5.1。在图 19.1 中的"Download the compressed, production jQuery 3.5.1"超链接上单击鼠标右键，然后单击"链接另存为"选项，将弹出如图 19.2 所示的下载对话框。

图 19.2　下载 jquery-3.5.1.min.js

③ 单击"保存"按钮，将 jQuery 库下载到本地计算机上。下载后的文件名为 jquery-3.5.1.min.js。

此时下载的文件为压缩后的版本（主要用于项目与产品）。如果想下载完整不压缩的版本，可以在图 19.1 中的"Download the uncompressed, development jQuery 3.5.1"超链接上单击鼠标右键，然后单击"链接另存为"选项，再单击"保存"按钮进行下载。下载后的文件名为 jquery-3.5.1.js。

👑 说明：
在项目中通常使用压缩后的文件，即 jquery-3.5.1.min.js。

19.2.2　配置 jQuery

将 jQuery 库下载到本地计算机后，还需要在项目中配置 jQuery 库。即将下载后的 jquery-3.5.1.min.js 文件放置到项目的指定文件夹中，通常放置在 JS 文件夹中，然后在需要应用 jQuery 的页面中使用下面的语句，将其引用到文件中。

```
<script type="text/javascript" src="JS/jquery-3.5.1.min.js"></script>
```

👑 注意：
引用 jQuery 的 <script> 标签，必须放在所有的自定义脚本文件的 <script> 之前，否则在自定义的脚本代码中应用不到 jQuery 脚本库。

19.3　jQuery 选择器

开发人员在实现页面的业务逻辑时，必须操作相应的对象或是数组，这个时候就需要利用选择器选择匹配的元素，以便进行下一步的操作，所以选择器是一切页面操作的基础，没有它开发人员将无所适从。在传统的 JavaScript 中，只能根据元素的 ID 和 TagName 来获取相应的 DOM 元素。但是在 jQuery 中却提供了许多功能强大的选择器帮助开发人员获取页面上的 DOM 元素，获取到的每个对象都将以 jQuery 包装集的形式返回。本节将介绍如何应用 jQuery 的选择器选择匹配的元素。

19.3.1 jQuery 的工厂函数

在介绍 jQuery 的选择器之前，先来介绍一下 jQuery 的工厂函数 "$"。在 jQuery 中，无论使用哪种类型的选择器都需要从一个 "$" 符号和一对 "()" 开始。在 "()" 中通常使用字符串参数，参数中可以包含任何 CSS 选择符表达式。下面介绍几种比较常见的用法。

（1）在参数中使用标记名

$("div")：用于获取文档中全部的 <div>。

（2）在参数中使用 ID

$("#username")：用于获取文档中 ID 属性值为 username 的一个元素。

（3）在参数中使用 CSS 类名

$(".btn")：用于获取文档中使用 CSS 类名为 btn 的所有元素。

19.3.2 基本选择器

基本选择器在实际应用中比较广泛，建议重点掌握 jQuery 的基本选择器，它是其他类型选择器的基础，是 jQuery 选择器中最为重要的部分。jQuery 基本选择器包括 ID 选择器、元素选择器、类名选择器、复合选择器和通配符选择器。下面进行详细介绍。

（1）ID 选择器（#id）

ID 选择器（#id）顾名思义就是利用 DOM 元素的 ID 属性值来筛选匹配的元素，并以 jQuery 包装集的形式返回给对象。这就像一个学校中每个学生都有自己的学号一样，学生的姓名是可以重复的，但是学号却是不可以的，根据学生的学号就可以获取指定学生的信息。

ID 选择器的使用方法如下：

```
$("#id");
```

其中，id 为要查询元素的 ID 属性值。例如，要查询 ID 属性值为 userInfo 的元素，可以使用下面的 jQuery 代码：

```
$("#userInfo");
```

👑 注意：

如果页面中出现了两个相同的 ID 属性值，程序运行时页面会报出 JS 运行错误的对话框，所以在页面中设置 ID 属性值时要确保该属性值在页面中是唯一的。

📝 **[实例 19.1]**　　　　　　　　　　　　　　　　　（源码位置：资源包 \Code\19\01）

获取文本框中输入的值

本实例将在页面中添加一个 ID 属性值为 testInput 的文本框和一个按钮，通过单击按钮来获取在文本框中输入的值。关键步骤如下：

① 创建 index.html 文件，在该文件的 <head> 标记中应用下面的语句引入 jQuery 库。

```
<script type="text/javascript" src="../JS/jquery-3.5.1.min.js"></script>
```

② 在页面的 <body> 标记中，添加一个 ID 属性值为 testInput 的文本框和一个按钮，代码如下：

```
01  <input type="text" id="testInput" name="test" value=""/>
02  <input type="button" value=" 输入的值为 "/>
```

③ 在引入 jQuery 库的代码下方编写 jQuery 代码，实现单击按钮来获取在文本框中输入的值，具体代码如下：

```
01  <script type="text/javascript">
02      $(document).ready(function(){
03          $("input[type='button']").click(function(){    // 为按钮绑定单击事件
04              var inputValue = $("#testInput").val();     // 获取文本框的值
05              alert(inputValue);                          // 输出文本框的值
06          });
07      });
08  </script>
```

在上面的代码中，第 3 行使用了 jQuery 中的属性选择器匹配文档中的按钮，并且为按钮绑定单击事件。关于属性选择器的详细介绍请参见 19.3.5 节；为按钮绑定单击事件，请参见 21.2 节。

👑 说明：

　　ID 选择器是以 "#id" 的形式获取对象的，在这段代码中用 $("#testInput") 获取了一个 ID 属性值为 testInput 的 jQuery 包装集，然后调用包装集的 val() 方法取得文本框的值。

运行本实例，在文本框中输入 "心有多大舞台就有多大"，如图 19.3 所示，单击 "输入的值为" 按钮，将弹出对话框显示输入的文字，如图 19.4 所示。

图 19.3　在文本框中输入文字

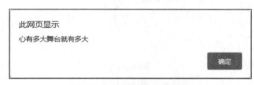

图 19.4　弹出的对话框

jQuery 中的 ID 选择器相当于传统的 JavaScript 中的 document.getElementById() 方法，jQuery 用更简洁的代码实现了相同的功能。虽然两者都获取了指定的元素对象，但是两者调用的方法是不同的。利用 JavaScript 获取的对象只能调用 DOM 方法，而 jQuery 获取的对象既可以使用 jQuery 封装的方法也可以使用 DOM 方法。但是 jQuery 在调用 DOM 方法时需要进行特殊的处理，也就是需要将 jQuery 对象转换为 DOM 对象。

（2）元素选择器（element）

元素选择器是根据元素名称匹配相应的元素。通俗地讲，元素选择器指向的是 DOM 元素的标记名，也就是说元素选择器是根据元素的标记名选择的。可以把元素的标记名理解成学生的姓名，在一个学校中可能有多个姓名为 "刘伟" 的学生，但是姓名为 "吴语" 的学生也许只有一个，所以通过元素选择器匹配到的元素可能有多个，也可能是一个。多数情况下，元素选择器匹配的是一组元素。

元素选择器的使用方法如下：

```
$("element");
```

其中，element 为要查询元素的标记名。例如，要查询全部 input 元素，可以使用下面的 jQuery 代码：

```
$("input");
```

 **[实例 19.2]**　（源码位置：资源包 \Code\19\02）

修改 div 元素的内容

本实例将在页面中添加两个 <div> 标记和一个按钮，通过单击按钮来获取这两个 <div>，并修改它们的内容。关键步骤如下：

① 创建 index.html 文件，在该文件的 <head> 标记中应用下面的语句引入 jQuery 库。

```
<script type="text/javascript" src="../JS/jquery-3.5.1.min.js"></script>
```

② 在页面的 <body> 标记中，添加两个 <div> 标记和一个按钮，代码如下：

```
01  <div><img src="images/strawberry.jpg"/> 这里种植了一棵草莓 </div>
02  <div><img src="images/fish.jpg"/> 这里有一条鱼 </div>
03  <input type="button" value=" 若干年后 " />
```

③ 编写 CSS 样式，用于控制图片和 div 的显示样式，具体代码如下：

```
01  <style type="text/css">
02  img{
03      border:1px solid #777;/* 设置边框 */
04  }
05  div{
06      padding:5px;/* 设置内边距 */
07      font-size:12px;/* 设置文字大小 */
08  }
09  </style>
```

④ 在引入 jQuery 库的代码下方编写 jQuery 代码，实现单击按钮来获取全部 <div> 元素，并修改它们的内容，具体代码如下：

```
01  <script type="text/javascript">
02      $(document).ready(function(){
03          $("input[type='button']").click(function(){          // 为按钮绑定单击事件
04              // 获取第一个 div 元素
05              $("div").eq(0).html("<img src='images/strawberry1.jpg'/> 这里长出了一棵草莓 ");
06              // 获取第二个 div 元素
07              $("div").get(1).innerHTML="<img src='images/fish1.jpg'/> 这里的鱼没有了 ";
08          });
09      });
10  </script>
```

在上面的代码中，使用元素选择器获取了一组 div 元素的 jQuery 包装集，它是一组 Object 对象，存储方式为 [Object Object]，但是这种方式并不能显示出单独元素的文本信息，需要通过索引器来确定要选取哪个 div 元素，在这里分别使用了两个不同的索引器 eq() 和 get()。这里的索引器类似于房间的门牌号，所不同的是，门牌号是从 1 开始计数的，而索引器是从 0 开始计数的。

👑 说明:

　　在本实例中使用了两种方法设置元素的文本内容，html() 方法是 jQuery 的方法，对 innerHTML 属性赋值的方法是 DOM 对象的方法。这里还用了 $(document).ready() 方法，当页面元素载入就绪的时候就会自动执行程序，自动为按钮绑定单击事件。

👑 注意:

　　eq() 方法返回的是一个 jQuery 包装集，所以它只能调用 jQuery 的方法，而 get() 方法返回的是一个 DOM 对象，所以它只能用 DOM 对象的方法。eq() 方法与 get() 方法默认都是从 0 开始计数。

　　运行本实例，首先显示如图 19.5 所示的页面，单击 "若干年后" 按钮，将显示如图 19.6 所示的页面。

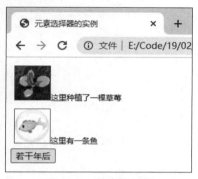

图 19.5　单击按钮前

图 19.6　单击按钮后

（3）类名选择器（.class）

　　类名选择器是通过元素拥有的 CSS 类的名称查找匹配的 DOM 元素。在一个页面中，一个元素可以有多个 CSS 类，一个 CSS 类又可以匹配多个元素，如果在元素中有一个匹配的类的名称就可以被类名选择器选取到。

　　类名选择器很好理解，在大学的时候大部分人一定都选过课，可以把 CSS 类名理解为课程名称，元素理解成学生，学生可以选择多门课程，而一门课程又可以被多名学生所选择。CSS 类与元素的关系既可以是多对多的关系，也可以是一对多或多对一的关系。

　　类名选择器的使用方法如下:

```
$(".class");
```

　　其中，class 为要查询元素所用的 CSS 类名。例如，要查询使用 CSS 类名为 orange 的元素，可以使用下面的 jQuery 代码:

```
$(".orange");
```

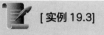
[实例 19.3]

（源码位置: 资源包 \Code\19\03）

获取元素并设置 CSS 样式

　　在页面中，首先添加两个 <div> 标记，并为其中的一个设置 CSS 类，然后通过 jQuery 的类名选择器选取设置了 CSS 类的 <div> 标记，并设置其 CSS 样式。关键步骤如下:
　　① 创建 index.html 文件，在该文件的 <head> 标记中应用下面的语句引入 jQuery 库。

```
<script type="text/javascript" src="../JS/jquery-3.5.1.min.js"></script>
```

第 3 篇　高级应用篇

② 在页面的 <body> 标记中，添加两个 <div> 标记，一个使用 CSS 类 myClass，另一个不设置 CSS 类，代码如下：

```
01  <div class="myClass">样式发生改变</div>
02  <div>默认的样式</div>
```

👑 说明：

这里添加了两个 <div> 标记是为了对比效果，默认的背景颜色都是蓝色的，文字颜色都是黑色的。

③ 编写 CSS 样式，用于控制 div 元素的显示样式，具体代码如下：

```
01  <style type="text/css">
02    div{
03        border:1px solid #003a75;              /* 设置边框 */
04        background-color:#cef;                 /* 设置背景颜色 */
05        margin:5px;                            /* 设置外边距 */
06        height:35px;                           /* 设置高度 */
07        width: 75px;                           /* 设置宽度 */
08        float:left;                            /* 设置左浮动 */
09        font-size:12px;                        /* 设置文字大小 */
10        padding:5px;                           /* 设置内边距 */
11    }
12  </style>
```

④ 在引入 jQuery 库的代码下方编写 jQuery 代码，实现按 CSS 类名选取 DOM 元素，并更改其样式（这里更改了背景颜色和文字颜色），具体代码如下：

```
01  <script type="text/javascript">
02    $(document).ready(function() {
03        var myClass = $(".myClass");                        // 选取 DOM 元素
04        myClass.css("background-color","#C50210");          // 为选取的 DOM 元素设置背景颜色
05        myClass.css("color","#FFF");                        // 为选取的 DOM 元素设置文字颜色
06    });
07  </script>
```

在上面的代码中，只为其中的一个 <div> 标记设置了 CSS 类名称，但是由于程序中并没有名称为 myClass 的 CSS 类，因此这个类是没有任何属性的。类名选择器将返回一个名为 myClass 的 jQuery 包装集，利用 css() 方法可以为对应的 div 元素设定 CSS 属性值，这里将元素的背景颜色设置为深红色，文字颜色设置为白色。

👑 注意：

类名选择器也可能会获取一组 jQuery 包装集，因为多个元素可以拥有同一个 CSS 样式。

运行本实例，将显示如图 19.7 所示的页面。其中，左面的 div 为更改样式后的效果，右面的 div 为默认的样式。由于使用了 $(document).ready() 方法，因此选择元素并更改样式在 DOM 元素加载就绪时就已经自动执行完毕。

图 19.7　通过类名选择器选择元素并更改样式

（4）复合选择器（selector1,selector2,selector*N*）

复合选择器将多个选择器（可以是 ID 选择器、元素选择器或是类名选择器）组合在一起，两个选择器之间以逗号"，"分隔，只要符合其中的任何一个筛选条件就会被匹配，返

回的是一个集合形式的 jQuery 包装集，利用 jQuery 索引器可以取得集合中的 jQuery 对象。

👑 注意：

复合选择器并不是匹配同时满足这几个选择器的匹配条件的元素，而是将每个选择器匹配的元素合并后一起返回。

复合选择器的使用方法如下：

```
$(" selector1,selector2,selectorN");
```

◆ selector1：为一个有效的选择器，可以是 ID 选择器、元素选择器或是类名选择器等。
◆ selector1：为另一个有效的选择器，可以是 ID 选择器、元素选择器或是类名选择器等。
◆ selectorN：（可选择）为第 N 个有效的选择器，可以是 ID 选择器、元素选择器或是类名选择器等。

例如，要查询文档中的全部的 <span> 标记和使用 CSS 类 red 的 <p> 标记，可以使用下面的 jQuery 代码：

```
$("span,p.red");
```

[实例 19.4]

（源码位置：资源包 \Code\19\04）

筛选元素并添加新的样式

在页面添加 3 种不同元素并统一设置样式。使用复合选择器筛选 <div> 元素和 ID 属性值为 span 的元素，并为它们添加新的样式。关键步骤如下：

① 创建 index.html 文件，在该文件的 <head> 标记中应用下面的语句引入 jQuery 库。

```
<script type="text/javascript" src="../JS/jquery-3.5.1.min.js"></script>
```

② 在页面的 <body> 标记中，添加一个 <p> 标记、一个 <div> 标记、一个 ID 为 span 的 <span> 标记和一个按钮，并为除按钮以外的 3 个标记指定 CSS 类名，代码如下：

```
01  <p class="default">p 元素 </p>
02  <div class="default">div 元素 </div>
03  <span class="default" id="span">id 为 span 的元素 </span>
04  <input type="button" value=" 为 div 元素和 id 为 span 的元素换肤 " />
```

③ 编写 CSS 样式，用于控制页面元素的显示样式，具体代码如下：

```
01  <style type="text/css">
02    .default{
03      border:1px solid #003a75;          /* 设置边框 */
04      background-color:yellow;           /* 设置背景颜色 */
05      margin:5px;                        /* 设置外边距 */
06      width:90px;                        /* 设置宽度 */
07      float:left;                        /* 设置左浮动 */
08      font-size:12px;                    /* 设置文字大小 */
09      padding:5px;                       /* 设置内边距 */
10    }
11    .green{
12      background-color:#00CC00;          /* 设置背景颜色 */
13      color:#FFF;                        /* 设置文字颜色 */
14    }
15  </style>
```

④ 在引入 jQuery 库的代码下方编写 jQuery 代码，实现单击按钮来获取全部 <div> 元素和 ID 属性值为 span 的元素，并为它们添加新的样式，具体代码如下：

```
01  <script type="text/javascript">
02  $(document).ready(function() {
03      $("input[type=button]").click(function(){   // 绑定按钮的单击事件
04          $("div,#span").addClass("green");         // 添加所使用的 CSS 类
05      });
06  });
07  </script>
```

运行本实例，将显示如图 19.8 所示的页面，单击"为 div 元素和 id 为 span 的元素换肤"按钮，将为 div 元素和 ID 为 span 的元素换肤，如图 19.9 所示。

图 19.8　单击按钮前

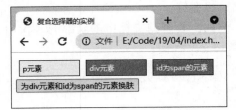

图 19.9　单击按钮后

（5）通配符选择器（*）

所谓的通配符，就是指符号"*"，它代表着页面上的每一个元素，也就是说如果使用 $("*")，将取得页面上所有的 DOM 元素集合的 jQuery 包装集。通配符选择器比较好理解，这里就不再给予示例程序。

19.3.3　层级选择器

所谓的层级选择器，就是根据页面 DOM 元素之间的父子关系作为匹配的筛选条件。首先来看什么是页面上元素的关系。例如，下面的代码是最为常用也是最简单的 DOM 元素结构。

```
01  <html>
02      <head></head>
03      <body></body>
04  </html>
```

图 19.10　元素层级关系示意图

在这段代码所示的页面结构中，html 元素是页面上其他所有元素的祖先元素，那么 head 元素就是 html 元素的子元素，同时 html 元素也是 head 元素的父元素。页面上的 head 元素与 body 元素就是同辈元素。也就是说 html 元素是 head 元素和 body 元素的"爸爸"，head 元素和 body 元素是 html 元素的"儿子"，head 元素与 body 元素是"兄弟"。具体关系如图 19.10 所示。

在了解了页面上元素的关系后，再来介绍 jQuery 提供的层级选择器。jQuery 提供了 ancestor descendan 选择器、parent > child 选择器、prev + next 选择器和 prev ~ siblings 选择器，下面进行详细介绍。

（1）ancestor descendant 选择器

ancestor descendant 选择器中的 ancestor 代表祖先，descendant 代表子孙，用于在给定的祖先元素下匹配所有的后代元素。ancestor descendant 选择器的使用方法如下：

```
$("ancestor descendant");
```

◆ ancestor 是指任何有效的选择器。

◆ descendant 是用以匹配元素的选择器，并且它是 ancestor 所指定元素的后代元素。

例如，要匹配 ul 元素下的全部 li 元素，可以使用下面的 jQuery 代码：

```
$("ul li");
```

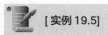

[实例 19.5]　　　　　　　　　　　　　　　　　　（源码位置：资源包 \Code\19\05 ）

为版权列表设置样式

本实例将通过 jQuery 为版权列表设置样式。关键步骤如下：

① 创建 index.html 文件，在该文件的 <head> 标记中应用下面的语句引入 jQuery 库。

```
<script type="text/javascript" src="../JS/jquery-3.5.1.min.js"></script>
```

② 在页面的 <body> 标记中，首先添加一个 <div> 标记，并在该 <div> 标记内添加一个 <ul> 标记及其子标记 <li>，然后在 <div> 标记的后面再添加一个 <ul> 标记及其子标记 <li>，代码如下：

```
01  <div id="bottom">
02  <ul>
03      <li> 技术服务热线: 400-675-1066 传真: 0431-84978981 企业邮箱: mingrisoft@mingrisoft.com
04      </li>
05      <li>Copyright &copy; www.mingrisoft.com All Rights Reserved! </li>
06  </ul>
07  </div>
08  <ul>
09      <li> 技术服务热线: 400-675-1066 传真: 0431-84978981 企业邮箱: mingrisoft@mingrisoft.com
10      </li>
11      <li>Copyright &copy; www.mingrisoft.com All Rights Reserved! </li>
12  </ul>
```

③ 编写 CSS 样式，通过 ID 选择符设置 <div> 标记的样式，并且编写一个类选择符 copyright，用于设置 <div> 标记内的版权列表的样式，具体代码如下：

```
01  <style type="text/css">
02      body{
03          margin:0px;                                    /* 设置外边距 */
04      }
05      #bottom{
06          background-image:url(images/bg_bottom.jpg);    /* 设置背景 */
07          width:800px;                                   /* 设置宽度 */
08          height:58px;                                   /* 设置高度 */
09          clear: both;                                   /* 设置左右两侧无浮动内容 */
10          text-align:center;                             /* 设置文字居中对齐 */
11          padding-top:10px;                              /* 设置顶边距 */
12          font-size:12px;                                /* 设置字体大小 */
13      }
14      .copyright{
```

```
15         color:#FFFFFF;                          /* 设置文字颜色 */
16         list-style:none;                        /* 不显示项目符号 */
17         line-height:20px;                       /* 设置行高 */
18     }
19  </style>
```

④ 在引入 jQuery 库的代码下方编写 jQuery 代码，匹配 div 元素的子元素 ul，并为其添加 CSS 样式，具体代码如下：

```
01  <script type="text/javascript">
02  $(document).ready(function(){
03      $("div ul").addClass("copyright");          // 为 div 元素的子元素 ul 添加样式
04  });
05  </script>
```

运行本实例，将显示如图 19.11 所示的效果，其中上面的版权信息是通过 jQuery 添加样式的效果，下面的版权信息为默认的效果。

图 19.11　通过 jQuery 为版权列表设置样式

（2）parent > child 选择器

parent > child 选择器中的 parent 代表父元素，child 代表子元素。使用该选择器只能选择父元素的直接子元素。parent > child 选择器的使用方法如下：

```
$("parent > child");
```

◆ parent 是指任何有效的选择器。
◆ child 是用以匹配元素的选择器，并且它是 parent 元素的直接子元素。
例如，要匹配表单中的直接子元素 input，可以使用下面的 jQuery 代码：

```
$("form > input");
```

[实例 19.6]

（源码位置：资源包 \Code\19\06）

为表单元素换肤

本实例将应用选择器匹配表单中的直接子元素 input，实现为匹配元素换肤的功能。关键步骤如下：

① 创建 index.html 文件，在该文件的 <head> 标记中应用下面的语句引入 jQuery 库。

```
<script type="text/javascript" src="../JS/jquery-3.5.1.min.js"></script>
```

② 在页面的 <body> 标记中添加一个表单，并在该表单中添加 6 个 input 元素，并且将"换肤"按钮用 <span> 标记括起来，关键代码如下：

```
01  <form id="form1" name="form1" method="post" action="">
```

```
02    姓    名: <input type="text" name="name" id="name"><br>
03    生    日: <input name="birthday" type="text" id="birthday"><br>
04    地    址: <input type="text" name="address" id="address"><br>
05    E-mail : <input type="text" name="email" id="email"><br>
06    <span>
07    <input type="button" name="change" id="change" value=" 换肤 ">
08    </span>
09    <input type="button" name="default" id="default" value=" 恢复 ">
10  </form>
```

③ 编写 CSS 样式，用于指定 input 元素的默认样式，并且添加一个用于改变 input 元素样式的 CSS 类，具体代码如下：

```
01  <style type="text/css">
02    input{
03        margin:5px;                          /* 设置 input 元素的外边距为 5 像素 */
04    }
05    .input {
06        font-size:12pt;                      /* 设置文字大小 */
07        color:#333333;                       /* 设置文字颜色 */
08        background-color:#00EEFF;            /* 设置背景颜色 */
09        border:1px solid #000000;            /* 设置边框 */
10    }
11  </style>
```

④ 在引入 jQuery 库的代码下方编写 jQuery 代码，实现匹配表单元素的直接子元素并为其添加和移除 CSS 样式，具体代码如下：

```
01  <script type="text/javascript">
02  $(document).ready(function(){
03    $("#change").click(function(){          // 绑定"换肤"按钮的单击事件
04        $("form>input").addClass("input");  // 为表单元素的直接子元素 input 添加样式
05    });
06    $("#default").click(function(){         // 绑定"恢复"按钮的单击事件
07        $("form>input").removeClass("input"); // 移除为表单元素的直接子元素 input 添加的样式
08    });
09  });
10  </script>
```

> 说明：
> 在上面的代码中，addClass() 方法用于为元素添加 CSS 类，removeClass() 方法用于移除为元素添加的 CSS 类。

运行本实例，将显示如图 19.12 所示的效果，单击"换肤"按钮，将显示如图 19.13 所示的效果，单击"恢复"按钮，将再次显示如图 19.12 所示的效果。

图 19.12 默认的效果

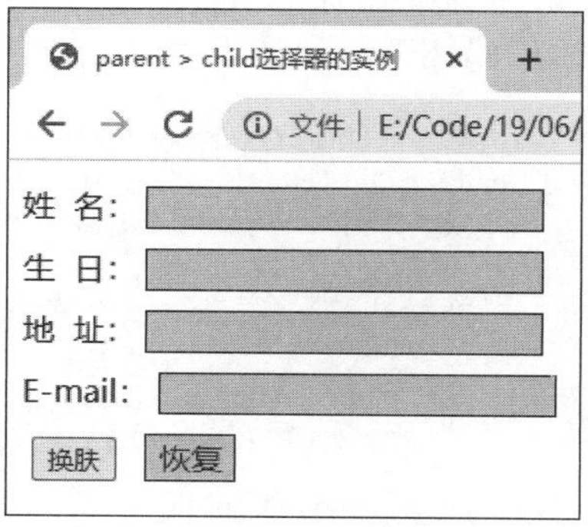

图 19.13 单击"换肤"按钮之后的效果

259

在图 19.13 中，虽然 "换肤" 按钮也是 form 元素的子元素 input，但由于该元素不是 form 元素的直接子元素，因此在执行换肤操作时，该按钮的样式并没有改变。

（3）prev + next 选择器

prev + next 选择器用于匹配所有紧接在 prev 元素后的 next 元素。其中，prev 和 next 是两个相同级别的元素。prev + next 选择器的使用方法如下：

```
$("prev + next");
```

◆ prev 是指任何有效的选择器。

◆ next 是一个有效选择器并紧接着 prev 选择器。

例如，要匹配 <p> 标记后的 <span> 标记，可以使用下面的 jQuery 代码：

```
$("p + span");
```

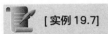

[实例 19.7]

（源码位置：资源包 \Code\19\07）

改变匹配元素的背景颜色

本实例将筛选紧跟在 <span> 标记后的 <p> 标记，并将匹配元素的背景颜色改为淡蓝色。关键步骤如下：

① 创建 index.html 文件，在该文件的 <head> 标记中应用下面的语句引入 jQuery 库。

```
<script type="text/javascript" src="../JS/jquery-3.5.1.min.js"></script>
```

② 在页面的 <body> 标记中，首先添加一个 <div> 标记，并在该 <div> 标记中添加两个 <span> 标记和 <p> 标记，其中第二对 <span> 标记和 <p> 标记用 <fieldset> 括起来，然后在 <div> 标记的下方再添加一个 <p> 标记，关键代码如下：

```
01  <div>
02      <span> 第一个 span 标记 </span>
03      <p> 第一个 p 标记 </p>
04      <fieldset>
05          <span> 第二个 span 标记 </span>
06          <p> 第二个 p 标记 </p>
07      </fieldset>
08  </div>
09  <p>div 外面的 p 标记 </p>
```

③ 编写 CSS 样式，用于设置 body 元素的字体大小，并且添加一个用于设置背景的 CSS 类，具体代码如下：

```
01  <style type="text/css">
02      body{
03          font-size:12px;                    /* 设置字体大小 */
04      }
05      .background{
06          background:#cef;                   /* 设置背景颜色 */
07      }
08  </style>
```

④ 在引入 jQuery 库的代码下方编写 jQuery 代码，实现匹配 span 元素的同级元素 p，并为其添加 CSS 类，具体代码如下：

```
01  <script type="text/javascript">
02      $(document).ready(function(){
03          $("span+p").addClass("background");      // 为匹配的元素添加 CSS 类
04      });
05  </script>
```

运行本实例，将显示如图 19.14 所示的效果。在图中可以看到"第一个 p 标记"和"第二个 p 标记"的段落被添加了背景，而"div 外面的 p 标记"由于不是 span 元素的同级元素，故没有被添加背景。

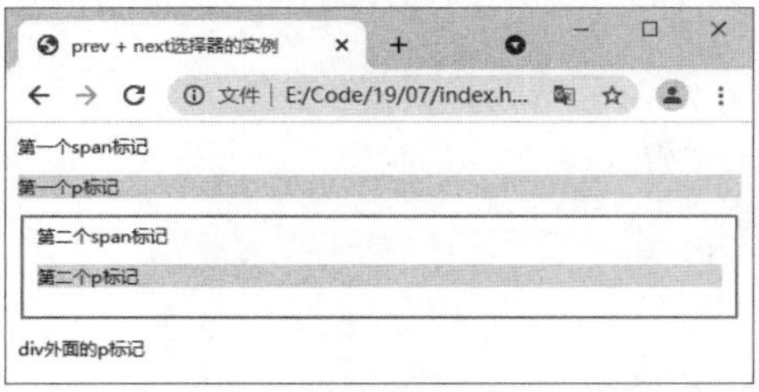

（4）prev ~ siblings 选择器

prev ~ siblings 选择器用于匹配 prev 元素之后的所有 siblings 元素。其中，prev 和 siblings 是两个同辈元素。prev ~ siblings 选择器的使用方法如下：

图 19.14　将 span 元素的同级元素 p 的背景设置为淡蓝色

```
$("prev ~ siblings");
```

◆ prev 是指任何有效的选择器。
◆ siblings 是一个有效选择器，其匹配的元素和 prev 选择器匹配的元素是同辈元素。

例如，要匹配 div 元素的同辈元素 img，可以使用下面的 jQuery 代码：

```
$("div ~ img");
```

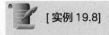

[实例 19.8]
（源码位置：资源包 \Code\19\08）

筛选 div 元素的同辈元素

本实例将应用选择器筛选页面中 div 元素的同辈元素，并为其添加 CSS 样式。关键步骤如下：

① 创建 index.html 文件，在该文件的 <head> 标记中应用下面的语句引入 jQuery 库。

```
<script type="text/javascript" src="../JS/jquery-3.5.1.min.js"></script>
```

② 在页面的 <body> 标记中，首先添加一个 <div> 标记，并在该 <div> 标记中添加两个 <p> 标记，然后在 <div> 标记的下方再添加一个 <p> 标记，关键代码如下：

```
01  <div>
02      <p> 第一个 p 标记 </p>
03      <p> 第二个 p 标记 </p>
04  </div>
05  <p>div 外面的 p 标记 </p>
```

③ 编写 CSS 样式，用于设置 body 元素的字体大小，并且添加一个用于设置背景的 CSS 类，具体代码如下：

```
01  <style type="text/css">
02      body{
03          font-size:12px;                          /* 设置字体大小 */
04      }
05      .background{
06          background:#00EEFF;                       /* 设置背景颜色 */
```

```
07      }
08  </style>
```

④ 在引入 jQuery 库的代码下方编写 jQuery 代码，实现匹配 div 元素的同辈元素 p，并为其添加 CSS 类，具体代码如下：

```
01  <script type="text/javascript">
02      $(document).ready(function(){
03          $("div~p").addClass("background");      // 为匹配的元素添加 CSS 类
04      });
05  </script>
```

运行本实例，将显示如图 19.15 所示的效果。在图中可以看到"div 外面的 p 标记"被添加了背景，而"第一个 p 标记"和"第二个 p 标记"的段落由于不是 div 元素的同辈元素，故没有被添加背景。

19.3.4 过滤选择器

过滤选择器包括简单过滤器、内容过滤器、可见性过滤器、表单对象的属性过滤器和子元素选择器等。下面分别进行详细介绍。

图 19.15　为 div 元素的同辈元素设置背景

（1）简单过滤器

简单过滤器是指以冒号开头，通常用于实现简单过滤效果的过滤器。例如，匹配找到的第一个元素等。jQuery 提供的简单过滤器如表 19.1 所示。

表 19.1　jQuery 的简单过滤器

过滤器	说明	示例
:first	匹配找到的第一个元素，它是与选择器结合使用的	$("li:first")　//匹配第一个列表项
:last	匹配找到的最后一个元素，它是与选择器结合使用的	$("li:last")　//匹配最后一个列表项
:even	匹配所有索引值为偶数的元素，索引值从 0 开始计数	$("li:even")　//匹配索引值为偶数的列表项
:odd	匹配所有索引值为奇数的元素，索引值从 0 开始计数	$("li:odd")　//匹配索引值为奇数的列表项
:eq(index)	匹配一个给定索引值的元素	$("div:eq(1)")　//匹配第二个 div 元素
:gt(index)	匹配所有大于给定索引值的元素	$("div:gt(0)")　//匹配第二个及以上的 div 元素
:lt(index)	匹配所有小于给定索引值的元素	$("div:lt(2)")　//匹配第二个及以下的 div 元素
:header	匹配如 h1, h2, h3, ……之类的标题元素	$(":header")　//匹配全部的标题元素
:not(selector)	去除所有与给定选择器匹配的元素	$("input:not(:checked)")　//匹配没有被选中的 input 元素
:animated	匹配所有正在执行动画效果的元素	$(":animated ")　//匹配所有正在执行的动画

 **[实例 19.9]**

（源码位置：资源包 \Code\19\09）

实现一个带表头的双色表格

本实例将通过几个简单过滤器控制表格中相应行的样式，实现一个带表头的双色表格。关键步骤如下：

① 创建 index.html 文件，在该文件的 <head> 标记中应用下面的语句引入 jQuery 库。

```
<script type="text/javascript" src="../JS/jquery-3.5.1.min.js"></script>
```

② 在页面的 <body> 标记中，添加一个 5 行 5 列的表格，代码如下：

```
01    <table>
02      <tr>
03        <td style="width: 55px"> 电影编号 </td>
04        <td style="width: 70px"> 电影名称 </td>
05        <td style="width: 80px"> 电影主演 </td>
06        <td style="width: 165px"> 电影简介 </td>
07        <td style="width: 130px"> 发行时间 </td>
08      </tr>
09      <tr>
10        <td>1</td>
11        <td> 飓风营救 </td>
12        <td> 连姆·尼森 </td>
13        <td> 老特工重新出山 </td>
14        <td>2008-04-09</td>
15      </tr>
16      <tr>
17        <td>2</td>
18        <td> 我是传奇 </td>
19        <td> 威尔·史密斯 </td>
20        <td> 末世科幻动作电影 </td>
21        <td>2007-12-14</td>
22      </tr>
23      <tr>
24        <td>3</td>
25        <td> 一线声机 </td>
26        <td> 杰森·斯坦森 </td>
27        <td> 一线声机保持通话 </td>
28        <td>2004-09-10</td>
29      </tr>
30      <tr>
31        <td>4</td>
32        <td> 变形金刚 </td>
33        <td> 希亚·拉博夫 </td>
34        <td> 以动画为基础的创新作品 </td>
35        <td>2007-07-03</td>
36      </tr>
37    </table>
```

③ 编写 CSS 样式，通过元素选择符设置表格和单元格的样式，并且编写 th、even 和 odd 3 个类选择符，用于控制表格中相应行的样式，具体代码如下：

```
01  <style type="text/css">
02    table{
03        border-collapse: collapse;
04        border: 1px solid #3F873B;              /* 设置表格边框 */
05    }
06    tr{
```

263

```
07              height: 34px;                        /* 设置行高 */
08          }
09      td{
10              border-collapse: collapse;
11              border: 1px solid #3F873B;           /* 设置单元格边框 */
12          font-size:12px;                          /* 设置单元格中的字体大小 */
13          padding:3px;                             /* 设置内边距 */
14      }
15      .th{
16          background-color:#B6DF48;                /* 设置背景颜色 */
17          font-weight:bold;                        /* 设置文字加粗显示 */
18          text-align:center;                       /* 文字居中对齐 */
19      }
20      .even{
21          background-color:#E8F3D1;                /* 设置奇数行的背景颜色 */
22      }
23      .odd{
24          background-color:#F9FCEF;                /* 设置偶数行的背景颜色 */
25      }
26  </style>
```

④ 在引入 jQuery 库的代码下方编写 jQuery 代码，实现匹配表格中相应的行，并为其添加 CSS 类，具体代码如下：

```
01  <script type="text/javascript">
02      $(document).ready(function() {
03          $("tr:even").addClass("even");           // 设置奇数行所用的 CSS 类
04          $("tr:odd").addClass("odd");             // 设置偶数行所用的 CSS 类
05          $("tr:first").removeClass("even");       // 移除 even 类
06          $("tr:first").addClass("th");            // 添加 th 类
07      });
08  </script>
```

在上面的代码中，为表格的第一行添加 th 类时，需要先将该行应用的 even 类移除，再进行添加，否则，新添加的 CSS 类将不起作用。

运行本实例，将显示如图 19.16 所示的效果。其中，第一行为表头，编号为 1 和 3 的行采用的是偶数行样式，编号为 2 和 4 的行采用的是奇数行的样式。

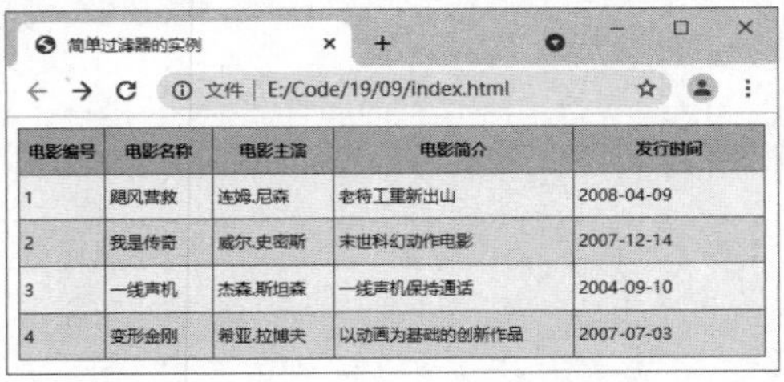

图 19.16　带表头的双色表格

（2）内容过滤器

内容过滤器就是通过 DOM 元素包含的文本内容以及是否含有匹配的元素进行筛选。内容过滤器共包括 :contains(text)、:empty、:has(selector) 和 :parent 4 种，如表 19.2 所示。

表 19.2　jQuery 的内容过滤器

过滤器	说明	示例
:contains(text)	匹配包含给定文本的元素	$("span:contains('明日科技')") //匹配含有"明日科技"文本内容的 span 元素
:empty	匹配所有不包含子元素或者文本的空元素	$("li:empty") //匹配不包含子元素或者文本的列表项
:has(selector)	匹配含有选择器所匹配元素的元素	$("li:has(p)") //匹配含有 <p> 标记的列表项
:parent	匹配含有子元素或者文本的元素	$("span:parent") //匹配含有子元素或者文本的 span 元素

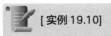 **[实例 19.10]**

（源码位置：资源包 \Code\19\10）

应用内容过滤器匹配不同的单元格

本实例将应用内容过滤器匹配为空的单元格、不为空的单元格和包含指定文本的单元格。关键步骤如下：

① 创建 index.html 文件，在该文件的 <head> 标记中应用下面的语句引入 jQuery 库。

```
<script type="text/javascript" src="../JS/jquery-3.5.1.min.js"></script>
```

② 在页面的 <body> 标记中，添加一个 5 行 5 列的表格，关键代码如下：

```
01  <table>
02      <tr>
03          <td style="width: 55px"> 电影编号 </td>
04          <td style="width: 70px"> 电影名称 </td>
05          <td style="width: 80px"> 电影主演 </td>
06          <td style="width: 165px"> 电影简介 </td>
07          <td style="width: 130px"> 发行时间 </td>
08      </tr>
09      <tr>
10          <td>1</td>
11          <td> 飓风营救 </td>
12          <td> 连姆 . 尼森 </td>
13          <td> 老特工重新出山 </td>
14          <td>2008-04-09</td>
15      </tr>
16      <tr>
17          <td>2</td>
18          <td> 我是传奇 </td>
19          <td> 威尔 . 史密斯 </td>
20          <td> 末世科幻动作电影 </td>
21          <td>2007-12-14</td>
22      </tr>
23      <tr>
24          <td>3</td>
25          <td> 一线声机 </td>
26          <td> 杰森 . 斯坦森 </td>
27          <td></td>
28          <td>2004-09-10</td>
29      </tr>
30      <tr>
31          <td>4</td>
32          <td> 变形金刚 </td>
33          <td> 希亚 . 拉博夫 </td>
34          <td> 以动画为基础的创新作品 </td>
35          <td>2007-07-03</td>
36      </tr>
37  </table>
```

③ 编写 CSS 样式，通过元素选择符设置表格、表格行和单元格的样式，具体代码如下：

```
01  <style type="text/css">
02      table{
03          border-collapse: collapse;
04          border: 1px solid #3F873B;          /* 设置表格边框 */
05      }
06      tr{
07          height: 34px;                       /* 设置行高 */
08      }
```

```
09      td{
10          border-collapse: collapse;
11          border: 1px solid #3F873B;          /* 设置单元格边框 */
12          font-size:12px;                     /* 设置单元格中的字体大小 */
13          padding:3px;                        /* 设置内边距 */
14      }
15      tr:first-child{
16          font-weight:bold;                   /* 设置文字加粗显示 */
17          text-align:center;                  /* 文字居中对齐 */
18      }
19  </style>
```

④ 在引入 jQuery 库的代码下方编写 jQuery 代码，实现匹配表格中不同的单元格，并分别为匹配到的单元格设置背景颜色、添加默认内容和设置文字颜色，具体代码如下：

```
01  <script type="text/javascript">
02      $(document).ready(function(){
03          $("td:parent").css("background-color","#E8F3D1");   // 为不为空的单元格设置背景颜色
04          $("td:empty").html(" 暂无内容 ");                    // 为空的单元格添加默认内容
05          // 将含有文本威尔 . 史密斯的单元格的文字颜色设置为红色
06          $("td:contains(' 威尔 . 史密斯 ')").css("color","red");
07      });
08  </script>
```

运行本实例将显示如图 19.17 所示的效果。

（3）可见性过滤器

元素的可见状态有两种，分别是隐藏状态和显示状态。可见性过滤器就是利用元素的可见状态匹配元素的。因此，可见性过滤器也有两种，一种是匹配所有可见元素的 :visible 过滤器，另一种是匹配所有不可见元素的 :hidden 过滤器。

图 19.17　匹配表格中不同的单元格

👑 说明：

在应用 :hidden 过滤器时，display 属性是 none 以及 input 元素的 type 属性为 hidden 的元素都会被匹配到。

例如，在页面中添加 3 个 input 元素，其中第一个为显示的文本框，第二个为不显示的文本框，第三个为隐藏域，代码如下：

```
01  <input type="text" value=" 显示的 input 元素 ">
02  <input type="text" value=" 隐藏的 input 元素 " style="display:none">
03  <input type="hidden" value=" 隐藏域的值 ">
```

通过可见性过滤器获取页面中显示和隐藏的 input 元素的值，代码如下：

```
01  <script type="text/javascript">
02      $(document).ready(function() {
03          var visibleVal = $("input:visible").val();          // 获取显示的 input 的值
04          var hiddenVal1 = $("input:hidden:eq(0)").val();     // 获取第一个隐藏的 input 的值
05          var hiddenVal2 = $("input:hidden:eq(1)").val();     // 获取第二个隐藏的 input 的值
06          alert(visibleVal+"\n"+hiddenVal1+"\n"+hiddenVal2);  // 弹出获取的信息
07      });
08  </script>
```

运行结果如图 19.18 所示。

（4）表单对象的属性过滤器

表单对象的属性过滤器通过表单元素的状态属性（例如选中、不可用等状态）匹配元素，包括 :checked 过滤器 :disabled 过滤器 :enabled 过滤器和 :selected 过滤器 4 种，如表 19.3 所示。

图 19.18　弹出显示和隐藏的 input 元素的值

表 19.3　jQuery 的表单对象的属性过滤器

过滤器	说明	示例
:checked	匹配所有被选中元素	$("input:checked") //匹配 checked 属性为 checked 的 input 元素
:disabled	匹配所有不可用元素	$("input:disabled") //匹配 disabled 属性为 disabled 的 input 元素
:enabled	匹配所有可用的元素	$("input:enabled ") //匹配 enabled 属性为 enabled 的 input 元素
:selected	匹配所有选中的 option 元素	$("select option:selected") //匹配 select 元素中被选中的 option 元素

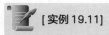 **[实例 19.11]**　　　　　　　　　　　　　　　　　　　（源码位置：资源包 \Code\19\11）

利用表单对象的属性过滤器匹配元素

本实例将利用表单对象的属性过滤器匹配表单中相应的元素，并为匹配到的元素执行不同的操作。关键步骤如下：

① 创建 index.html 文件，在该文件的 <head> 标记中应用下面的语句引入 jQuery 库。

```
<script type="text/javascript" src="../JS/jquery-3.5.1.min.js"></script>
```

② 在页面的 <body> 标记中，添加一个表单，并在该表单中添加 3 个复选框、一个不可用按钮和一个下拉菜单，其中，前两个复选框为选中状态，关键代码如下：

```
01   <form>
02     复选框 1: <input type="checkbox" checked="checked" value=" 复选框 1"/>
03     复选框 2: <input type="checkbox" checked="checked" value=" 复选框 2"/>
04     复选框 3: <input type="checkbox" value=" 复选框 3"/><br />
05     不可用按钮: <input type="button" value=" 测试 " disabled><br />
06     请选择:
07     <select onchange="selectVal()">
08       <option value=" 菜单项 1"> 菜单项 1</option>
09       <option value=" 菜单项 2"> 菜单项 2</option>
10       <option value=" 菜单项 3"> 菜单项 3</option>
11     </select>
12   </form>
```

③ 在引入 jQuery 库的代码下方编写 jQuery 代码，实现匹配表单中的被选中的 checkbox 元素、不可用元素和被选中的 option 元素，具体代码如下：

```
01   <script type="text/javascript">
02     $(document).ready(function() {
03       $("input:checked").css("display","none");        // 隐藏选中的复选框
04       $("input:disabled").val(" 不可用的按钮 ");          // 为灰色不可用按钮赋值
05     });
06     function selectVal(){                               // 下拉菜单变化时执行的函数
07       alert($("select option:selected").val());        // 显示选中的值
```

```
08     }
09 </script>
```

运行本实例，选中下拉菜单中的菜单项 3，将弹出对话框显示选中菜单项的值，如图 19.19 所示。在该图中，设置选中的两个复选框为隐藏状态，另外的一个复选框没有被隐藏，不可用按钮的 value 值被修改为"不可用的按钮"。

图 19.19　利用表单对象的属性过滤器匹配表单中相应的元素

（5）子元素选择器

子元素选择器就是筛选给定元素的某个子元素，具体的过滤条件由选择器的种类而定。jQuery 提供的子元素选择器如表 19.4 所示。

表 19.4　jQuery 的子元素选择器

选择器	说明	示例
:first-child	匹配所有给定元素的第一个子元素	$("div span:first-child")　//匹配 div 元素中的第一个 span 子元素
:last-child	匹配所有给定元素的最后一个子元素	$("div span:last-child")　//匹配 div 元素中的最后一个 span 子元素
:only-child	匹配元素中唯一的子元素	$("div span:only-child")　//匹配只含有一个 span 元素的 div 元素中的 span
:nth-child(index/even/odd/equation)	匹配其父元素下的第 N 个子或奇偶元素，index 从 1 开始，而不是从 0 开始	$("div span:nth-child(even)")　//匹配 div 中索引值为偶数的 span 元素 $("div span:nth-child(3)")　//匹配 div 中第 3 个 span 元素

19.3.5　属性选择器

属性选择器就是通过元素的属性作为过滤条件进行筛选对象。jQuery 提供的属性选择器如表 19.5 所示。

表 19.5　jQuery 的属性选择器

选择器	说明	示例
[attribute]	匹配包含给定属性的元素	$("div[id]") //匹配含有 ID 属性的 div 元素
[attribute=value]	匹配给定的属性是某个特定值的元素	$("div[id='test']") //匹配 ID 属性是 test 的 div 元素
[attribute!=value]	匹配所有含有指定的属性，但属性不等于特定值的元素	$("div[id!='test']") //匹配 ID 属性不是 test 的 div 元素
[attribute*=value]	匹配给定的属性是包含某些值的元素	$("div[id*='test']") //匹配 ID 属性中含有 test 值的 div 元素

选择器	说明	示例
[attribute^=value]	匹配给定的属性是以某些值开始的元素	$("div[id^='test']") //匹配 ID 属性以 test 开头的 div 元素
[attribute$=value]	匹配给定的属性是以某些值结尾的元素	$("div[id$='test']") //匹配 ID 属性以 test 结尾的 div 元素
[selector1][selector2] [selectorN]	复合属性选择器，需要同时满足多个条件时使用	$("div[class][id^='test']") //匹配具有 class 属性并且 ID 属性是以 test 开头的 div 元素

19.3.6 表单选择器

表单选择器是匹配经常在表单中出现的元素。但是匹配的元素不一定在表单中。jQuery 提供的表单选择器如表 19.6 所示。

表 19.6 jQuery 的表单选择器

选择器	说明	示例
:input	匹配所有的 input 元素	$(":input") //匹配所有的 input 元素 $("form :input") //匹配 \<form\> 标记中的所有 input 元素，需要注意，在 form 和 :之间有一个空格
:button	匹配所有的普通按钮，即 type="button" 的 input 元素	$(":button") //匹配所有的普通按钮
:checkbox	匹配所有的复选框	$(":checkbox") //匹配所有的复选框
:file	匹配所有的文件域	$(":file") //匹配所有的文件域
:hidden	匹配所有的不可见元素，或者 type 属性为 hidden 的元素	$(":hidden") //匹配所有的不可见元素
:image	匹配所有的图像域	$(":image") //匹配所有的图像域
:password	匹配所有的密码域	$(":password") //匹配所有的密码框
:radio	匹配所有的单选按钮	$(":radio") //匹配所有的单选按钮
:reset	匹配所有的重置按钮，即 type="reset" 的 input 元素	$(":reset") //匹配所有的重置按钮
:submit	匹配所有的提交按钮，即 type="submit" 的 input 元素	$(":submit") //匹配所有的提交按钮
:text	匹配所有的单行文本框	$(":text") //匹配所有的单行文本框

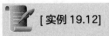 [实例 19.12]

（源码位置：资源包 \Code\19\12 ）

利用表单选择器匹配元素

本实例将利用表单选择器匹配表单中相应的元素，并为匹配到的元素执行不同的操作。关键步骤如下：

① 创建 index.html 文件，在该文件的 \<head\> 标记中应用下面的语句引入 jQuery 库。

```
<script type="text/javascript" src="../JS/jquery-3.5.1.min.js"></script>
```

② 在页面的 \<body\> 标记中添加一个表单，并在该表单中添加复选框、单选按钮、图像域、文件域、密码域、文本框、普通按钮、重置按钮、提交按钮和隐藏域等 input 元素，关

键代码如下：

```
01  <form>
02      复选框: <input type="checkbox">
03      单选按钮: <input type="radio">
04      图像域: <input type="image"><br>
05      文件域: <input type="file"><br>
06      密码框: <input type="password" width="150px"><br>
07      文本框: <input type="text" width="150px"><br>
08      普通按钮: <input type="button" value=" 测试 "><br>
09      重置按钮: <input type="reset" value=""><br>
10      提交按钮: <input type="submit" value=""><br>
11      <input type="hidden" value=" 明日科技欢迎您 ">
12      <div id="testDiv"><span style="color:blue;"> 隐藏域的值: </span></div>
13  </form>
```

③ 在引入 jQuery 库的代码下方编写 jQuery 代码，实现匹配表单中的各个表单元素，并实现不同的操作，具体代码如下：

```
01  <script type="text/javascript">
02      $(document).ready(function() {
03          $(":checkbox").attr("checked","checked");              // 选中复选框
04          $(":radio").attr("checked","checked");                 // 选中单选按钮
05          $(":image").attr("src","images/fish1.jpg");            // 设置图片路径
06          $(":file").hide();                                     // 隐藏文件域
07          $(":password").val("123456");                          // 设置密码框的值
08          $(":text").val(" 请您畅所欲言 ");                        // 设置文本框的值
09          $(":button").attr("disabled","disabled");              // 设置按钮不可用
10          $(":reset").val(" 重置 ");                              // 设置重置按钮的值
11          $(":submit").val(" 提交 ");                             // 设置提交按钮的值
12          $("#testDiv").append($("input:hidden:eq(1)").val());   // 显示隐藏域的值
13      });
14  </script>
```

运行本实例，将显示如图 19.20 所示的页面。

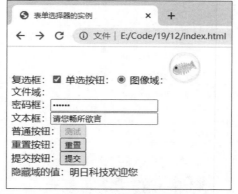

图 19.20　利用表单选择器匹配表单中相应的元素

本章知识思维导图

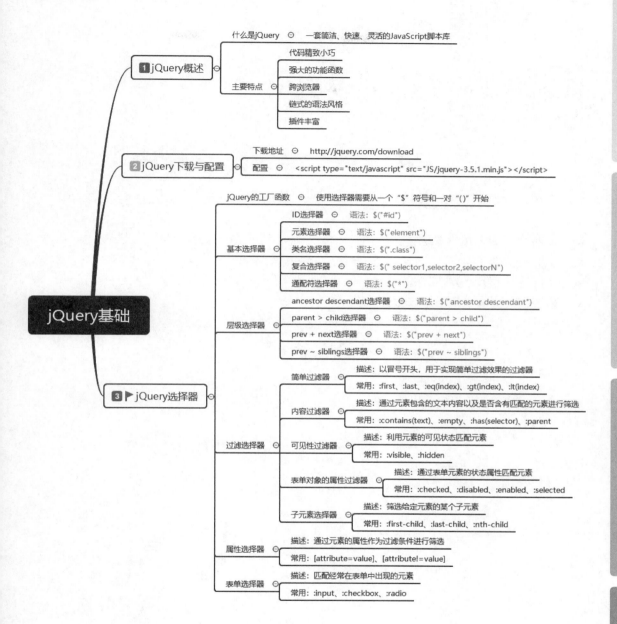

第 20 章

jQuery 控制页面

 本章学习目标

- 掌握操作元素的内容和值的方法。
- 掌握操作页面中 DOM 节点的方法。
- 掌握操作页面元素属性的方法。
- 掌握操作元素 CSS 样式的方法。

20.1 对元素内容和值进行操作

jQuery 提供了对元素的内容和值进行操作的方法，其中，元素的值是元素的一种属性，大部分元素的值都对应 value 属性。下面我们再来对元素的内容进行介绍。

元素的内容是指定义元素的起始标记和结束标记中间的内容，又可分为文本内容和 HTML 内容。下面通过一段代码来说明。

```
01  <div>
02      <span> 从零开始学 JavaScript</span>
03  </div>
```

在这段代码中，div 元素的文本内容就是 "从零开始学 JavaScript"，文本内容不包含元素的子元素，只包含元素的文本内容。而 "<span> 从零开始学 JavaScript </span>" 就是 <div> 元素的 HTML 内容，HTML 内容不仅包含元素的文本内容，还包含元素的子元素。

20.1.1 对元素内容操作

由于元素内容又可分为文本内容和 HTML 内容，那么，对元素内容的操作也可以分为对文本内容操作和对 HTML 内容进行操作。下面分别进行详细介绍。

（1）对文本内容操作

jQuery 提供了 text() 和 text(val) 两个方法用于对文本内容操作，其中，text() 方法用于获取全部匹配元素的文本内容，text(val) 方法用于设置全部匹配元素的文本内容。例如，在一个 HTML 页面中，包括下面 3 行代码。

```
01  <div>
02      <span id="clock"> 当前时间: 2021-05-26 星期三 15:26:36</span>
03  </div>
```

要获取并输出 div 元素的文本内容，可以使用下面的代码：

```
alert($("div").text());              // 输出 div 元素的文本内容
```

得到的结果如图 20.1 所示。

👑 说明：

　text() 方法取得的结果是所有匹配元素包含的文本组合起来的文本内容，这个方法也对 XML 文档有效，可以用 text() 方法解析 XML 文档元素的文本内容。

此网页显示

当前时间: 2021-05-26 星期三 15:26:36

确定

图 20.1　获取到的 div 元素的文本内容

要重新设置 div 元素的文本内容，可以使用下面的代码：

```
$("div").text(" 重新设置的文本内容 ");          // 重新设置 div 元素的文本内容
```

👑 注意：

　使用 text() 方法重新设置 div 元素的文本内容后，div 元素原来的内容将被新设置的内容替换掉，包括 HTML 内容。例如，对下面的代码：

第 3 篇　高级应用篇

273

```
<div><span id="clock"> 当前时间：2021-05-26 星期三 15:26:36</span></div>
```

应用 "$("div").text(" 重新设置的文本内容 ");" 设置值后，该 <div> 标记的内容将变为：

```
<div> 重新设置的文本内容 </div>
```

（2）对 HTML 内容操作

jQuery 提供了 html() 和 html(val) 两个方法用于对 HTML 内容操作，其中，html() 方法用于获取第一个匹配元素的 HTML 内容，text(val) 方法用于设置全部匹配元素的 HTML 内容。例如，在一个 HTML 页面中，包括下面 3 行代码。

```
01  <div>
02      <span id="clock"> 当前时间：2021-05-26 星期三 15:26:36</span>
03  </div>
```

要获取并输出 div 元素的 HTML 内容，可以使用下面的代码：

```
alert($("div").html());          // 输出 div 元素的 HTML 内容
```

得到的结果如图 20.2 所示。

要重新设置 div 元素的 HTML 内容，可以使用下面的代码：

```
$("div").html("<span
style='color:#FF0000'> 重新设置的 HTML 内容
</span>");/* 重新设置 div 元素的 HTML 内容 */
```

图 20.2　获取到的 div 元素的 HTML 内容

> 注意：
> html() 方法与 html(val) 方法不能用于 XML 文档，但是可以用于 XHTML 文档。

下面通过一个具体的例子，说明对元素的文本内容与 HTML 内容操作的区别。

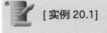

[实例 20.1]

（源码位置：资源包 \Code\20\01）

对元素内容进行设置

本实例将对页面中元素的文本内容与 HTML 内容进行重新设置。实现步骤如下：
① 创建 index.html 文件，在该文件的 <head> 标记中应用下面的语句引入 jQuery 库。

```
<script type="text/javascript" src="../JS/jquery-3.5.1.min.js"></script>
```

② 在页面的 <body> 标记中，添加两个 <div> 标记，这两个 <div> 标记除了 ID 属性不同外，其他均相同，关键代码如下：

```
01  应用 text() 方法设置的内容
02  <div id="div1">
03  <span> 飞雪连天射白鹿 </span>
04  </div>
05  <br> 应用 html() 方法设置的内容
06  <div id="div2">
07  <span> 飞雪连天射白鹿 </span>
08  </div>
```

③ 在引入 jQuery 库的代码下方编写 jQuery 代码，实现为 <div> 标记重新设置文本内容

和 HTML 内容，具体代码如下：

```
01  <script type="text/javascript">
02    $(document).ready(function(){
03      // 为 <div> 标记重新设置文本内容
04      $("#div1").text("<span style='color:#CC00FF'> 笑书神侠倚碧鸳 </span>");
05      // 为 <div> 标记重新设置 HTML 内容
06      $("#div2").html("<span style='color:#CC00FF'> 笑书神侠倚碧鸳 </span>");
07    });
08  </script>
```

运行本实例，将显示如图 20.3 所示的运行结果。在运行结果中可以看出，在应用 text() 方法设置文本内容时，即使内容中包含 HTML 代码，也将被认为是普通文本，并不能作为 HTML 代码被浏览器解析，而应用 html() 方法设置的 HTML 内容中包括的 HTML 代码就可以被浏览器解析。

图 20.3　重新设置元素的文本内容与 HTML 内容

20.1.2　对元素值操作

jQuery 提供了 3 种对元素值操作的方法，如表 20.1 所示。

表 20.1　对元素的值进行操作的方法

方法	说明	示例
val()	用于获取第一个匹配元素的当前值，返回值可能是一个字符串，也可能是一个数组。例如，当 select 元素有两个选中值时，返回结果就是一个数组	$("#box").val();// 获取 ID 为 box 的元素的值
val(val)	用于设置所有匹配元素的值	$("input:text").val(" 新值 ") // 为全部文本框设置值
val(arrVal)	用于为 checkbox、select 和 radio 等元素设置值，参数为字符串数组	$("select").val(['电影','音乐']); // 为下拉列表框设置多选值

　[实例 20.2]　　　　　　　　　　　　　　　　　（源码位置：资源包 \Code\20\02 ）

为多行列表框设置并获取值

将列表框中的第一个和第二个列表项设置为选中状态，并获取该多行列表框的值。实现步骤如下：

① 创建 index.html 文件，在该文件的 <head> 标记中应用下面的语句引入 jQuery 库。

```
<script type="text/javascript" src="../JS/jquery-3.5.1.min.js"></script>
```

② 在页面的 <body> 标记中，添加一个包含 3 个列表项的可多选的多行列表框，默认为后两项被选中，代码如下：

```
01  <select name="like" size="3" multiple="multiple" id="like">
02    <option> 动作片 </option>
03    <option selected="selected"> 喜剧片 </option>
04    <option selected="selected"> 科幻片 </option>
05  </select>
```

③ 在引入 jQuery 库的代码下方编写 jQuery 代码，应用 jQuery 的 val(arrVal) 方法将其第一

个和第二个列表项设置为选中状态，并应用 val() 方法获取该多行列表框的值，具体代码如下：

```
01  <script type="text/javascript">
02    $(document).ready(function(){
03      $("select").val([' 动作片 ',' 喜剧片 ']);    // 设置多行列表框的值
04      alert($("select").val());                    // 获取并输出多行列表框的值
05    });
06  </script>
```

运行实例，结果如图 20.4 所示。

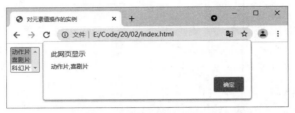

图 20.4　获取到的多行列表框的值

20.2　对 DOM 节点进行操作

了解 JavaScript 的读者应该知道，通过 JavaScript 可以实现对 DOM 节点的操作，例如查找节点、创建节点、插入节点、复制节点或者删除节点，不过比较复杂。jQuery 为了简化开发人员的工作，也提供了对 DOM 节点进行操作的方法，其中，查找节点可以通过 jQuery 提供的选择器实现，下面对节点的其他操作进行详细介绍。

20.2.1　创建节点

创建元素节点包括两个步骤，一是创建新元素，二是将新元素插入文档中（即父元素中）。例如，要在文档的 body 元素中创建一个新的段落节点可以使用下面的代码：

```
01  <script type="text/javascript">
02    $(document).ready(function(){
03      // 方法一
04      var $p=$("<p></p>");
05      $p.html("<span style='color:#FF0000'> 从零开始学 JavaScript</span>");
06      $("body").append($p);
07      // 方法二
08      var $txtP=$("<p><span style='color:#FF0000'> 从零开始学 JavaScript </span></p>");
09      $("body").append($txtP);
10      // 方法三
11    $("body").append("<p><span style='color:#FF0000'> 从零开始学 JavaScript </span></p>");
12    });
13  </script>
```

👑 说明：

在创建节点时，浏览器会将所添加的内容视为 HTML 内容进行解释执行，无论是否使用 html() 方法指定的 HTML 内容。上面所使用的 3 种方法都将在文档中添加一个颜色为红色的段落文本。

20.2.2　插入节点

在创建节点时，应用了 append() 方法将定义的节点内容插入到指定的元素。实际上，

该方法是用于插入节点的方法，除了 append() 方法外，jQuery 还提供了几种插入节点的方法。在 jQuery 中，插入节点可以分为在元素内部插入和在元素外部插入两种，下面分别进行介绍。

（1）在元素内部插入

在元素内部插入就是向一个元素中添加子元素和内容。jQuery 提供了如表 20.2 所示的在元素内部插入的方法。

表 20.2　在元素内部插入的方法

方法	说明	示例
append(content)	为所有匹配的元素的内部追加内容	$("#two").append("<p>one</p>");　//向 ID 为 two 的元素中追加一个段落
appendTo(content)	将所有匹配元素添加到另一个元素的元素集合中	$("#two").appendTo("#one");　//将 ID 为 two 的元素追加到 ID 为 one 的元素后面
prepend(content)	为所有匹配的元素的内部前置内容	$("#two").prepend("<p>one</p>");　//向 ID 为 two 的元素内容前添加一个段落
prependTo(content)	将所有匹配元素前置到另一个元素的元素集合中	$("#two").prependTo("#one");　//将 ID 为 two 的元素添加到 ID 为 one 的元素前面

从表 20.2 中可以看出 append() 方法与 prepend() 方法类似，所不同的是 prepend() 方法将添加的内容插入到原有内容的前面。

appendTo() 方法实际上是颠倒了 append() 方法，例如下面这行代码：

```
$("<p>one</p>").appendTo("#two");                // 将指定内容追加到 ID 为 two 的元素中
```

等同于：

```
$("#two").append("<p>one</p>");                // 向 ID 为 two 的元素中追加指定内容
```

👑 说明：

prepend() 方法是向所有匹配元素内部的开始处插入内容的最佳方法。prepend() 方法与 prependTo() 的区别同 append() 方法与 appendTo() 方法的区别。

（2）在元素外部插入

在元素外部插入就是将要添加的内容添加到元素之前或元素之后。jQuery 提供了如表 20.3 所示的在元素外部插入的方法。

表 20.3　在元素外部插入的方法

方法	说明	示例
after(content)	在每个匹配的元素之后插入内容	$("#two").after("<p>one</p>");　//向 ID 为 two 的元素的后面添加一个段落
insertAfter(content)	将所有匹配的元素插入到另一个指定元素的元素集合的后面	$("<p>one</p>v).insertAfter("#two");　//将要添加的段落插入到 ID 为 two 的元素的后面
before(content)	在每个匹配的元素之前插入内容	$("#two").before("<p>one</p>");　//向 ID 为 two 的元素前添加一个段落
insertBefore(content)	将所有匹配的元素插入到另一个指定元素的元素集合的前面	$("#two").insertBefore("#one");　//将 ID 为 two 的元素添加到 ID 为 one 的元素前面

20.2.3 删除、复制与替换节点

在页面上只执行插入和移动元素的操作是远远不够的，在实际开发的过程中还经常需要删除、复制和替换相应的元素。下面将介绍如何应用 jQuery 实现删除、复制和替换节点。

（1）删除节点

jQuery 提供了两种删除节点的方法，分别是 empty() 方法和 remove([expr]) 方法，其中，empty() 方法用于删除匹配的元素集合中所有的子节点，并不删除该元素；remove([expr]) 方法用于从 DOM 中删除所有匹配的元素。例如，在文档中存在下面的内容：

```
01   div1:
02   <div id="div1" style="border: 1px solid #0000FF; height: 26px">
03     <span> 山不在高，有仙则名 </span>
04   </div>
05   div2:
06   <div id="div2" style="border: 1px solid #0000FF; height: 26px">
07     <span> 山不在高，有仙则名 </span>
08   </div>
```

执行下面的 jQuery 代码后，将得到如图 20.5 所示的运行结果。

```
01   <script type="text/javascript">
02     $(document).ready(function(){
03         $("#div1").empty();                 // 删除 div1 中的所有子节点
04         $("#div2").remove();                // 删除 ID 为 div2 的元素
05     });
06   </script>
```

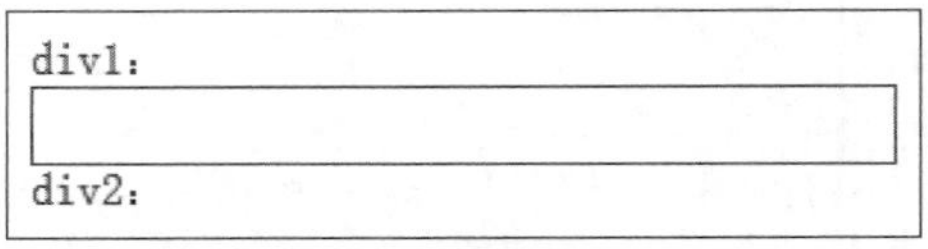

图 20.5　删除节点

（2）复制节点

jQuery 提供了 clone() 方法用于复制节点，该方法有两种形式：一种是不带参数的形式，用于克隆匹配的 DOM 元素并且选中这些克隆的副本；另一种是带有一个布尔型的参数，当参数为 true 时，表示克隆匹配的元素及其所有的事件处理并且选中这些克隆的副本，当参数为 false 时，表示不复制元素的事件处理。

例如，在页面中添加一个按钮，并为该按钮绑定单击事件，在单击事件中复制该按钮，但不复制它的事件处理，可以使用下面的 jQuery 代码：

```
01   <script type="text/javascript">
02     $(function(){
03         $("button").bind("click",function() { // 为按钮绑定单击事件
04             $(this).clone().insertAfter(this);// 复制自己但不复制事件处理
05         });
06     });
07   </script>
```

运行上面的代码，当单击页面上的按钮时，会在该元素之后插入复制后的元素副本，但是复制的按钮没有复制事件，如果需要同时复制元素的事件处理，可用 clone(true) 方法代替。

（3）替换节点

jQuery 提供了两个替换节点的方法，分别是 replaceAll(selector) 方法和 replaceWith (content) 方法。其中，replaceAll(selector) 方法用于使用匹配的元素替换掉所有 selector 匹配到的元素；replaceWith(content) 方法用于将所有匹配的元素替换成指定的 HTML 或 DOM 元素。这两种方法的功能相同，只是两者的表现形式不同。

例如，使用 replaceWith() 方法替换页面中 ID 为 div1 的元素，以及使用 replaceAll() 方法替换 ID 为 div2 的元素可以使用下面的代码：

```
01  <script type="text/javascript">
02      $(document).ready(function() {
03          // 替换 ID 为 div1 的 <div> 元素
04          $("#div1").replaceWith("<div> 替换后的新内容 </div>");
05          // 替换 ID 为 div2 的 <div> 元素
06          $("<div> 替换后的新内容 </div>").replaceAll("#div2");
07      });
08  </script>
```

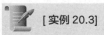

[实例 20.3]

（源码位置：资源包 \Code\20\03）

我的开心小农场

本实例将应用 jQuery 提供的对 DOM 节点进行操作的方法实现"我的开心小农场"。实现步骤如下：

① 创建 index.html 文件，在该文件的 <head> 标记中应用下面的语句引入 jQuery 库。

```
<script type="text/javascript" src="../JS/jquery-3.5.1.min.js"></script>
```

② 在页面的 <body> 标记中，添加一个显示农场背景的 <div> 标记，并且在该标记中添加 4 个 <span> 标记，用于设置控制按钮，代码如下：

```
01  <div id="bg">
02      <span id="seed"></span>
03      <span id="grow"></span>
04      <span id="bloom"></span>
05      <span id="fruit"></span>
06  </div>
```

③ 编写 CSS 代码，控制农场背景、控制按钮和图片的样式，具体代码如下：

```
01  <style type="text/css">
02      #bg{                                    /* 控制页面背景 */
03          width:456px;
04          height:266px;
05          background-image:url(images/plowland.jpg);
06          border:#999 1px solid;
07          padding:5px;
08      }
09      img{                                    /* 控制图片 */
10          position:absolute;
11          top:85px;
12          left:195px;
13      }
```

```
14      #seed{                                    /* 控制播种按钮 */
15          background-image:url(images/btn_seed.png);
16          width:56px;
17          height:56px;
18          position:absolute;
19          top:229px;
20          left:49px;
21          cursor:pointer;
22      }
23      #grow{                                    /* 控制生长按钮 */
24          background-image:url(images/btn_grow.png);
25          width:56px;
26          height:56px;
27          position:absolute;
28          top:229px;
29          left:154px;
30          cursor:pointer;
31      }
32      #bloom{                                   /* 控制开花按钮 */
33          background-image:url(images/btn_bloom.png);
34          width:56px;
35          height:56px;
36          position:absolute;
37          top:229px;
38          left:259px;
39          cursor:pointer;
40      }
41      #fruit{                                   /* 控制结果按钮 */
42          background-image:url(images/btn_fruit.png);
43          width:56px;
44          height:56px;
45          position:absolute;
46          top:229px;
47          left:368px;
48          cursor:pointer;
49      }
50  </style>
```

④ 编写 jQuery 代码，分别为播种、生长、开花和结果按钮绑定单击事件，并在其单击事件中应用操作 DOM 节点的方法控制作物的生长，具体代码如下：

```
01  <script type="text/javascript">
02      $(document).ready(function(){
03          $("#seed").bind("click",function(){          // 绑定播种按钮的单击事件
04              $("img").remove();                        // 移除 img 元素
05              $("#bg").prepend("<img src='images/seed.png' />");
06          });
07          $("#grow").bind("click",function(){          // 绑定生长按钮的单击事件
08              $("img").remove();                        // 移除 img 元素
09              $("#bg").append("<img src='images/grow.png' />");
10          });
11          $("#bloom").bind("click",function(){         // 绑定开花按钮的单击事件
12              $("img").replaceWith("<img src='images/bloom.png' />");
13          });
14          $("#fruit").bind("click",function(){         // 绑定结果按钮的单击事件
15              $("<img src='images/fruit.png' />").replaceAll("img");
16          });
17      });
18  </script>
```

运行本实例，单击"播种"按钮，将显示如图 20.6 所示的效果，单击"生长"按钮，

将显示如图 20.7 所示的效果，单击"开花"按钮，将显示如图 20.8 所示的效果，单击"结果"按钮，将显示一棵结满果实的草莓秧，效果如图 20.9 所示。

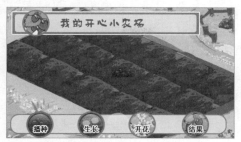

图 20.6　单击"播种"按钮的结果

图 20.7　单击"生长"按钮的结果

图 20.8　单击"开花"按钮的结果

图 20.9　单击"结果"按钮的结果

20.3　对元素属性进行操作

jQuery 提供了如表 20.4 所示的对元素属性进行操作的方法。

表 20.4　对元素属性进行操作的方法

方法	说明	示例
attr(name)	获取匹配的第一个元素的属性值（无值时返回 undefined）	$("img").attr('src');　//获取页面中第一个 img 元素的 src 属性的值
attr(key,value)	为所有匹配的元素设置一个属性值（value 是设置的值）	$("img").attr("title","欢迎访问本网站");　//为图片添加一个标题属性，属性值为"欢迎访问本网站"
attr(key,fn)	为所有匹配的元素设置一个函数返回值的属性值（fn 代表函数）	$("#box").attr("value", function() { return this.name; //将元素的名称作为其 value 属性值 });
attr(properties)	为所有匹配元素以集合（{名:值,名:值}）形式同时设置多个属性	//为图片同时添加两个属性，分别是 src 和 title $("img").attr({src:"js.gif",title:"美景"});
removeAttr(name)	为所有匹配元素删除一个属性	$("img").removeAttr("title"); //移除所有图片的 title 属性

在表 20.4 所列的这些方法中，key 和 name 都代表元素的属性名称，properties 代表一个集合。

[实例 20.4]

（源码位置：资源包 \Code\20\04）

改变图片大小

设计一个单击按钮改变图片大小的效果。在页面中显示一张表情图片和一个"改变图片大小"按钮，当鼠标单击该按钮时，将改变图片的大小。实现步骤如下：

① 创建 index.html 文件，在该文件的 <head> 标记中应用下面的语句引入 jQuery 库。

```
<script type="text/javascript" src="../JS/jquery-3.5.1.min.js"></script>
```

② 在页面的 <body> 标记中，添加一张设置了边框的表情图片和一个"改变图片大小"按钮，代码如下：

```
01  <img src="images/1.png" style="border: 1px solid"><br>
02  <input type="button" value=" 改变图片大小 ">
```

③ 在引入 jQuery 库的代码下方编写 jQuery 代码，当鼠标单击"改变图片大小"按钮时，通过设置图片的宽度改变图片的大小。具体代码如下：

```
01  <script type="text/javascript">
02    $(document).ready(function(){
03      $("input").click(function(){
04        $("img").attr("width",300);// 设置图片宽度
05      });
06    });
07  </script>
```

运行实例，结果如图 20.10 和图 20.11 所示。

图 20.10　图片原始大小

图 20.11　改变图片大小

20.4　对元素的 CSS 样式进行操作

在 jQuery 中，对元素的 CSS 样式操作可以通过修改 CSS 类或者 CSS 的属性来实现。下面进行详细介绍。

20.4.1　通过修改 CSS 类实现

在网页中，如果想改变一个元素的整体效果，例如，在实现网站换肤时，就可以通过修改该元素所使用的 CSS 类来实现。在 jQuery 中，提供了如表 20.5 所示的几种用于修改 CSS 类的方法。

表 20.5　修改 CSS 类的方法

方法	说明	示例
addClass(class)	为所有匹配的元素添加指定的 CSS 类名	$("div").addClass("color line"); //为全部 div 元素添加 color 和 line 两个 CSS 类
removeClass(class)	从所有匹配的元素中删除全部或者指定的 CSS 类	$("div").removeClass("color"); //删除全部 div 元素中名称为 color 的 CSS 类
toggleClass(class)	如果存在（不存在）就删除（添加）一个 CSS 类	$("div").toggleClass("red"); //当 div 元素中存在名称为 red 的 CSS 类时，删除该类，否则添加该类

toggleClass(class,switch)	如果 switch 参数为 true，则添加对应的 CSS 类，否则就删除，通常 switch 参数为一个布尔型的变量	$("img").toggleClass("light",true); //为 img 元素添加 CSS 类 light
		$("img").toggleClass("light",false); //为 img 元素删除 CSS 类 light

👑 说明：

在使用 addClass() 方法添加 CSS 类时，并不会删除现有的 CSS 类。同时，在使用表 20.5 所列的方法时，其 class 参数都可以设置多个类名，类名与类名之间用空格分隔。

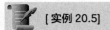 [实例 20.5]

（源码位置：资源包 \Code\20\05 ）

改变文本样式

在页面中添加一行文本，默认状态下，文本有一个初始的样式，当鼠标单击该文本时，将文本改变成一个新的样式。实现步骤如下：

① 创建 index.html 文件，在该文件的 <head> 标记中应用下面的语句引入 jQuery 库。

```
<script type="text/javascript" src="../JS/jquery-3.5.1.min.js"></script>
```

② 在页面的 <body> 标记中定义一个 div 标记，在标记中添加一行文本，为文本设置一个初始类名 old，代码如下：

```
<div class="old"> 欢迎访问明日学院 </div>
```

③ 编写 CSS 样式，定义两个类 old 和 new，old 类用于设置文本的初始样式，new 类用于设置文本改变后的样式，具体代码如下：

```
01  <style type="text/css">
02    .old{
03      font-size: 18px;                    /* 设置文字大小 */
04      color: #FFFFFF;                     /* 设置文字颜色 */
05      background-color: #3F873B;          /* 设置背景颜色 */
06      width: 150px;                       /* 设置元素宽度 */
07    }
08    .new{
```

```
09        font-size: 24px;                        /* 设置文字大小 */
10        color: #CC00FF;                         /* 设置文字颜色 */
11        border: 1px solid #CC00FF;              /* 设置边框 */
12        width: 200px;                           /* 设置元素宽度 */
13    }
14  </style>
```

④ 在引入 jQuery 库的代码下方编写 jQuery 代码，当鼠标单击文本时，移除 old 类并添加 new 类。具体代码如下：

```
01  <script type="text/javascript">
02  $(document).ready(function(){
03      $(".old").click(function(){                      // 绑定元素的单击事件
04          $(this).removeClass("old").addClass("new");  // 为元素移除 old 类并添加 new 类
05      });
06  });
07  </script>
```

运行实例，结果如图 20.12 和图 20.13 所示。

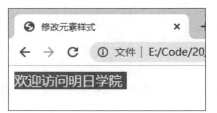

图 20.12　文本初始样式

图 20.13　改变后的文本样式

20.4.2　通过修改 CSS 属性实现

如果需要获取或修改某个元素的具体样式（即修改元素的 style 属性），jQuery 也提供了相应的方法，如表 20.6 所示。

表 20.6　获取或修改 CSS 属性的方法

方法	说明	示例
css(name)	返回第一个匹配元素的样式属性	$("div").css("color");　//获取第一个匹配的div元素的color属性值
css(name,value)	为所有匹配元素的指定样式设置值	$("img").css("border","1px solid #0000FF");　//为全部img元素设置边框样式

css(properties)	以 {属性:值,属性:值,……} 的形式为所有匹配的元素设置样式属性	$("tr").css({
		    "background-color":"#DDDDDD",//设置背景颜色
		    "font-size":"24px", //设置字体大小
		    "color":"blue" //设置字体颜色
		});

👑 说明：

在使用 css() 方法设置属性时，既可以解释连字符形式的 CSS 表示法（如 background-color），也可以解释大小写形式的 DOM 表示法（如 backgroundColor）。

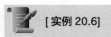 **[实例 20.6]** （源码位置：资源包 \Code\20\06 ）

为图片添加和去除边框

设计一个单击按钮为图片添加和去除边框的效果。在页面中显示一张图片、一个"添加边框"按钮和一个"去除边框"按钮，当鼠标单击"添加边框"按钮时，为图片添加一个绿色的边框，当鼠标单击"去除边框"按钮时，为图片去除边框。实现步骤如下：

① 创建 index.html 文件，在该文件的 <head> 标记中应用下面的语句引入 jQuery 库。

```
<script type="text/javascript" src="../JS/jquery-3.5.1.min.js"></script>
```

② 在页面的 <body> 标记中添加一张图片、一个"添加边框"按钮和一个"去除边框"按钮，代码如下：

```
01  <img id="pic" src="images/mr.gif"><br>
02  <input type="button" class="add" value=" 添加边框 ">
03  <input type="button" class="del" value=" 去除边框 ">
```

③ 在引入 jQuery 库的代码下方编写 jQuery 代码，当鼠标单击"添加边框"按钮时，为图片添加一个宽度为 3 像素、颜色为绿色的边框，当鼠标单击"去除边框"按钮时，去除图片的边框。具体代码如下：

```
01  <script type="text/javascript">
02  $(document).ready(function() {
03      $(".add").click(function(){
04          $("#pic").css("border","3px solid green");  // 为图片添加边框
05      });
06      $(".del").click(function(){
07          $("#pic").css("border","");                // 去除图片边框
08      });
09  });
10  </script>
```

运行本实例，效果如图 20.14 和图 20.15 所示。

图 20.14　页面初始效果

图 20.15　为图片添加边框

第3篇　高级应用篇

285

本章知识思维导图

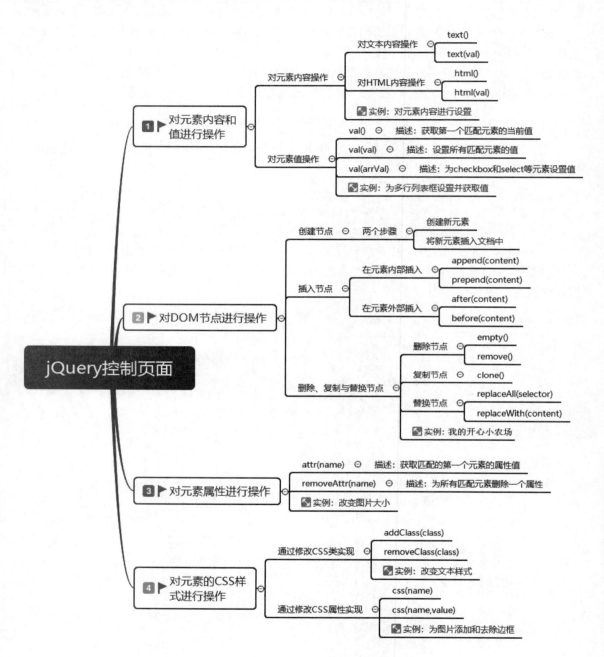

第 21 章
jQuery 的事件处理

扫码领取
➤ 配套视频
➤ 配套素材
➤ 学习指导
➤ 交流社群

本章学习目标

- 了解 jQuery 中的页面加载事件。
- 熟悉 jQuery 中的常用事件。
- 熟悉事件绑定的方法。
- 掌握两种模拟用户操作的方法。

21.1　页面加载响应事件

$(document).ready() 方法是事件模块中最重要的一个函数，它极大地提高了 Web 响应速度。$(document) 是获取整个文档对象，从这个方法名称来理解，就是获取文档就绪的时候。方法的书写格式为：

```
$(document).ready(function(){
    // 在这里写代码
});
```

可以简写成：

```
$().ready(function(){
    // 在这里写代码
});
```

当 $() 不带参数时，默认的参数就是 document，所以 $() 是 $(document) 的简写形式。还可以进一步简写成：

```
$(function(){
    // 在这里写代码
});
```

虽然语法可以更短一些，但是不提倡使用简写的方式，因为较长的代码更具可读性，也可以防止与其他方法混淆。

通过上面的介绍可以看出，在 jQuery 中，可以使用 $(document).ready() 方法代替传统的 window.onload() 方法，不过两者之间还是有些细微的区别的，主要表现在以下两方面。

① 在一个页面上可以无限制地使用 $(document).ready() 方法，各个方法间并不冲突，会按照在代码中的顺序依次执行。而一个页面中只能使用一个 window.onload() 方法。

② 在一个文档完全下载到浏览器时（包括所有关联的文件，例如图片等）就会响应 window.onload() 方法。而 $(document).ready() 方法是在所有的 DOM 元素完全就绪以后就可以调用，不包括关联的文件。例如在页面上还有图片没有加载完毕但是 DOM 元素已经完全就绪，这样就会执行 $(document).ready() 方法，在相同条件下 window.onload() 方法是不会执行的，它会继续等待图片加载，直到图片及其他的关联文件都下载完毕时才执行。所以说 $(document).ready() 方法优于 window.onload() 方法。

21.2　jQuery 中的事件

只有页面加载显然是不够的，程序在其他的时候也需要完成某个任务。比如鼠标单击（onclick）事件，敲击键盘（onkeypress）事件以及失去焦点（onblur）事件等。在不同的浏览器中事件名称是不同的，例如在 IE 中的事件名称大部分都含有 on，如 onkeypress() 事件，但是在火狐浏览器却没有这个事件名称，而 jQuery 统一了所有事件的名称。jQuery 中的事件如表 21.1 所示。

表 21.1　jQuery 中的事件

方法	说明
blur()	触发元素的 blur 事件
blur(fn)	在每一个匹配元素的 blur 事件中绑定一个处理函数，在元素失去焦点时触发
change()	触发元素的 change 事件
change(fn)	在每一个匹配元素的 change 事件中绑定一个处理函数，在元素的值改变并失去焦点时触发
click()	触发元素的 chick 事件
click(fn)	在每一个匹配元素的 click 事件中绑定一个处理函数，在元素上单击时触发
dblclick()	触发元素的 dblclick 事件
dblclick(fn)	在每一个匹配元素的 dblclick 事件中绑定一个处理函数，在元素上双击时触发
error()	触发元素的 error 事件
error(fn)	在每一个匹配元素的 error 事件中绑定一个处理函数，当 JavaScript 发生错误时触发
focus()	触发元素的 focus 事件
focus(fn)	在每一个匹配元素的 focus 事件中绑定一个处理函数，当匹配的元素获得焦点时触发
keydown()	触发元素的 keydown 事件
keydown(fn)	在每一个匹配元素的 keydown 事件中绑定一个处理函数，当按键按下时触发
keyup()	触发元素的 keyup 事件
keyup(fn)	在每一个匹配元素的 keyup 事件中绑定一个处理函数，在按键释放时触发
keypress()	触发元素的 keypress 事件
keypress(fn)	在每一个匹配元素的 keypress 事件中绑定一个处理函数，按下并抬起按键时触发
load(fn)	在每一个匹配元素的 load 事件中绑定一个处理函数，匹配的元素内容完全加载完毕后触发
mousedown(fn)	在每一个匹配元素的 mousedown 事件中绑定一个处理函数，在元素上按下鼠标时触发
mousemove(fn)	在每一个匹配元素的 mousemove 事件中绑定一个处理函数，鼠标在元素上移动时触发
mouseout(fn)	在每一个匹配元素的 mouseout 事件中绑定一个处理函数，鼠标从元素上离开时触发
mouseover(fn)	在每一个匹配元素的 mouseover 事件中绑定一个处理函数，鼠标移入元素时触发
mouseup(fn)	在每一个匹配元素的 mouseup 事件中绑定一个处理函数，鼠标在元素上按下并松开时触发
resize(fn)	在每一个匹配元素的 resize 事件中绑定一个处理函数，当文档窗口改变大小时触发
scroll(fn)	在每一个匹配元素的 scroll 事件中绑定一个处理函数，当滚动条发生变化时触发
select()	触发元素的 select 事件
select(fn)	在每一个匹配元素的 select 事件中绑定一个处理函数，在元素上选中某段文本时触发
submit()	触发元素的 submit 事件
submit(fn)	在每一个匹配元素的 submit 事件中绑定一个处理函数，在表单提交时触发
unload(fn)	在每一个匹配元素的 unload 事件中绑定一个处理函数，在元素卸载时触发

　　这些都是对应的 jQuery 事件，和传统的 JavaScript 中的事件几乎相同，只是名称不同。方法中的 fn 参数表示一个函数，事件处理程序就写在这个函数中。

（源码位置：资源包 \Code\21\01 ）

[实例 21.1]

横向导航菜单

应用 jQuery 中的 mouseover 事件和 mouseout 事件实现横向导航菜单的功能。实现步骤如下：

① 在文件中创建一个表格，在表格中完成横向主菜单和相应子菜单的创建，代码如下：

```
01  <table>
02    <tr>
03      <td>
04        <div id="Tdiv_1" class="menubar">
05          <div class="header"> 教育网站 </div>
06          <div id="Div1" class="menu">
07            <a href="#"> 重庆 XX 大学 </a><br>
08            <a href="#"> 长春 XX 大学 </a><br>
09            <a href="#"> 吉林 XX 大学 </a>
10          </div>
11        </div>
12      </td>
13      <td>
14        <div id="Tdiv_2" class="menubar">
15          <div class="header"> 电脑丛书网站 </div>
16          <div id="Div2" class="menu">
17            <a href="#">JavaScript 图书 </a><br>
18            <a href="#">HTML 图书 </a><br>
19            <a href="#">CSS 图书 </a>
20          </div>
21        </div>
22      </td>
23      <td>
24        <div id="Tdiv_3" class="menubar">
25          <div class="header"> 新出图书 </div>
26          <div id="Div3" class="menu">
27            <a href="#">Delphi 图书 </a><br>
28            <a href="#">VB 图书 </a><br>
29            <a href="#">Java 图书 </a>
30          </div>
31        </div>
32      </td>
33      <td>
34        <div id="Tdiv_4" class="menubar">
35          <div class="header"> 其他网站 </div>
36          <div id="Div4" class="menu">
37            <a href="#"> 明日科技 </a><br>
38            <a href="#"> 明日图书网 </a><br>
39            <a href="#"> 技术支持网 </a>
40          </div>
41        </div>
42      </td>
43    </tr>
44  </table>
```

② 编写 CSS 样式，用于控制横向导航菜单的显示样式，具体代码如下：

```
01  <style type="text/css">
02    table{     /* 设置表格样式 */
03      width: 400px;
04      margin: 0 auto;
05      font-size: 15px;
06    }
```

```
07        td{          /* 设置单元格样式 */
08            width: 100px;
09        }
10        .menubar{   /* 设置导航菜单样式 */
11            position:absolute;
12            top:10px;
13            width:100px;
14            height:20px;
15            cursor:default;
16            border-width:1px;
17            border-style:outset;
18            color:#99FFFF;
19            background:#669900
20        }
21        .header{/* 设置导航栏样式 */
22            text-align: center;
23        }
24        .menu{/* 设置导航子菜单样式 */
25            font-size: 12px;
26            margin-top: 1px;
27            width:85px;
28            display:none;
29            border-width:2px;
30            border-style:outset;
31            border-color:white silver silver white;
32            background:#333399;
33            padding:5px
34        }
35        .menu a{/* 设置导航子菜单文本样式 */
36            text-decoration:none;
37            color:#99FFFF;
38        }
39        .menu a:hover{/* 设置鼠标指向导航子菜单文本时的样式 */
40            color: #FFFFFF;
41        }
42    </style>
```

③ 引入 jQuery 库，在下方编写 jQuery 代码，首先通过 mouseover 事件将所有子菜单隐藏，并显示当前主菜单下的子菜单，然后通过 mouseout 事件将所有子菜单隐藏，具体代码如下：

```
01    <script src="../JS/jquery-3.5.1.min.js"></script>
02    <script type="text/javascript">
03        $(document).ready(function(){
04            $(".menubar").mouseover(function(){    // 当鼠标移到元素上时
05                $(this).find(".menu").show();        // 显示当前的子菜单
06            }).mouseout(function(){                  // 当鼠标移出元素时
07                $(this).find(".menu").hide();        // 将该子菜单隐藏
08            });
09        });
10    </script>
```

运行实例，效果如图 21.1 所示。当把鼠标指向某个主菜单时，将展开该主菜单下的子菜单，例如，把鼠标指向"电脑丛书网站"主菜单，将显示该主菜单下的子菜单，如图 21.2 所示。

图 21.1　未展开任何菜单的效果

图 21.2　展开子菜单的效果

21.3 事件绑定

在页面加载完毕时，程序可以通过为元素绑定事件完成相应的操作。在 jQuery 中，事件绑定通常可以分为为元素绑定事件、移除绑定和绑定一次性事件处理 3 种情况，下面分别进行介绍。

21.3.1 为元素绑定事件

在 jQuery 中，为元素绑定事件可以使用 bind() 方法，该方法的语法格式如下：

```
bind(type,[data],fn)
```

◆ type：事件类型，就是表 21.1（jQuery 中的事件）中所列的事件。

◆ data：可选参数，作为 event.data 属性值传递给事件对象的额外数据对象。大多数的情况下不使用该参数。

◆ fn：绑定的事件处理程序。

例如，为普通按钮绑定一个单击事件，在单击该按钮时弹出一个对话框，可以使用下面的代码：

```
$("button").bind("click",function(){alert('Hello JavaScript');});// 为普通按钮绑定单击事件
```

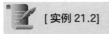 [实例 21.2] （源码位置：资源包 \Code\21\02）

表格的动态换肤

本实例实现在页面中添加动态改变颜色的下拉菜单，通过 jQuery 中的 bind() 方法为下拉菜单绑定 change() 事件，实现表格的动态换肤。实现步骤如下：

① 在页面中创建表格以及下拉菜单，定义表格的初始背景颜色为红色，具体代码如下：

```
01  <table id="table">
02    <tr>
03      <td style="width: 86px;"><div>用户名 </div></td>
04      <td style="width: 201px;"><div>地域 </div></td>
05      <td style="width: 119px;"><div>订单 </div></td>
06    </tr>
07    <tr>
08      <td><div>小陈 </div></td>
09      <td><div>长春 </div></td>
10      <td><div>100000</div></td>
11    </tr>
12    <tr>
13      <td><div>小李 </div></td>
14      <td><div>沈阳 </div></td>
15      <td><div>21546</div></td>
16    </tr>
17    <tr>
18      <td><div>小葛 </div></td>
19      <td><div>北京 </div></td>
20      <td><div>659810</div></td>
21    </tr>
22    <tr>
23      <td colspan="3"><div>
24        <label>选择颜色为表格换肤:
```

```
25        <select id="sel">
26         <option value="red">红色</option>
27        <option value="green">绿色</option>
28        <option value="blue">蓝色</option>
29        </select>
30        </label>
31        </div></td>
32      </tr>
33    </table>
```

② 引入 jQuery 库，在下方编写 jQuery 代码，实现通过改变下拉菜单的颜色值即可实现表格的动态换肤的功能，具体的代码如下：

```
01  <script src="../JS/jquery-3.5.1.min.js"></script>
02  <script type="text/javascript">
03      $(document).ready(function(){
04          $("#sel").bind("change",function(){
05              var col=$(this).val();              // 获取下拉菜单的值
06              $("#table").css("background-color",col);   // 设置表格的背景颜色
07          });
08      });
09  </script>
```

运行结果如图 21.3 所示。

21.3.2　移除绑定

在 jQuery 中，为元素移除绑定事件可以使用 unbind() 方法，该方法的语法格式如下：

图 21.3　表格的动态换肤

```
unbind([type],[data])
```

◆ type：可选参数，用于指定事件类型。

◆ data：可选参数，用于指定要从每个匹配元素的事件中反绑定的事件处理函数。

👑 说明：

　　在 unbind() 方法中，两个参数都是可选的，如果不填参数，将会删除匹配元素上所有绑定的事件。

例如，要移除为普通按钮绑定的单击事件，可以使用下面的代码：

```
$("button").unbind("click");                      // 移除为普通按钮绑定的单击事件
```

21.3.3　绑定一次性事件处理

在 jQuery 中，为元素绑定一次性事件处理可以使用 one() 方法，该方法的语法格式如下：

```
one(type,[data],fn)
```

◆ type：用于指定事件类型。

◆ data：可选参数，作为 event.data 属性值传递给事件对象的额外数据对象。

◆ fn：绑定到每个匹配元素的事件上面的处理函数。

例如，要实现只有当用户第一次单击匹配的 div 元素时，弹出对话框显示 div 元素的内容，可以使用下面的代码：

```
01  $("div").one("click", function(){
02      alert($(this).text());                    // 在弹出的对话框中显示 div 元素的内容
03  });
```

21.4 模拟用户操作

在 jQuery 中提供了模拟用户的操作触发事件和模仿悬停事件两种模拟用户操作的方法，下面分别进行介绍。

21.4.1 模拟用户的操作触发事件

在 jQuery 中一般常用 triggerHandler() 方法和 trigger() 方法来模拟用户的操作触发事件。这两个方法的语法格式完全相同，所不同的是：triggerHandler() 方法不会导致浏览器同名的默认行为被执行，而 trigger() 方法会导致浏览器同名的默认行为的执行，例如使用 trigger() 方法触发一个名称为 submit 的事件，同样会导致浏览器执行提交表单的操作。要阻止浏览器的默认行为，只需返回 false。另外，使用 trigger() 方法和 triggerHandler() 方法还可以触发 bind() 绑定的事件，并且可以为事件传递参数。

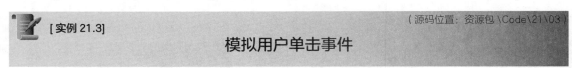

[实例 21.3]　（源码位置：资源包 \Code\21\03）

模拟用户单击事件

在页面载入完成就执行按钮的 click 事件，而不需要用户自己执行单击的操作。关键代码如下：

```
01  <script type="text/javascript">
02  $(document).ready(function(){
03      $("input:button").bind("click",function(event,msg){
04          alert(msg);                           // 弹出对话框
05      }).trigger("click"," 欢迎访问明日学院 ");        // 页面加载触发单击事件
06  });
07  </script>
08  <input type="button" name="button" id="button" value=" 普通按钮 " />
```

运行实例，结果如图 21.4 所示。

图 21.4　页面加载时触发按钮的单击事件

21.4.2 模仿悬停事件

模仿悬停事件是指模仿鼠标移动到一个对象上面又从该对象上面移出的事件，可以通过 jQuery 提供的 hover(over,out) 方法实现。hover() 方法的语法格式如下：

```
hover(over,out)
```

◆ over：用于指定当鼠标移动到匹配元素上时触发的函数。

◆ out：用于指定当鼠标移出匹配元素上时触发的函数。

 [实例 21.4]

（源码位置：资源包 \Code\21\04）

切换表情图片

设计一个切换表情图片的效果。在页面中显示一张表情图片，当鼠标移入该图片时，将其变换为另外一张表情图片，当鼠标移出图片时恢复为原来的表情图片。实现步骤如下：

① 创建 index.html 文件，在该文件的 <head> 标记中应用下面的语句引入 jQuery 库。

```
<script type="text/javascript" src="../JS/jquery-3.5.1.min.js"></script>
```

② 在页面的 <body> 标记中，添加一张表情图片，并为图片添加一个边框，代码如下：

```
<img src="images/1.png" style="border: 1px solid">
```

③ 在引入 jQuery 库的代码下方编写 jQuery 代码，实现鼠标移入和移出时表情图片的切换效果，具体代码如下：

```
01  <script type="text/javascript">
02    $(document).ready(function(){
03      $("img").hover(function(){
04        $(this).attr("src","images/2.png");      // 鼠标移入显示另一张图片
05      },function(){
06        $(this).attr("src","images/1.png");      // 鼠标移出显示原来的图片
07      });
08    });
09  </script>
```

运行实例，结果如图 21.5 和图 21.6 所示。

图 21.5　默认图片

图 21.6　显示另一张图片

本章知识思维导图

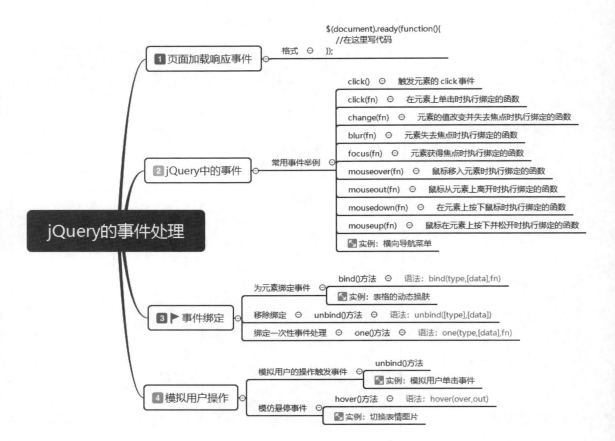

第 22 章

jQuery 的动画效果

 本章学习目标

- 掌握隐藏和显示元素的方法。
- 熟悉淡入和淡出效果的使用。
- 熟悉滑动显示和隐藏元素的方法。
- 掌握在元素上使用自定义动画的方法。

22.1　基本的动画效果

基本的动画效果指的就是元素的隐藏和显示。在 jQuery 中提供了两种控制元素隐藏和显示的方法，一种是分别隐藏和显示匹配元素，另一种是切换元素的可见状态，也就是如果元素是可见的，切换为隐藏；如果元素是隐藏的，切换为可见。

22.1.1　隐藏匹配元素

使用 hide() 方法可以隐藏匹配的元素。hide() 方法相当于将元素 CSS 样式属性 display 的值设置为 none，它会记住原来的 display 的值。hide() 方法有两种语法格式，一种是不带参数的形式，用于实现不带任何效果的隐藏匹配元素，其语法格式如下：

```
hide()
```

例如，要隐藏页面中的全部 p 元素，可以使用下面的代码：

```
$("p").hide();                              // 隐藏全部 p 元素
```

另一种是带参数的形式，用于以优雅的动画隐藏所有匹配的元素，并在隐藏完成后可选地触发一个回调函数，其语法格式如下：

```
hide(speed,[callback])
```

◆ speed：用于指定动画的时长。它可以是数字，也就是元素经过多少毫秒（1000ms=1s）后完全隐藏；也可以是默认参数 slow（600ms）、normal（400ms）和 fast（200ms）。

◆ callback：可选参数，用于指定隐藏完成后要触发的回调函数。

例如，要在 500ms 内隐藏页面中的 ID 为 box 的元素，可以使用下面的代码：

```
$("#box").hide(500);          // 在 500ms 内隐藏 ID 为 box 的元素
```

👑 说明：

jQuery 的任何动画效果，都可以使用默认的 3 个参数，slow（600ms）、normal（400ms）和 fast(200ms)。在使用默认参数时需要加引号，例如 show("fast")，使用自定义参数时，不需要加引号，例如 show(600)。

22.1.2　显示匹配元素

使用 show() 方法可以显示匹配的元素。show() 方法相当于将元素 CSS 样式属性 display 的值设置为 block 或 inline 或除了 none 以外的值，它会恢复为应用 display:none 之前的可见属性。show() 方法有两种语法格式，一种是不带参数的形式，用于实现不带任何效果的显示匹配元素，其语法格式如下：

```
show()
```

例如，要显示页面中的全部表单，可以使用下面的代码：

```
$("form").show();        // 显示全部表单
```

另一种是带参数的形式，用于以优雅的动画显示所有匹配的元素，并在显示完成后可选择地触发一个回调函数，其语法格式如下：

```
show(speed,[callback])
```

◆ speed：用于指定动画的时长。它可以是数字，也就是元素经过多少毫秒（1000ms=1s）后完全显示；也可以是默认参数 slow（600ms）、normal（400ms）和 fast（200ms）。

◆ callback：可选参数，用于指定显示完成后要触发的回调函数。

例如，要在 500ms 内显示页面中的 ID 为 box 的元素，可以使用下面的代码：

```
$("#box").show(500);            // 在 500ms 内显示 ID 为 box 的元素
```

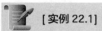

[实例 22.1]

（源码位置：资源包 \Code\22\01）

实现自动隐藏式菜单

在设计网页时，可以在页面中添加自动隐藏式菜单，这种菜单简洁易用，在不使用时能自动隐藏，保持页面的整洁。本实例将介绍如何通过 jQuery 实现自动隐藏式菜单。实现步骤如下：

① 创建 index.html 文件，在该文件的 <head> 标记中应用下面的语句引入 jQuery 库。

```
<script type="text/javascript" src="../JS/jquery-3.5.1.min.js"></script>
```

② 在页面的 <body> 标记中，首先添加一个 ID 为 box 的 <span> 标记，然后在该标记中添加一个图片，用于控制菜单显示，再添加一个 ID 为 menu 的 <div> 标记，用于显示菜单，最后在 <div> 标记中添加用于显示菜单项的 <ul> 和 <li> 标记，关键代码如下：

```
01  <span id="box">
02      <img src="images/title.gif" width="30" height="80" id="flag">
03      <div id="menu">
04          <ul>
05              <li><a href="#">电脑 / 办公 </a></li>
06              <li><a href="#">手机 / 平板 </a></li>
07              <li><a href="#">旅游 / 生活 </a></li>
08              <li><a href="#">家居 / 家具 </a></li>
09              <li><a href="#">男装 / 女装 </a></li>
10              <li><a href="#">运动 / 户外 </a></li>
11              <li><a href="#">图书 / 文娱 </a></li>
12              <li><a href="#">食品 / 酒类 </a></li>
13          </ul>
14      </div>
15  </span>
```

③ 编写 CSS 样式，用于控制菜单的显示样式，具体代码如下：

```
01  <style type="text/css">
02  ul{
03      font-size:12px;                    /* 设置字体大小 */
04      list-style:none;                   /* 不显示项目符号 */
05      margin:0;                          /* 设置外边距 */
06      padding:0;                         /* 设置内边距 */
07  }
08  li{
09      padding:7px;                       /* 设置内边距 */
10  }
```

```
11  a{
12      color:#000;                                   /* 设置文字颜色 */
13      text-decoration:none;                          /* 不显示下画线 */
14  }
15  a:hover{
16      color:#F90;                                    /* 设置文字颜色 */
17  }
18  #menu{
19      float:left;                                    /* 浮动在左侧 */
20      text-align:center;                             /* 文字水平居中显示 */
21      width:70px;                                    /* 设置宽度 */
22      height:295px;                                  /* 设置高度 */
23      padding-top:5px;                               /* 设置顶内边距 */
24      display:none;                                  /* 显示状态为不显示 */
25      background-image:url(images/menu_bg.gif);      /* 设置背景图片 */
26  }
27  </style>
```

④ 在引入 jQuery 库的代码下方编写 jQuery 代码，应用 jQuery 的 hover() 方法实现菜单的显示与隐藏，具体代码如下：

```
01  <script type="text/javascript">
02      $(document).ready(function(){
03          $("#box").hover(function(){
04              $("#menu").show(300);                  // 显示菜单
05          },function(){
06              $("#menu").hide(300);                  // 隐藏菜单
07          });
08      });
09  </script>
```

运行本实例，将显示如图 22.1 所示的效果，将鼠标移到"隐藏菜单"图片上时，将显示如图 22.2 所示的菜单，将鼠标从该菜单上移出后，又将显示为图 22.1 所示的效果。

图 22.1　鼠标移出隐藏菜单的效果

图 22.2　鼠标移入隐藏菜单的效果

22.2　淡入、淡出的动画效果

如果在显示或隐藏元素时不需要改变元素的高度和宽度，只单独改变元素的透明度，就需要使用淡入、淡出的动画效果了。jQuery 中提供了如表 22.1 所示的实现淡入、淡出动画效果的方法。

表 22.1　实现淡入、淡出动画效果的方法

方法	说明	示例
fadeIn(speed,[callback])	通过增大不透明度实现匹配元素淡入的效果	$("img").fadeIn(500); //淡入效果
fadeOut(speed,[callback])	通过减小不透明度实现匹配元素淡出的效果	$("img").fadeOut(500); //淡出效果
fadeTo(speed,opacity,[callback])	将匹配元素的不透明度以渐进的方式调整到指定的参数	$("img").fadeTo(500,0.25);//在 0.5s 内将图片调整到25%不透明

　　这 3 种方法都可以为其指定速度参数，参数的规则与 hide() 方法和 show() 方法的速度参数一致。在使用 fadeTo() 方法指定不透明度时，参数只能是 0 ～ 1 之间的数字，0 表示完全透明，1 表示完全不透明，数值越小，图片的可见性就越差。

　　例如，如果想把实例 22.1 修改成带淡入、淡出动画效果的隐藏菜单，可以将对应的 jQuery 代码修改如下：

```
01  <script type="text/javascript">
02      $(document).ready(function(){
03          $("#box").hover(function(){
04              $("#menu").fadeIn(800);              // 淡入效果
05          },function(){
06              $("#menu").fadeOut(800);             // 淡出效果
07          });
08      });
09  </script>
```

　　修改后的运行效果如图 22.3 所示。

图 22.3　采用淡入、淡出效果的自动隐藏式菜单

22.3　滑动效果

　　在 jQuery 中，提供了 slideDown() 方法（用于滑动显示匹配的元素）、slideUp() 方法（用

第3篇　高级应用篇

于滑动隐藏匹配的元素）和 slideToggle() 方法（用于通过高度的变化动态切换元素的可见性）来实现滑动效果。下面分别进行介绍。

22.3.1　滑动显示匹配的元素

使用 slideDown() 方法可以向下增加元素高度动态显示匹配的元素。slideDown() 方法会逐渐向下增加匹配的隐藏元素的高度，直到元素完全显示为止。该方法的语法格式如下：

```
slideDown(speed,[callback])
```

◆ speed：用于指定动画的时长。它可以是数字，也就是元素经过多少毫秒（1000ms=1s）后完全显示；也可以是默认参数 slow（600ms）、normal（400ms）和 fast（200ms）。

◆ callback：可选参数，用于指定元素显示完成后要触发的回调函数。

例如，要在 500ms 内滑动显示页面中的 ID 为 box 的元素，可以使用下面的代码：

```
$("#box").slideDown(500);          // 在 500ms 内滑动显示 ID 为 box 的元素
```

22.3.2　滑动隐藏匹配的元素

使用 slideUp() 方法可以向上减少元素高度动态隐藏匹配的元素。slideUp() 方法会逐渐向上减少匹配的显示元素的高度，直到元素完全隐藏为止。该方法的语法格式如下：

```
slideUp(speed,[callback])
```

◆ speed：用于指定动画的时长。它可以是数字，也就是元素经过多少毫秒（1000ms=1s）后完全隐藏；也可以是默认参数 slow（600ms）、normal（400ms）和 fast（200ms）。

◆ callback：可选参数，用于指定元素隐藏完成后要触发的回调函数。

例如，要在 500ms 内滑动隐藏页面中的 ID 为 box 的元素，可以使用下面的代码：

```
$("#box").slideUp(500);          // 在 500ms 内滑动隐藏 ID 为 box 的元素
```

22.3.3　通过高度的变化动态切换元素的可见性

通过 slideToggle() 方法可以实现通过高度的变化动态切换元素的可见性。在使用 slideToggle() 方法时，如果元素是可见的，就通过减小元素的高度使元素全部隐藏；如果元素是隐藏的，就通过增加元素的高度使元素最终全部可见。该方法的语法格式如下：

```
slideToggle(speed,[callback])
```

◆ speed：用于指定动画的时长。它可以是数字，也就是元素经过多少毫秒（1000ms=1s）后完全显示或隐藏；也可以是默认参数 slow（600ms）、normal（400ms）和 fast（200ms）。

◆ callback：可选参数，用于指定动画完成时触发的回调函数。

例如，要实现单击 ID 为 flag 的图片时，控制菜单的显示或隐藏（默认为不显示，奇数次单击时显示，偶数次单击时隐藏），可以使用下面的代码：

```
01  $("#flag").click(function(){
```

```
02      $("#menu").slideToggle(500);                    // 显示或隐藏菜单
03   });
```

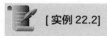

（源码位置：资源包 \Code\22\02）

[实例 22.2]

实现伸缩式导航菜单

应用 jQuery 实现滑动效果的具体应用——伸缩式导航菜单。实现步骤如下：

① 创建 index.html 文件，在该文件的 <head> 标记中应用下面的语句引入 jQuery 库。

```
<script type="text/javascript" src="../JS/jquery-3.5.1.min.js"></script>
```

② 在页面的 <body> 标记中，首先添加一个 <div> 标记，用于显示导航菜单的标题，然后，添加一个 <dl> 标记，在标记内添加主菜单项及其子菜单项，其中主菜单项由 <dt> 标记定义，子菜单项由 <dd> 标记定义，最后再添加一个 <div> 标记，用于显示导航菜单的结尾，关键代码如下：

```
01   <div id="top"></div>
02   <dl>
03       <dt> 商品管理 </dt>
04       <dd>
05           <div class="item"> 添加商品信息 </div>
06           <div class="item"> 修改商品信息 </div>
07           <div class="item"> 商品类别管理 </div>
08           <div class="item"> 添加商品类别 </div>
09       </dd>
10       <dt> 用户管理 </dt>
11       <dd>
12           <div class="item"> 用户信息管理 </div>
13           <div class="item"> 更改管理员信息 </div>
14       </dd>
15       <dt> 订单管理 </dt>
16       <dd>
17           <div class="item"> 编辑订单 </div>
18           <div class="item"> 查询订单 </div>
19       </dd>
20       <dt class="title"><a href="#"> 退出系统 </a></dt>
21   </dl>
22   <div id="bottom"></div>
```

③ 编写 CSS 样式，用于控制导航菜单的显示样式，具体代码如下：

```
01   <style type="text/css">
02   dl {
03       width: 158px;                                   /* 设置宽度 */
04       margin:0;                                       /* 设置外边距 */
05   }
06   dt {
07       margin: 0;                                      /* 设置外边距 */
08       width:146px;                                    /* 设置宽度 */
09       height:19px;                                    /* 设置高度 */
10       background-image:url(images/title_show.gif);    /* 设置背景图片 */
11       padding:6px 0 0 12px;                           /* 设置内边距 */
12       color:#215dc6;                                  /* 设置文字颜色 */
13       font-size:12px;                                 /* 设置文字大小 */
14       cursor:pointer;                                 /* 设置鼠标光标形状 */
15   }
```

```
16    dd{
17        color: #000;                                        /* 设置文字颜色 */
18        font-size: 12px;                                    /* 设置文字大小 */
19        margin:0;                                           /* 设置外边距 */
20     }
21    a {
22        text-decoration: none;                              /* 不显示下画线 */
23    }
24    a:hover {
25        color: #FF6600;                                     /* 设置文字颜色 */
26    }
27    #top{
28        width:158px;                                        /* 设置宽度 */
29        height:30px;                                        /* 设置高度 */
30        background-image:url(images/top.gif);               /* 设置背景图片 */
31    }
32    #bottom{
33        width:158px;                                        /* 设置宽度 */
34        height:31px;                                        /* 设置高度 */
35        background-image:url(images/bottom.gif);            /* 设置背景图片 */
36    }
37    .title{
38        background-image:url(images/title_quit.gif);        /* 设置背景图片 */
39    }
40    .item{
41        width:146px;                                        /* 设置宽度 */
42        height:15px;                                        /* 设置高度 */
43        background-image:url(images/item_bg.gif);           /* 设置背景图片 */
44        padding:6px 0 0 12px;                               /* 设置内边距 */
45        color:#215dc6;                                      /* 设置文字颜色 */
46        font-size:12px;                                     /* 设置文字大小 */
47        cursor:pointer;                                     /* 设置鼠标光标形状 */
48        background-position:center;                         /* 设置背景图片位置 */
49        background-repeat:no-repeat;                        /* 设置背景图片不重复 */
50    }
51 </style>
```

④ 在引入 jQuery 库的代码下方编写 jQuery 代码，首先隐藏全部子菜单，然后应用 click() 方法，当单击主菜单时实现相应子菜单的显示和隐藏，具体代码如下：

```
01 <script type="text/javascript">
02 $(document).ready(function(){
03     $("dd").hide();                                                     // 隐藏全部子菜单
04     $("dt[class!='title']").click(function(){                           // 单击主菜单执行函数
05         if($(this).next().is(":hidden")){                               // 如果匹配的元素被隐藏
06             $(this).css("backgroundImage","url(images/title_hide.gif)"); // 改变主菜单的背景
07             $(this).next().slideDown("slow");                          // 滑动显示匹配的元素
08         }else{
09             $(this).css("backgroundImage","url(images/title_show.gif)"); // 改变主菜单的背景
10             $(this).next().slideUp("slow");                            // 滑动隐藏匹配的元素
11         }
12     });
13 });
14 </script>
```

运行本实例，将显示如图 22.4 所示的效果，单击某个主菜单时，将展开该主菜单下的子菜单，例如，单击"商品管理"主菜单，将显示如图 22.5 所示的子菜单。通常情况下，"退出系统"主菜单没有子菜单，所以单击"退出系统"主菜单将不展开对应的子菜单，而是激活一个超级链接。

图 22.4　未展开任何菜单的效果

图 22.5　展开"商品管理"主菜单的效果

22.4　自定义的动画效果

在前面的 3 节中已经介绍了 3 种类型的动画效果，但是有些时候，开发人员会需要一些更加高级的动画效果，这时候就需要采取高级的自定义动画来解决这个问题。在 jQuery 中，要实现自定义动画效果，主要应用 animate() 方法创建自定义动画，应用 stop() 方法停止动画。下面分别进行介绍。

22.4.1　使用 animate() 方法创建自定义动画

animate() 方法的操作更加自由，可以随意控制元素的属性，实现更加绚丽的动画效果。animate() 方法的基本语法格式如下：

```
animate(params,speed,callback)
```

◆ params：表示一个包含属性和值的映射，可以同时包含多个属性，例如 {left:"300px",top:"200px"}。

◆ speed：表示动画运行的速度，参数规则同其他动画效果的 speed 一致，它是一个可选参数。

◆ callback：表示一个回调函数，当动画效果运行完毕后执行该回调函数，它也是一个可选参数。

> 注意：
> 在使用 animate() 方法时，必须设置元素的定位属性 position 为 relative 或 absolute，元素才能动起来。如果没有明确定义元素的定位属性，并试图使用 animate() 方法移动元素时，它们只会静止不动。

例如，要实现将 ID 为 flower 的元素在页面移动一圈并回到原点，可以使用下面的代码：

```
01  <script type="text/javascript">
02      $(document).ready(function(){
03          $("#flower").animate({left:100},500)
04              .animate({top:100},500)
05              .animate({left:0},500)
06              .animate({top:0},500);
07      });
08  </script>
```

在上面的代码中，使用了连缀方式的排队效果，这种排队效果，只对 jQuery 的动画效果函数有效，对于 jQuery 其他的功能函数无效。

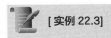 **[实例 22.3]**

（源码位置：资源包 \Code\22\03）

实现幕帘的效果

本实例将使用 jQuery 中的 animate() 方法创建自定义动画，实现拉开幕帘的效果，该效果可以用作广告特效，也可以用于个人主页。实现步骤如下：

① 创建 index.html 文件，在该文件的 <head> 标记中应用下面的语句引入 jQuery 库。

```
<script type="text/javascript" src="../JS/jquery-3.5.1.min.js"></script>
```

② 在页面中定义两个 div 元素，并分别设置 class 属性值为 leftcurtain 和 rightcurtain，再把幕帘图片放置在这两个 div 中。然后定义一个超链接，用来控制幕帘的拉开与关闭，代码如下：

```
01  欢迎光临金港影城 <hr />
02  <div class="leftcurtain"><img src="images/frontcurtain.jpg"/></div>
03  <div class="rightcurtain"><img src="images/frontcurtain.jpg"/></div>
04  <a class="rope" href="#"> 拉开幕帘 </a>
```

③ 编写 CSS 样式，用于设置页面背景以及控制幕帘和文字的显示样式，具体代码如下：

```
01  <style type="text/css">
02    *{
03      margin:0;                                           /* 设置外边距 */
04      padding:0;                                          /* 设置内边距 */
05    }
06    body {
07      color: #FFFFFF;                                     /* 设置文字颜色 */
08      text-align: center;                                 /* 设置居中显示 */
09      background: #4f3722 url('images/darkcurtain.jpg') repeat-x; /* 设置背景 */
10    }
11    img{
12      border: none;                                       /* 设置图片无边框 */
13    }
14    p{
15      margin-bottom:10px;                                 /* 设置下外边距 */
16      color:#FFFFFF;                                      /* 设置文字颜色 */
17    }
18    .leftcurtain{
19      width: 50%;                                         /* 设置宽度 */
20      height: 495px;                                      /* 设置高度 */
21      top: 0;                                             /* 设置到页面顶部的距离 */
22      left: 0;                                            /* 设置到页面左端的距离 */
23      position: absolute;                                 /* 设置绝对定位 */
24      z-index: 2;                                         /* 设置元素的堆叠顺序 */
25    }
26    .rightcurtain{
27      width: 51%;                                         /* 设置宽度 */
28      height: 495px;                                      /* 设置高度 */
29      right: 0;                                           /* 设置到页面右端的距离 */
30      top: 0;                                             /* 设置到页面顶部的距离 */
31      position: absolute;                                 /* 设置绝对定位 */
32      z-index: 3;                                         /* 设置元素的堆叠顺序 */
33    }
34    .rightcurtain img, .leftcurtain img{
```

```
35        width: 100%;                                      /* 设置宽度 */
36        height: 100%;                                     /* 设置高度 */
37    }
38    .rope{
39        position: absolute;                               /* 设置绝对定位 */
40        top: 70%;                                         /* 设置到页面顶部的距离 */
41        left: 60%;                                        /* 设置到页面左端的距离 */
42        z-index: 100;                                     /* 设置元素的堆叠顺序 */
43        font-size:36px;                                   /* 设置文字大小 */
44        color:#FFFFFF;                                    /* 设置文字颜色 */
45    }
46  </style>
```

④ 在引入 jQuery 库的代码下方编写 jQuery 代码。首先定义一个布尔型变量，根据该变量可以判断当前操作幕帘的动作。当单击"拉开幕帘"超链接时，超链接的文本被重新设置成"关闭幕帘"，并设置两侧幕帘的动画效果；当单击"关闭幕帘"超链接时，超链接的文本被重新设置成"拉开幕帘"，并设置两侧幕帘的动画效果，代码如下：

```
01  <script type="text/javascript">
02  $(document).ready(function() {
03    var curtainopen = false;                              // 定义布尔型变量
04    $(".rope").click(function(){                           // 当单击超链接时
05        $(this).blur();                                   // 使超链接失去焦点
06        if (!curtainopen){                                // 判断变量值是否为 false
07            $(this).text(" 关闭幕帘 ");                    // 设置超链接文本
08            $(".leftcurtain").animate({width:'60px'}, 2000 );   // 设置左侧幕帘动画
09            $(".rightcurtain").animate({width:'60px'},2000 );   // 设置右侧幕帘动画
10            curtainopen = true;                           // 变量值设为 true
11        }else{
12            $(this).text(" 拉开幕帘 ");                    // 设置超链接文本
13            $(".leftcurtain").animate({width:'50%'}, 2000 );    // 设置左侧幕帘动画
14            $(".rightcurtain").animate({width:'51%'}, 2000 );   // 设置右侧幕帘动画
15            curtainopen = false;                          // 变量值设为 false
16        }
17    });
18  });
19  </script>
```

运行实例，效果如图 22.6 所示，此时幕帘是关闭的。当单击"拉开幕帘"超链接时，幕帘会向两边拉开，效果如图 22.7 所示。

图 22.6　关闭幕帘效果

图 22.7　拉开幕帘效果

22.4.2　使用 stop() 方法停止动画

stop() 方法也属于自定义动画函数，它会停止匹配元素正在运行的动画，并立即执行动画队列中的下一个动画。stop() 方法的语法格式如下：

```
stop(clearQueue,gotoEnd)
```

◆ clearQueue：表示是否清空尚未执行完的动画队列（值为 true 时表示清空动画队列）。

◆ gotoEnd：表示是否让正在执行的动画直接到达动画结束时的状态（值为 true 时表示直接到达动画结束时的状态）。

例如，页面中有一个 ID 为 flower 的元素和一个 ID 为 btn_stop 的"停止动画"按钮，当单击"停止动画"按钮时停止 ID 为 flower 的元素正在执行的动画效果，清空动画序列并直接到达动画结束时的状态，只需在 $(document).ready() 方法中加入下面这句代码即可：

```
01  $("#btn_stop").click(function(){
02      $("#flower").stop("true","true");          // 停止动画效果
03  });
```

 本章知识思维导图

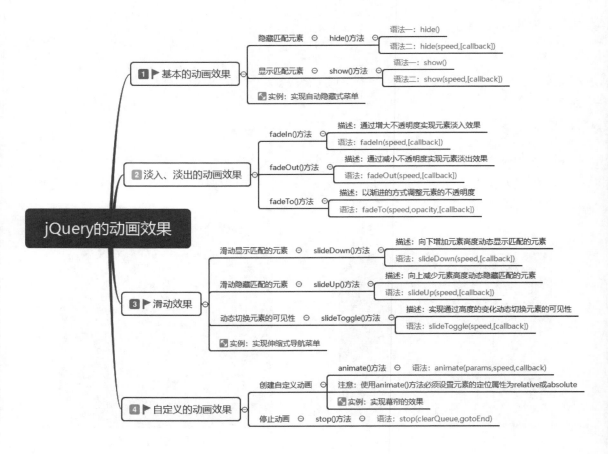

第 23 章

Vue.js 基础

 本章学习目标

- 了解什么是 Vue.js。
- 了解引入 Vue.js 的方法。
- 熟悉 Vue 实例及选项的使用。
- 掌握数据绑定的方法。
- 掌握几种常用指令的使用方法。

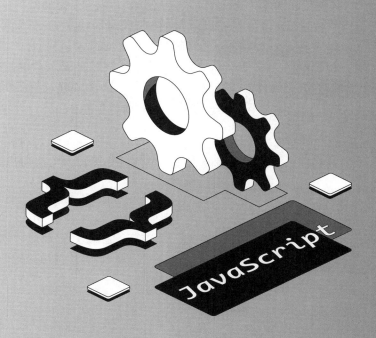

23.1　什么是 Vue.js

Vue.js 是一套用于构建用户界面的渐进式框架。与其他重量级框架不同的是，它只关注视图层，采用自底向上增量开发的设计。Vue.js 的目标是通过尽可能简单的 API 实现响应的数据绑定和组合的视图组件。它不仅容易上手，还非常容易与其他库或已有项目进行整合。

Vue.js 实际上是一个用于开发 Web 前端界面的库，其本身具有响应式编程和组件化的特点。所谓响应式编程，即保持状态和视图的同步。响应式编程允许将相关模型的变化自动反映到视图上，反之亦然。Vue.js 采用的是 MVVM（Model-View-ViewModel）的 开 发 模 式。与 传 统 的 MVC 开发模式不同，MVVM 将 MVC 中的 Controller 改成了 ViewModel。在这种模式下，View 的变化会自动更新到 ViewModel，而 ViewModel 的变化也会自动同步到 View 上进行显示。ViewModel 模式的示意图如图 23.1 所示。

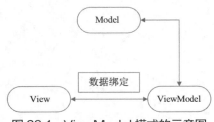

图 23.1　ViewModel 模式的示意图

与 ReactJS 一样，Vue.js 同样拥有"一切都是组件"的理念。应用组件化的特点，可以将任意封装好的代码注册成标签，这样就在很大程度上减少了重复开发，提高了开发效率和代码复用性。如果配合 Vue.js 的周边工具 vue-loader，可以将一个组件的 HTML、CSS 和 JavaScript 代码都写在一个文件当中，这样可以实现模块化的开发。

下面来看看 Vue.js 的主要特性：

（1）轻量级

相比较 ReactJS 而言，Vue.js 是一个更轻量级的前端库，不但容量非常小，而且没有其他的依赖。

（2）数据绑定

Vue.js 最主要的特点就是双向的数据绑定。在传统的 Web 项目中，将数据在视图中展示出来后，如果需要再次修改视图，需要通过获取 DOM 的方法进行修改，这样才能维持数据和视图相一致。Vue.js 是一个响应式的数据绑定系统，在建立绑定后，DOM 将和 Vue 对象中的数据保持同步，这样就无须手动获取 DOM 的值再同步到 js 中。

（3）应用指令

Vue.js 提供了指令这一概念。指令用于在表达式的值发生改变时，将某些行为应用到绑定的 DOM 上，通过对应表达式值的变化就可以修改对应的 DOM。

（4）插件化开发

Vue.js 可以用来开发一个完整的单页应用。在 Vue.js 的核心库中并不包含路由、Ajax 等功能，但都可以非常方便地加载对应的插件来实现这样的功能。例如，vue-router 插件提供了路由管理的功能，vue-resource 插件提供了数据请求的功能。

23.2 Vue.js 的安装

23.2.1 直接下载并使用 <script> 标签引入

在 Vue.js 的官方网站中可以直接下载 Vue.js 文件并使用 <script> 标签引入。下面将介绍如何下载与引入 Vue.js。

（1）下载 Vue.js

Vue.js 是一个开源的库，可以从它的官方网站（https://cn.vuejs.org/）上下载到。下面介绍具体的下载步骤。

① 在浏览器的地址栏中输入 "https://cn.vuejs.org/v2/guide/installation.html"，并按下 "Enter" 键，打开页面后，拖动浏览器右侧的滚动条，找到如图 23.2 所示的内容。

② 根据开发者的实际情况选择不同的版本进行下载。这里以下载开发版本为例，在 "开发版本" 按钮上单击鼠标右键，如图 23.3 所示。

图 23.2　根据实际情况选择版本

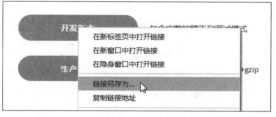

图 23.3　在 "开发版本" 按钮上单击鼠标右键

③ 在弹出的右键菜单中单击 "链接另存为" 选项，弹出下载对话框，如图 23.4 所示，单击对话框中的 "保存" 按钮，将 Vue.js 文件下载到本地计算机上。

此时下载的文件为完整不压缩的开发版本。如果在开发环境下，推荐使用该版本，因为该版本中包含了所有常见错误相关的警告。如果在生产环境下，推荐使用压缩后的生产版本，因为使用生产版本可以带来比开发环境下更快的速度体验。

图 23.4　下载 Vue.js 文件

（2）引入 Vue.js

将 Vue.js 下载到本地计算机后，还需要在项目中引入 Vue.js。即将下载后的 vue.js 文件放置到项目的指定文件夹中，通常放置在 JS 文件夹中，然后在需要应用 Vue.js 文件的页面中使用下面的语句，将其引入到文件中。

```
<script type="text/javascript" src="JS/vue.js"></script>
```

👑 注意：
引入 Vue.js 的 <script> 标签，必须放在所有的自定义脚本文件的 <script> 之前，否则在自定义的脚本代码中应用不了 Vue.js。

23.2.2　使用 CDN 方法

在项目中使用 Vue.js，还可以采用引用外部 CDN 文件的方式。在项目中直接通过 <script> 标签加载 CDN 文件，代码如下：

```
<script src="https://cdnjs.cloudflare.com/ajax/libs/vue/2.5.21/vue.js"></script>
```

👑 说明：

为了防止出现外部 CDN 文件不可用的情况，还是建议用户将 Vue.js 下载到本地计算机中。

23.2.3　使用 NPM 方法

在使用 Vue.js 构建大型应用时推荐使用 NPM 方法进行安装，执行命令如下：

```
npm install vue
```

👑 说明：

使用 NPM 方法安装 Vue.js 需要在计算机中安装 node.js。

23.3　Vue 实例及选项

每个 Vue.js 应用都需要通过构造函数创建一个 Vue 实例。创建一个 Vue 实例的代码格式如下：

```
var vm = new Vue({
    // 选项
})
```

在创建对象实例时，可以在构造函数中传入一个选项对象。选项对象中包括挂载元素、数据、方法、生命周期钩子函数等选项。下面分别对这几个选项进行介绍。

23.3.1　挂载元素

在 Vue.js 的构造函数中有一个 el 选项，该选项的作用是为 Vue 实例提供挂载元素。定义挂载元素后，接下来的全部操作都在该元素内进行，元素外部不受影响。该选项的值可以使用 CSS 选择符，也可以使用原生的 DOM 元素名称。例如，页面中定义了一个 div 元素。代码如下：

```
<div id="box" class="box"></div>
```

如果将该元素作为 Vue 实例的挂载元素，可以设置为 el:'#box'、el:'.box' 或 el:'div'。挂载元素成功后，可以通过 vm.$el 来访问该元素。

23.3.2　数据

在 Vue 实例中，通过 data 选项可以定义数据，Vue 实例本身会代理 data 选项中的所有数据。示例代码如下：

```
01  <script type="text/javascript">
```

```
02      var vm = new Vue({
03          el : '#app',
04          data : {
05              text : ' 千里之行始于足下 ',                // 定义数据
06          }
07      });
08      document.write('<h1>'+vm.text+'</h1>');
09  </script>
```

运行结果如图 23.5 所示。

在上述代码中创建了一个 Vue 实例 vm，在实例的 data 选项中定义了一个属性 text。通过 vm.text 即可访问该属性。

图 23.5　输出 data 对象属性值

在创建 Vue 实例时，除了显式地声明数据外，还可以指向一个预先定义的变量，并且它们之间会默认建立双向绑定，当任意一个发生变化时，另一个也会随之变化。因此，data 选项中定义的属性被称为响应式属性。示例代码如下：

```
01  <script type="text/javascript">
02      var data = {name : ' 明日学院 ', url : 'www.mingrisoft.com'};
03      var vm = new Vue({
04          el : '#app',
05          data : data
06      });
07      vm.url = 'http://www.mingrisoft.com';        // 重新设置 Vue 属性
08      document.write(data.url);                     // 原数据也会随之修改
09      data.url = 'http://www.mrbccd.com';           // 重新设置原数据属性
10      document.write('<br>'+vm.url);                //Vue 属性也会随之修改
11  </script>
```

图 23.6　修改属性

运行结果如图 23.6 所示。

在上述代码中，通过实例 vm 就可以调用 data 对象中的属性。当重新设置 Vue 实例的 url 属性值时，原数据属性也会随之改变，反之亦然。

需要注意的是，只有在创建 Vue 实例时，传入 data 选项中的属性才是响应式的。如果开始不能确定某些属性的值，可以为它们设置一些初始值。例如：

```
01  data : {
02      name : '',
03      count : 0,
04      price : [],
05      flag : true
06  }
```

除了 data 数据属性，Vue.js 还提供了一些有用的实例属性与方法。这些属性和方法的名称都有前缀 $，以便与用户定义的属性进行区分。例如，可以通过 Vue 实例中的 $data 属性来获取声明的数据，示例代码如下：

```
01  <script type="text/javascript">
02      var data = {name : ' 明日学院 ', url : 'www.mingrisoft.com'};
03      var vm = new Vue({
04          el : '#app',
```

第 3 篇　高级应用篇

```
05            data : data
06        });
07        document.write(vm.$data === data);// 输出 true
08    </script>
```

23.3.3 方法

在 Vue 实例中，通过 methods 选项可以定义方法。Vue 实例本身也会代理 methods 选项中的所有方法，因此也可以像访问 data 数据那样来调用方法。示例代码如下：

```
01    <script type="text/javascript">
02        var vm = new Vue({
03            el : '#app',
04            data : {
05                text : '天才出于勤奋。',
06                author : ' —— 高尔基'
07            },
08            methods : {
09                showInfo : function(){
10                    return this.text + this.author;      // 连接字符串
11                }
12            }
13        });
14        document.write('<h2>'+vm.showInfo()+'</h2>');
15    </script>
```

运行结果如图 23.7 所示。

在上述代码中，在实例的 methods 选项中定义了一个 showInfo() 方法，通过 vm.showInfo() 调用该方法，从而输出 data 对象中的属性值。

图 23.7　输出方法的返回值

23.3.4 生命周期钩子函数

每个 Vue 实例在创建时都有一系列的初始化步骤。例如，创建数据绑定、编译模板、将实例挂载到 DOM 并在数据变化时触发 DOM 更新、销毁实例等。在这个过程中，会运行一些叫作"生命周期钩子"的函数，通过它们可以定义业务逻辑。Vue 实例中几个主要的生命周期钩子函数说明如下。

◆ beforeCreate：在 Vue 实例开始初始化时调用。

◆ created：在实例创建之后进行调用，此时尚未开始 DOM 编译。在需要初始化处理一些数据时会比较有用。

◆ mounted：在 DOM 文档渲染完毕之后进行调用。相当于 JavaScript 中的 window.onload() 方法。

◆ beforeDestroy：在销毁实例前进行调用，此时实例仍然有效。

◆ destroyed：在实例被销毁之后进行调用。

下面通过一个示例来了解 Vue.js 内部的运行机制。为了实现效果，在 mounted 函数中应用了 $destroy() 方法，该方法用于销毁一个实例。代码如下：

```
01    <div id="app"></div>
02    <script type="text/javascript">
03        var demo = new Vue({
04            el : '#app',
```

```
05        beforeCreate : function(){
06            console.log('beforeCreate');
07        },
08        created : function(){
09            console.log('created');
10        },
11        beforeDestroy : function(){
12            console.log('beforeDestroy');
13        },
14        destroyed : function(){
15            console.log('destroyed');
16        },
17        mounted : function(){
18            console.log('mounted');
19            this.$destroy();
20        }
21    });
22 </script>
```

在浏览器控制台中运行上述代码，结果如图 23.8 所示。
图 23.8 中展示了这几个生命周期钩子函数的运行顺序。

```
beforeCreate
created
mounted
beforeDestroy
destroyed
```

图 23.8　钩子函数的运行顺序

23.4　数据绑定

数据绑定是 Vue.js 最核心的一个特性。建立数据绑定后，数据和视图会相互关联，当数据发生变化时，视图会自动进行更新。这样就无须手动获取 DOM 的值再同步到 js 中，从而使代码更加简洁，开发效率更高。下面介绍 Vue.js 中数据绑定的语法。

23.4.1　插值

（1）文本插值

文本插值是数据绑定最基本的形式，使用的是双大括号标签 {{}}。它会自动将绑定的数据实时显示出来。

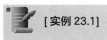 ［实例 23.1］

（源码位置：资源包 \Code\23\01）

插入文本

使用双大括号标签将文本插入 HTML 中。代码如下：

```
01 <div id="app">
02     <h3>{{text}}</h3>
03 </div>
04 <script type="text/javascript">
05     var vm = new Vue({
06         el : '#app',
07         data : {
08             text : '理想是人生的太阳'// 定义数据
09         }
10     });
11 </script>
```

运行结果如图 23.9 所示。

上述代码中，{{text}} 标签将会被相应的数据对象中 text 属性的值所替代，而且将 DOM 中的 text 与 data 中的 text 属性进行了绑定。当数据对象中的 text 属性值发生改变时，文本中的值也会相应地发生变化。

图 23.9　输出插入的文本

（2）插入 HTML

双大括号标签会将里面的值当作普通文本来处理。如果要输出真正的 HTML 内容，需要使用 v-html 指令。

[实例 23.2]　（源码位置：资源包 \Code\23\02 ）

插入 HTML 内容

使用 v-html 指令将 HTML 内容插入标签中。代码如下：

```
01  <div id="app">
02      <p v-html="message"></p>
03  </div>
04  <script type="text/javascript">
05      var vm = new Vue({
06          el : '#app',
07          data : {
08              message : '<h1>撸起袖子加油干</h1>'// 定义数据
09          }
10      });
11  </script>
```

运行结果如图 23.10 所示。

上述代码中，为 <p> 标签应用 v-html 指令后，数据对象中 message 属性的值将作为 HTML 元素插入 <p> 标签中。

图 23.10　输出插入的 HTML 内容

（3）表达式

在双大括号标签中进行数据绑定，标签中可以是一个 JavaScript 表达式。这个表达式可以是常量或者变量，也可以是常量、变量、运算符组合而成的式子。表达式的值是其运算后的结果。示例代码如下：

```
01  <div id="example">
02      {{number + 200}}<br>
03      {{boo ? ' 真的假不了 ' : ' 假的真不了 '}}<br>
04      {{str.toLowerCase()}}
05  </div>
06  <script type="text/javascript">
07      var vm = new Vue({
08          el : '#example',
09          data : {
10              number : 100,
11              boo : true,
12              str : 'MJH My Love'
13          }
14      });
15  </script>
```

运行结果如图 23.11 所示。

图 23.11　输出绑定的表达式的值

需要注意的是，每个数据绑定中只能包含单个表达式，而不能使用 JavaScript 语句。下面的示例代码中即为无效的表达式：

```
01  {{var number = 0}}
02  {{if(boo) return 'OK'}
```

23.4.2　过滤器

对于一些需要经过复杂计算的数据绑定，简单的表达式可能无法实现，这时可以使用 Vue.js 的过滤器进行处理。通过自定义的过滤器可以对文本进行格式化。过滤器需要被添加到 JavaScript 表达式的尾部，由管道符号"|"表示。格式如下：

```
{{ message | myfilter }}
```

过滤器可以应用选项对象中的 filters 选项进行定义。应用 filters 选项定义的过滤器包括过滤器名称和过滤器函数两部分，过滤器函数以表达式的值作为第一个参数。

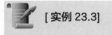

[实例 23.3]　　　　　　　　　　　　　　　　　　　　　（源码位置：资源包 \Code\23\03 ）

截取新闻标题

应用 filters 选项定义过滤器，对商城头条的标题进行截取并输出。代码如下：

```
01  <div id="box">
02    <ul>
03      <li><a href="#"><span>[ 特惠 ]</span>{{title1 | subStr}}</a></li>
04        <li><a href="#"><span>[ 公告 ]</span>{{title2 | subStr}}</a></li>
05        <li><a href="#"><span>[ 特惠 ]</span>{{title3 | subStr}}</a></li>
06        <li><a href="#"><span>[ 公告 ]</span>{{title4 | subStr}}</a></li>
07        <li><a href="#"><span>[ 特惠 ]</span>{{title5 | subStr}}</a></li>
08    </ul>
09  </div>
10  <script type="text/javascript">
11    var demo = new Vue({
12        el : '#box',
13        data : {
14          title1 : ' 欧亚商都店庆爆品 3 折秒杀 ',
15          title2 : ' 爆款 5 折店庆狂欢抢先购 ',
16          title3 : ' 天之蓝年末大促低至两件五折 ',
17          title4 : ' 小家电专场部分商品买一送一 ',
18          title5 : '5 折封顶再享每满 200 减 50'
19        },
20      filters : {
21        subStr : function(value){
22            if(value.length > 10){            // 如果字符串长度大于 10
23                return value.substr(0,10)+"...";  // 返回字符串前 10 个字符，然后输出省略号
24            }else{                            // 如果字符串长度不大于 10
```

```
25                  return value;              // 直接返回该字符串
26              }
27          }
28       }
29    });
30 </script>
```

运行结果如图 23.12 所示。

多个过滤器可以串联使用。格式如下：

图 23.12　输出截取后的标题

```
{{ message | filterA | filterB }}
```

在串联使用过滤器时，首先调用过滤器 filterA 对应的函数，然后调用过滤器 filterB 对应的函数。其中，filterA 对应的函数以 message 作为参数，filterB 对应的函数以 filterA 的结果作为参数。

23.5　指令

指令是 Vue.js 的重要特性之一，它是带有 v- 前缀的特殊属性。从写法上来说，指令的值限定为绑定表达式。指令用于在绑定表达式的值发生改变时，将这种数据的变化应用到 DOM 上。当数据变化时，指令会根据指定的操作对 DOM 进行修改，这样就无须手动去管理 DOM 的变化和状态，提高了程序的可维护性。下面介绍几个 Vue.js 中的常用指令。

23.5.1　v-bind 指令

v-bind 指令可以为 HTML 元素绑定属性。示例代码如下：

```
<img v-bind:src="imageSrc">
```

上述代码中，通过 v-bind 指令将 img 元素的 src 属性与表达式 imageSrc 的值进行绑定。

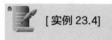 **[实例 23.4]**　　　　　　　　　　　　　　　　　（源码位置：资源包 \Code\23\04）

设置文字样式

使用 v-bind 指令为 HTML 元素绑定 class 属性，设置元素中文字的样式。代码如下：

```
01 <style type="text/css">
02 .title{
03    color:#0000FF;
04    border:1px solid #00FFFF;
05    display:inline-block;
06    padding:6px;
07 }
08 </style>
09 <div id="box">
10    <span v-bind:class="value"> 业精于勤荒于嬉 </span>
11 </div>
12 <script type="text/javascript">
13    var demo = new Vue({
14        el : '#box',
```

```
15          data : {
16              value : 'title'// 定义绑定的属性值
17          }
18      });
19  </script>
```

运行结果如图 23.13 所示。

上述代码中，为 <span> 标签应用 v-bind 指令，将该标签的 class 属性与数据对象中的 value 属性进行绑定。这样，数据对象中 value 属性的值将作为 <span> 标签的 class 属性值。

图 23.13　通过绑定属性设置元素样式

23.5.2　v-on 指令

v-on 指令用于监听 DOM 事件。该指令通常在模板中直接使用，在触发事件时会执行一些 JavaScript 代码。在 HTML 中使用 v-on 指令，其后面可以是所有的原生事件名称。代码如下：

```
<button v-on:click="cal"> 计算 </button>
```

上述代码将 click 单击事件绑定到了 cal() 方法中。当单击"计算"按钮时，将执行 cal() 方法，该方法在 Vue 实例中进行定义。

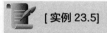[实例 23.5]　　　　　　　　　　　　　　　　　　　　（源码位置：资源包 \Code\23\05）

动态改变图片透明度

实现动态改变图片透明度的功能。当鼠标移入图片上时，改变图片的透明度；当鼠标移出图片时，将图片恢复为初始的效果。代码如下：

```
01  <div id="app">
02      <img id="pic" v-bind:src="url" v-on:mouseover="visible(1)" v-on:mouseout="visible(0)">
03  </div>
04  <script type="text/javascript">
05  var vm = new Vue({
06      el:'#app',
07      data:{
08          url : 'images/mr.gif'// 图片 URL
09      },
10      methods : {
11          visible : function(i){
12              var pic = document.getElementById('pic');
13              if(i == 1){
14                  pic.style.opacity = 0.5;
15              }else{
16                  pic.style.opacity = 1;
17              }
18          }
19      }
20  })
21  </script>
```

运行结果如图 23.14、图 23.15 所示。

图 23.14　图片初始效果

图 23.15　鼠标移入时改变图片透明度

23.5.3　v-if 指令

v-if 指令可以根据表达式的值来判断是否输出 DOM 元素及其包含的子元素。如果表达式的值为 true，就输出 DOM 元素及其包含的子元素；否则，就将 DOM 元素及其包含的子元素移除。

例如，输出数据对象中的属性 a 和 b 的值，并根据比较两个属性的值，判断是否输出比较结果。代码如下：

```
01  <div id="app">
02      <p>a 的值是 {{a}}</p>
03      <p>b 的值是 {{b}}</p>
04      <p v-if="a<b">a 小于 b</p>
05  </div>
06  <script type="text/javascript">
07      var vm = new Vue({
08          el : '#app',
09          data : {
10              a : 100,
11              b : 200
12          }
13      });
14  </script>
```

运行结果如图 23.16 所示。

a的值是100

b的值是200

a小于b

图 23.16　输出比较结果

v-if 是一个指令，必须将它添加到一个元素上，根据表达式的结果判断是否输出该元素。如果需要对一组元素进行判断，需要使用 <template> 元素作为包装元素，并在该元素上使用 v-if，最后的渲染结果里不会包含 <template> 元素。

例如，根据表达式的结果判断是否输出一组单选按钮。代码如下：

```
01  <div id="app">
02    <template v-if="show">
03      <input type="radio" value="A">A
04      <input type="radio" value="B">B
05      <input type="radio" value="C">C
06      <input type="radio" value="D">D
07    </template>
08  </div>
09  <script type="text/javascript">
10    var vm = new Vue({
11      el : '#app',
12      data : {
13        show : true
14      }
15    });
16  </script>
```

运行结果如图 23.17 所示。

v-if 指令可以根据表达式的值来判断是否输出 DOM
元素及其包含的子元素。如果表达式的值为 true，就输
出 DOM 元素及其包含的子元素；否则，就将 DOM 元
素及其包含的子元素移除。v-else 指令相当于 JavaScript
中的 else 语句部分，可以将 v-else 指令配合 v-if 指令一
起使用。

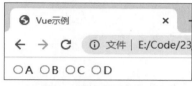

图 23.17　输出一组单选按钮

23.5.4　v-else 指令

v-else 指令的作用相当于 JavaScript 中的 else 语句部分。可以将 v-else 指令配合 v-if 指令
一起使用。

例如，输出数据对象中的属性 a 和 b 的值，并根据比较两个属性的值，输出比较的结果。代码如下：

```
01  <div id="app">
02    <p>a 的值是 {{a}}</p>
03    <p>b 的值是 {{b}}</p>
04    <p v-if="a<b">a 小于 b</p>
05    <p v-else>a 大于 b</p>
06  </div>
07  <script type="text/javascript">
08    var vm = new Vue({
09      el : '#app',
10      data : {
11        a : 200,
12        b : 100
13      }
14    });
15  </script>
```

运行结果如图 23.18 所示。

图 23.18　输出比较结果

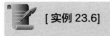[实例 23.6]

（源码位置：资源包 \Code\23\06）

判断 2022 年 2 月份的天数

应用 v-if 指令和 v-else 指令判断 2022 年 2 月份的天数，并显示判断的结果。代码如下：

```
01  <div id="box">
02      <p v-if="(year%4==0 && year%100!=0) || year%400==0">
03          {{show(29)}}
04      </p>
05      <p v-else>
06          {{show(28)}}
07      </p>
08  </div>
09  <script type="text/javascript">
10      var demo = new Vue({
11          el : '#box',
12          data : {
13              year : 2022
14          },
15          methods : {
16              show : function(days){
17                  alert(this.year+' 年 2 月份有 '+days+' 天 ');    // 弹出对话框
18              }
19          }
20      });
21  </script>
```

运行结果如图 23.19 所示。

图 23.19　输出 2022 年 2 月份的天数

23.5.5　v-else-if 指令

v-else-if 指令的作用相当于 JavaScript 中的 else if 语句部分。应用该指令可以进行更多的条件判断，不同的条件对应不同的输出结果。

例如，输出数据对象中的属性 a 和 b 的值，并根据比较两个属性的值，输出比较的结果。代码如下：

```
01  <div id="app">
02      <p>a 的值是 {{a}}</p>
03      <p>b 的值是 {{b}}</p>
04      <p v-if="a<b">a 小于 b</p>
05      <p v-else-if="a==b">a 等于 b</p>
06      <p v-else>a 大于 b</p>
07  </div>
08  <script type="text/javascript">
09      var vm = new Vue({
10          el : '#app',
11          data : {
12              a : 100,
13              b : 100
14          }
15      });
16  </script>
```

运行结果如图 23.20 所示。

图 23.20　输出比较结果

[实例 23.7]

（源码位置：资源包 \Code\23\07）

判断考试成绩

将某学校的学生成绩转化为不同等级，划分标准如下：
① "优秀"，大于等于 90 分；
② "良好"，大于等于 75 分小于 90 分；
③ "及格"，大于等于 60 分小于 75 分；
④ "不及格"，小于 60 分。
假设刘星的考试成绩是 85 分，输出该成绩对应的等级。代码如下：

```
01  <div id="app">
02      <div v-if="score>=90">
03          刘星的考试成绩优秀
04      </div>
05      <div v-else-if="score>= ">
06          刘星的考试成绩良好
07      </div>
08      <div v-else-if="score>=60">
09          刘星的考试成绩及格
10      </div>
11      <div v-else>
12          刘星的考试成绩不及格
13      </div>
14  </div>
15  <script type="text/javascript">
```

```
16      var vm = new Vue({
17          el : '#app',
18          data : {
19              score : 85
20          }
21      });
22  </script>
```

运行结果如图 23.21 所示。

👑 注意:

v-else 指令必须紧跟在 v-if 指令或 v-else-if 指令的后面，否则 v-else
指令将不起作用。同样，v-else-if 指令也必须紧跟在 v-if 指令或 v-else-
if 指令的后面。

图 23.21　输出考试成绩对应的等级

23.5.6　v-for 指令

Vue.js 提供了列表渲染功能，可将数组或对象中的数据循环渲染到 DOM 中。在 Vue.js
中，列表渲染使用的是 v-for 指令，其效果类似于 JavaScript 中的遍历。

使用 v-for 指令遍历数组使用 item in items 形式的语法，其中，items 为数据对象中的数
组名称，item 为数组元素的别名，通过别名可以获取当前数组遍历的每个元素。

例如，应用 v-for 指令输出数组中存储的人物名称。代码如下：

```
01  <div id="box">
02    <ul>
03      <li v-for="item in items">{{item.name}}</li>
04    </ul>
05  </div>
06  <script type="text/javascript">
07    var demo = new Vue({
08        el : '#box',
09        data : {
10            items : [                          // 定义人物名称数组
11                { name : ' 张无忌 '},
12                { name : ' 令狐冲 '},
13                { name : ' 韦小宝 '}
14            ]
15        }
16    });
17  </script>
```

图 23.22　输出人物名称

运行结果如图 23.22 所示。

在应用 v-for 指令遍历数组时，还可以指定一个参数作
为当前数组元素的索引，语法格式为 (item,index) in items。
其中，items 为数组名称，item 为数组元素的别名，index
为数组元素的索引。

例如，应用 v-for 指令输出数组中存储的人物名称和相
应的索引。代码如下：

```
01  <div id="box">
02    <ul>
03      <li v-for="(item,index) in items">{{index}} - {{item.name}}</li>
04    </ul>
```

```
05    </div>
06    <script type="text/javascript">
07        var demo = new Vue({
08            el : '#box',
09            data : {
10                items : [                    // 定义人物名称数组
11                    { name : ' 张无忌 '},
12                    { name : ' 令狐冲 '},
13                    { name : ' 韦小宝 '}
14                ]
15            }
16        });
17    </script>
```

运行结果如图 23.23 所示。

应用 v-for 指令除了可以遍历数组之外，还可以遍历对象。遍历对象使用 value in object 形式的语法，其中，object 为对象名称，value 为对象属性值的别名。

例如，应用 v-for 指令输出对象中存储的人物信息。代码如下：

图 23.23　输出人物名称和索引

```
01    <div id="box">
02        <ul>
03            <li v-for="value in object">{{value}}</li>
04        </ul>
05    </div>
06    <script type="text/javascript">
07        var demo = new Vue({
08            el : '#box',
09            data : {
10                object : {                    // 定义人物信息对象
11                    name : ' 令狐冲 ',
12                    sex : ' 男 ',
13                    age : 23
14                }
15            }
16        });
17    </script>
```

运行结果如图 23.24 所示。

在应用 v-for 指令遍历对象时，还可以使用第二个参数为对象属性名（键名）提供一个别名，语法格式为 (value,key) in object。其中，object 为对象名称，value 为对象属性值的别名，key 为对象属性名的别名。

例如，应用 v-for 指令输出对象中的属性名和属性值。代码如下：

图 23.24　输出人物信息

```
01    <div id="box">
02        <ul>
03            <li v-for="(value,key) in object">{{key}} : {{value}}</li>
04        </ul>
05    </div>
06    <script type="text/javascript">
07        var demo = new Vue({
08            el : '#box',
```

第3篇　高级应用篇

```
09        data : {
10          object : {                              // 定义人物信息对象
11            name : ' 令狐冲 ',
12            sex : ' 男 ',
13            age : 23
14          }
15        }
16     });
17  </script>
```

图 23.25　输出属性名和属性值

运行结果如图 23.25 所示。

在应用 v-for 指令遍历对象时，还可以使用第三个参数为对象提供索引，语法格式为 (value,key,index) in object。其中，object 为对象名称，value 为对象属性值的别名，key 为对象属性名的别名，index 为对象的索引。

例如，应用 v-for 指令输出对象中的属性和相应的索引。代码如下：

```
01  <div id="box">
02    <ul>
03      <li v-for="(value,key,index) in object">{{index}} - {{key}} : {{value}}</li>
04    </ul>
05  </div>
06  <script type="text/javascript">
07    var demo = new Vue({
08      el : '#box',
09      data : {
10        object : {                              // 定义人物信息对象
11          name : ' 令狐冲 ',
12          sex : ' 男 ',
13          age : 23
14        }
15      }
16    });
17  </script>
```

运行结果如图 23.26 所示。

23.5.7　v-model 指令

v-model 指令可以对表单元素进行双向数据绑定，在修改表单元素值的同时，Vue 实例中对应的属性值也会随之更新，反之亦然。v-model 会根据控件类型自动选取正确的方法来更新元素。

图 23.26　输出对象属性和索引

应用 v-model 指令对单行文本框进行数据绑定的示例代码如下：

```
01  <div id="box">
02    <input v-model="message" placeholder=" 单击此处进行编辑 ">
03    <p> 当前输入: {{message}}</p>
04  </div>
05  <script type="text/javascript">
06    var vm = new Vue({
07      el : '#box',
08      data : {
09        message : ''
```

```
10       }
11    });
12 </script>
```

运行结果如图 23.27 所示。

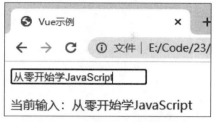

图 23.27　单行文本框数据绑定

上述代码中，应用 v-model 指令将单行文本框的值和 Vue 实例中的 message 属性值进行了绑定。当单行文本框中的内容发生变化时，message 属性值也会相应进行更新。

本章知识思维导图

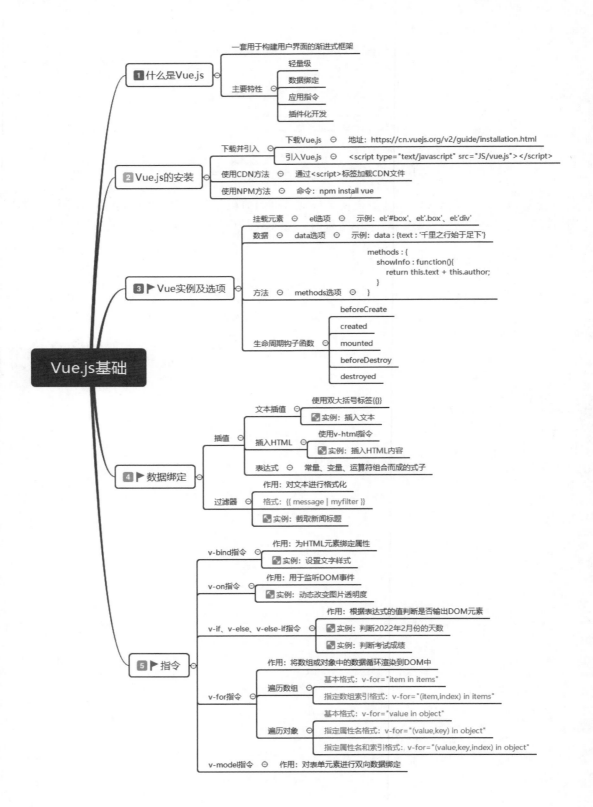

JavaScript

从零开始学 JavaScript

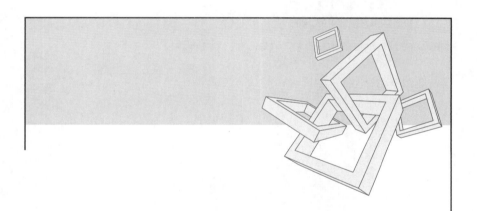

第4篇
项目开发篇

第 24 章

幸运大抽奖

 本章学习目标

● 了解幸运大抽奖游戏的实现效果。
● 熟悉幸运大抽奖游戏的设计思路。
● 掌握抽奖界面的设计方法。
● 掌握抽奖功能的实现方法。

24.1 功能描述

为了吸引用户，各大网站在节假日都会举行一些抽奖活动。在众多抽奖活动中，比较常见的是"幸运大转盘"，"幸运大转盘"的表现形式主要有圆形转盘和多宫格转盘。在本实例中，应用 JavaScript 开发一个多宫格转盘的幸运大抽奖游戏。

在游戏主界面，单击转盘中央的"幸运大抽奖"图片按钮，光标开始转动，速度由慢到快，再由快到慢，最后停留在中奖图片上，中奖后的运行效果如图 24.1 所示。

在转盘中除了设置的奖品图片外，还设置了 4 个未中奖的"谢谢参与"图片，如果光标最后停留在"谢谢参与"图片上，则说明未中奖，未中奖的运行效果如图 24.2 所示。

图 24.1　中奖运行效果

图 24.2　未中奖运行效果

24.2 设计思路

该抽奖游戏的主要设计思路如下：

（1）设计多宫格界面

在页面中创建一个 5 行 5 列的表格，中央的 9 个单元格内容为空，其他的每个单元格中放置一张奖品对应的图片，将 <img> 标记的 title 属性值设置为奖品的名称。

（2）转动光标的实现

转动光标实现方法为：设置第一个单元格背景色为红色，同时设置前一个单元格的背景色为默认的颜色。然后设置第二个单元格的背景色为红色，并设置前一个单元格的背景色为默认的颜色。以此类推，控制背景色的切换时间为毫秒级别，这样就会形成光标转动的效果。

（3）单击按钮转动光标

将转盘的所有位置的坐标定义在一个数组中，该坐标表示当前单元格位于表格的第几行和第几列，例如，[0,0] 表示表格的第一行第一列。当单击"幸运大抽奖"图片按钮时，应用 setInterval() 方法调用指定的函数，在函数中根据光标索引和位置坐标数组获取光标所在位置的单元格，并设置单元格的背景色，实现游戏光标的转动效果。

（4）获取抽奖结果

当转动光标移动到结束位置时，应用 clearInterval() 方法取消 setInterval() 方法设置的超时，即可实现停止转动光标的功能。停止转动后，根据光标索引和位置坐标数组获取光标所在位置的单元格，并获取其内部 <img> 标记的 title 属性值，将该属性值作为抽奖结果显示在页面中。

24.3 开发过程

在 WebStorm 中创建项目 lottery，创建项目后，将路径"光盘 \Code\24\lottery"下的图片资源文件夹 images 复制到 lottery 项目文件夹中。

24.3.1 抽奖界面设计

在项目文件夹中创建 index.html 文件，在文件中创建一个按钮和一个 5 行 5 列的表格，将表格中央的 9 个单元格内容设置为空，其他的每个单元格中放置一张奖品对应的图片，将 <img> 标记的 title 属性值设置为奖品的名称。具体代码如下：

```
01  <!DOCTYPE>
02  <html lang="en">
03  <head>
04  <meta charset="UTF-8">
05  <title> 抽奖游戏 </title>
06  </head>
07  <body>
08  <div>
09    <div class="header"></div>
10    <div class="play">
11      <div class="box"></div>
12      <p class="btn_arr">
13        <input id="btn1" type="button" onClick="StartGame()" class="play_btn" >
14      </p>
15      <table class="playtab" id="tb" cellpadding="0" cellspacing="1">
16        <tr>
17          <td><img width="130" src="images/1.jpg" title=" 【芭比娃娃】"></td>
18          <td><img width="130" src="images/2.jpg" title=" 【Java 开发实战】"></td>
19          <td><img width="130" src="images/3.jpg" title=" 【零食收纳盒】"></td>
20          <td><img width="130" src="images/thanks.jpg" title=" 感谢您的参与 "></td>
21          <td><img width="130" src="images/5.jpg" title=" 【卡通毛巾】"></td>
22        </tr>
23        <tr>
24          <td><img width="130" src="images/16.jpg" title=" 【剃须刀】"></td>
25          <td></td><td></td><td></td>
26          <td><img width="130" src="images/6.jpg" title=" 【C 语言开发实战】"></td>
27        </tr>
28        <tr>
29          <td><img width="130" src="images/15.jpg" title=" 【自拍杆】"></td>
30          <td></td><td></td><td></td>
31          <td><img width="130" src="images/thanks.jpg" title=" 感谢您的参与 "></td>
32        </tr>
33        <tr>
34          <td><img width="130" src="images/thanks.jpg" title=" 感谢您的参与 "></td>
35          <td></td><td></td><td></td>
36          <td><img width="130" src="images/8.jpg" title=" 【平板电脑】"></td>
37        </tr>
38        <tr>
39          <td><img width="130" src="images/13.jpg" title=" 【Java Web 开发实战】"></td>
40          <td><img width="130" src="images/12.jpg" title=" 【移动硬盘】"></td>
41          <td><img width="130" src="images/thanks.jpg" title=" 感谢您的参与 "></td>
```

```
42              <td><img width="130" src="images/10.jpg" title="【网络机顶盒】"></td>
43              <td><img width="130" src="images/9.jpg" title="【扫地机器人】"></td>
44          </tr>
45      </table>
46  </div>
47  </div>
48  </body>
49  </html>
```

24.3.2　为抽奖页面添加样式

在项目文件夹中创建 index.css 文件，在文件中编写 CSS 代码，为抽奖页面中的元素添加样式，具体代码如下：

```
01  *{
02      margin: 0;                           /* 设置外边距 */
03      padding: 0;                          /* 设置内边距 */
04      font-size:12px;                      /* 设置文字大小 */
05  }
06  .header{
07      width:100%;                          /* 设置宽度 */
08      height:30px;                         /* 设置高度 */
09  }
10  .box{
11      width:450px;                         /* 设置宽度 */
12      height:450px;                        /* 设置高度 */
13      background-color:#66CC66;             /* 设置背景颜色 */
14      position:absolute;                   /* 设置绝对定位 */
15      top:153px;                           /* 设置到父元素顶部的距离 */
16      left:153px;                          /* 设置到父元素左端的距离 */
17  }
18  .play{
19      margin:0 auto;                       /* 设置外边距 */
20      width: 756px;                        /* 设置宽度 */
21      height: 756px;                       /* 设置高度 */
22      border:10px solid #3399FF;           /* 设置元素边框 */
23      position:relative;                   /* 设置相对定位 */
24  }
25  .btn_arr{
26      position:absolute;                   /* 设置绝对定位 */
27      left:228px;                          /* 设置到父元素左端的距离 */
28      top:228px;                           /* 设置到父元素顶部的距离 */
29  }
30  td{
31      width:150px;                         /* 设置宽度 */
32      height:150px;                        /* 设置高度 */
33      background-color:#FFDFDF;             /* 设置背景颜色 */
34      text-align:center;                   /* 设置文本居中显示 */
35      line-height:115px;                   /* 设置行高 */
36      font-size:80px;                      /* 设置文字大小 */
37  }
38  .light1{
39      background-color:#F60;               /* 设置背景颜色 */
40  }
41  .light2{
42      background-color:#3366FF;             /* 设置背景颜色 */
43  }
44  .playnormal{
45      background-color:#FFDFDF;             /* 设置背景颜色 */
46  }
47  .play_btn{
```

```
48        width:300px;                              /* 设置宽度 */
49        height:300px;                             /* 设置高度 */
50        display:block;                            /* 设置元素为块级元素 */
51        background-image:url(images/lottery.jpg); /* 设置背景图像 */
52        border:0;                                 /* 设置无边框 */
53        cursor:pointer;                           /* 设置鼠标光标形状 */
54        font-family:" 微软雅黑 ";                 /* 设置字体 */
55        font-size:40px;                           /* 设置文字大小 */
56    }
57    .prizeDiv{
58        width:400px;                              /* 设置宽度 */
59        height:100px;                             /* 设置高度 */
60        line-height:100px;                        /* 设置行高 */
61        text-align:center;                        /* 设置文本居中显示 */
62        font-size:24px;                           /* 设置文字大小 */
63        font-weight:bolder;                       /* 设置字体粗细 */
64        color:#FFFFFF;                            /* 设置文字颜色 */
65        background-color:#666666;                 /* 设置背景颜色 */
66        opacity:0.9;                              /* 设置元素的不透明度 */
67        position:absolute;                        /* 设置绝对定位 */
68        top:328px;                                /* 设置到父元素顶部的距离 */
69        left:178px;                               /* 设置到父元素左端的距离 */
70        z-index:10;                               /* 设置元素的堆叠顺序 */
71    }
```

在 index.html 文件中引入 index.css 文件，为抽奖页面中的元素添加 CSS 样式。在 <title> 标记的下方编写如下代码：

```
<link rel="stylesheet" type="text/css" href="index.css">
```

此时运行 index.html 文件即可看到抽奖页面的运行效果，如图 24.3 所示。

图 24.3　抽奖页面

24.3.3　抽奖功能的实现

在项目文件夹中创建 index.js 文件，在文件中编写实现抽奖功能的 JavaScript 代码，具体步骤如下。

① 创建 GetSide() 函数，在函数中应用 while 语句将转盘上所有位置的坐标定义在数组中。代码如下：

```
01   function GetSide(m,n){
02       var resultArr=[];                    // 定义坐标数组
03       var tempX=0;                          // 定义转动光标横坐标
04       var tempY=0;                          // 定义转动光标纵坐标
05       var direction="RightDown";           // 定义初始转动方向
06       while(tempX>=0 && tempX<n && tempY>=0 && tempY<m){
07           resultArr.push([tempY,tempX]);   // 添加数组元素
08           if(direction=="RightDown"){      // 如果光标向右或向下转动
09               if(tempX==n-1){
10                   tempY++;
11               }else{
12                   tempX++;
13               }
14               if(tempX==n-1&&tempY==m-1){
15                   direction="LeftUp"
16               }
17           }else{                           // 如果光标向左或向上转动
18               if(tempX==0){
```

```
19          tempY--;
20      }else{
21          tempX--;
22      }
23      if(tempX==0&&tempY==0){              // 如果横纵坐标都为 0 则结束循环
24          break;
25      }
26    }
27  }
28  return resultArr;                         // 返回坐标数组
29 }
```

② 定义抽奖过程中应用的一些主要变量。代码如下：

```
01  var index=0;                             // 转动光标当前索引
02  var prevIndex=0;                          // 转动光标前一位置索引
03  var Speed=300;                            // 初始速度
04  var Time;                                 // 设置超时返回的 ID
05  var Light;                                // 设置超时返回的 ID
06  var arr = GetSide(5,5);                   // 初始化数组
07  var SlowIndex=0;                          // 变慢位置索引
08  var EndIndex=0;                           // 结束转动位置索引
09  var tb = document.getElementById("tb");   // 获取表格对象
10  var cycle=0;                              // 计算转动第几圈
11  var EndCycle=2;                           // 转动的圈数
12  var flag=false;                           // 结束转动标志
13  var quick=0;                              // 控制加速
14  var btn = document.getElementById("btn1");// 获取抽奖按钮
15  var resultDiv;                            // 显示结果的元素
16  var selected;                             // 结束转动位置的单元格
```

③ 创建单击"幸运大抽奖"图片按钮后执行的函数 StartGame()，在函数中应用 clearInterval() 方法取消超时设置，并应用 Math 对象中的 random() 方法和 floor() 方法获取随机数作为光标转动速度变慢位置的索引，再应用 setInterval() 方法设置超时。然后定义 Star() 函数，在函数中通过设置单元格的背景色实现游戏光标的转动效果，当转动光标移动到结束位置时，应用 clearInterval() 方法取消 setInterval() 方法设置的超时，实现停止转动光标的功能。代码如下：

```
01  function StartGame(){
02    if(document.getElementById("prizeDiv")){  // 如果存在该元素
03      document.getElementsByClassName("play")[0].removeChild(resultDiv);// 移除元素
04    }
05    clearInterval(Time);                     // 取消超时设置
06    clearInterval(Light);                    // 取消超时设置
07    cycle=0;                                 // 圈数重新设置为 0
08    flag=false;
09    SlowIndex=Math.floor(Math.random()*16);  // 随机获取变慢位置索引
10    Time = setInterval(Star,Speed);          // 设置超时
11  }
12  function Star(num){
13    if(index>=arr.length){                   // 如果转动光标当前索引大于等于数组长度
14      index=0;                               // 转动光标索引重新设置为 0
15      cycle++;                               // 转动圈数加 1
16    }
17    if(flag==false){
18      if(quick==5){                          // 走 5 格开始加速
19        clearInterval(Time);                 // 取消超时设置
20        Speed=50;                            // 速度加快
21        Time=setInterval(Star,Speed);        // 设置超时
```

```
22            }
23            // 如果到达指定圈数并且当前光标索引等于变慢位置索引
24            if(cycle==EndCycle && index==parseInt(SlowIndex)){
25                clearInterval(Time);                        // 取消超时设置
26                Speed=300;                                  // 速度变慢
27                flag=true;                                  // 触发结束
28                Time=setInterval(Star,Speed);               // 设置超时
29            }
30        }
31                                                            // 设置转动光标所在单元格样式
32        tb.rows[arr[index][0]].cells[arr[index][1]].className="light1";
33        if(index>0){                                        // 如果转动光标索引大于 0
34            prevIndex=index-1;                              // 获取前一位置索引
35        }else{                                              // 如果转动光标索引等于 0
36            prevIndex=arr.length-1;                         // 获取前一位置索引
37        }
38        // 设置前一单元格样式
39        tb.rows[arr[prevIndex][0]].cells[arr[prevIndex][1]].className="playnormal";
40        if(parseInt(SlowIndex)+5<arr.length){               // 如果变慢位置索引加 5 小于数组长度
41            EndIndex=parseInt(SlowIndex)+5;                 // 获取结束转动位置索引
42        }else{                                              // 如果变慢位置索引加 5 大于等于数组长度
43            EndIndex=parseInt(SlowIndex)+5-arr.length;      // 获取结束转动位置索引
44        }
45        // 如果结束转动标志为 true 并且转动光标索引等于结束转动位置索引
46        if(flag==true && index==EndIndex){
47            quick=0;
48            clearInterval(Time);                            // 取消超时设置
49            setTimeout(showResult,100);                     // 设置超时并显示抽奖结果
50        }
51        index++;                                            // 转动光标索引加 1
52        quick++;
53    }
```

④ 创建显示抽奖结果的函数 showResult()，在函数中创建一个 div 元素，将抽奖结果作为 div 元素的内容显示在页面中。代码如下：

```
01  function showResult(){
02      // 获取结束转动位置的单元格
03      selected=tb.rows[arr[EndIndex][0]].cells[arr[EndIndex][1]];
04      resultDiv = document.createElement("div");           // 创建 div 元素
05      resultDiv.id="prizeDiv";                             // 设置元素 ID
06      resultDiv.className = "prizeDiv";                    // 为 div 设置 class 属性值
07      var prize=selected.firstChild.title;                // 获取抽中的奖品
08      if(prize!=" 感谢您的参与 "){
09          resultDiv.innerHTML = " 恭喜您获得 "+prize;       // 显示的内容
10      }else{
11          resultDiv.innerHTML = prize;                     // 显示的内容
12      }
13      document.getElementsByClassName("play")[0].appendChild(resultDiv);// 添加 div 元素
14      Light=setInterval(flash,100);
15  }
```

此时单击抽奖页面中的"幸运大抽奖"图片按钮，当游戏光标停止转动后将在页面中显示出抽奖结果，如图 24.4 所示。

图 24.4　显示抽奖结果

⑤ 为抽中奖品图片添加闪烁效果。创建 flash() 函数，在函数中通过为单元格设置不同的样式实现游戏光标的闪烁功能。代码如下：

```
01  function flash(){                              // 设置光标闪烁效果
02    if(selected.className=="light1"){            // 如果结束转动位置的单元格 class 属性值为 light1
03      selected.className="light2";               // 设置 class 属性值为 light2
04    }else{
05      selected.className="light1";               // 设置 class 属性值为 light1
06    }
07  }
```

⑥ 在 index.html 文件中引入 index.js 文件。代码如下：

```
<script type="text/javascript" src="index.js"></script>
```

重新运行程序，单击抽奖页面中的"幸运大抽奖"图片按钮，当游戏光标停止转动后可以看到光标的闪烁效果。

 # 本章知识思维导图

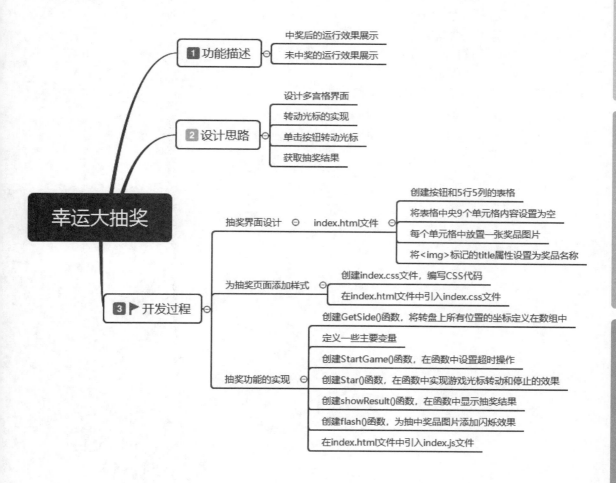

第 25 章

51 购商城

本章学习目标

- 了解 51 购商城的设计思路。
- 熟悉商城主页的设计和实现方法。
- 熟悉商品列表页面的设计和实现方法。
- 熟悉商品详情页面的设计和实现方法。
- 熟悉购物车页面的设计和实现方法。
- 熟悉付款页面的设计和实现方法。
- 熟悉登录注册页面的设计和实现方法。

25.1 项目的设计思路

网络购物已经不再是什么新鲜事物，当今无论是企业，还是个人，都可以很方便地在网上交易商品，批发零售。比如在淘宝上开网店，在微信上做微店等。本章将设计并制作一个综合的电子商城项目——51 购商城，循序渐进，由浅入深，不仅实现传统 PC 端的页面功能，而且适配移动端（手机和平板设备等），使网站的界面布局和购物功能具有更好的用户体验。

良好的项目设计，是一个优秀网页项目成功的前提条件。接下来，项目的设计思路将从项目概述、界面预览、功能结构和文件夹组织结构四个方面进行说明。

25.1.1 项目概述

从整体设计上看，51 购商城具有通用电子商城的购物功能流程，比如商品的推荐、商品详情的展示、购物车等功能。网站的功能具体划分如下：

① 商城主页：是用户访问网站的入口页面，介绍重点的推荐商品和促销商品等信息，具有分类导航功能，方便用户继续搜索商品。

② 商品列表页面：根据某种分类商品，比如手机类商品，会将商城所有的手机以列表的方式展示。按照商品的某种属性特征，比如手机内存或手机颜色等，可以进一步检索感兴趣的手机信息。

③ 商品详情页面：全面详细地展示具体某一种商品信息，包括商品本身的介绍（比如商品生产场地等）、购买商品后的评价、相似商品的推荐等内容。

④ 购物车页面：对某种商品产生消费意愿后，则可以将商品添加到购物车页面。购物车页面详细记录了已添加商品的价格和数量等内容。

⑤ 付款页面：真实模拟付款流程，包含用户常用收货地址、付款方式的选择和物流的挑选等内容。

⑥ 登录注册页面：含有用户登录或注册时表单信息提交的验证，比如账户密码不能为空、数字验证和邮箱验证等内容信息。

25.1.2 界面预览

（1）主页

主页界面效果如图 25.1 所示，包括 PC 端和移动端。用户可以浏览商品分类信息、选择商品和搜索商品等，也可以在自己的移动端浏览查询。

（2）商品列表页面

商品列表页面用于展示同类别商品信息。根据商品的具体类别，如手机运行内存、屏幕尺寸和颜色等类别，可对手机商品更加细分搜索。支持兼容移动端展示，方便手持设备用户浏览查询。界面效果如图 25.2 所示。

（3）付款页面

用户选择完商品，加入购物车后，则进入付款页面。付款页面包含收货地址、物流方

图 25.1　51 购商城主页界面（PC 端和移动端）

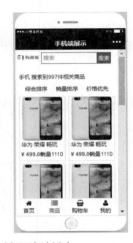

图 25.2　商品列表页面效果（PC 端和移动端）

式和支付方式等内容，符合通用电商网站的付款流程，同时也支持移动端的付款体验。界面效果如图25.3所示。

图 25.3　付款页面效果（PC 端和移动端）

25.1.3　功能结构

51 购商城从功能上划分，由主页、商品、购物车、付款、登录和注册 6 个功能组成。其中，登录和注册的页面布局基本相似，可以当作一个功能。详细的功能结构如图 25.4 所示。

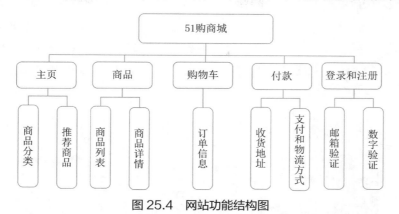

图 25.4　网站功能结构图

25.1.4　文件夹组织结构

设计规范合理的文件夹组织结构，可以方便日后的维护和管理。51 购商城，首先新建 51shop 作为项目根目录文件夹，然后新建 css 文件夹、fonts 文件夹和 images 文件夹，分别保存 CSS 样式类文件、字体资源文件和图片资源文件，最后新建各个功能页面的 HTML 文件，比如 login.html 文件，表示登录页面。具体文件夹组织结构如图 25.5 所示。

图 25.5　51 购商城的文件夹组织结构

👑 说明：
在本项目中，JavaScript 的代码都以页面内嵌入的方式编写，因此没有新建 js 文件夹。

25.2　主页的设计与实现

主页是一个网站的脸面。打开一个网站，首先看到的是主页的页面，所以，主页的设计与实现，对于一个网站的成功与否至关重要。下面将从主页的设计、顶部区和底部区功能的实现、商品分类导航功能的实现、商品推荐功能的实现和适配移动端的实现分别进行详细讲解。

25.2.1　主页的设计

在越来越重视用户体验的今天，主页的设计非常重要和关键。视觉效果优秀的界面设计和方便个性化的使用体验，会让用户印象深刻，流连忘返。因此，51 购商城的主页特别设计了推荐商品和促销活动两个功能，为用户推荐最新最好的商品和活动。主页的界面效果如图 25.6 和图 25.7 所示。

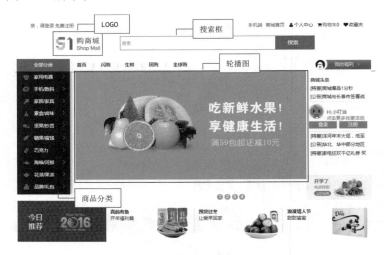

图 25.6　主页顶部区域的各个功能

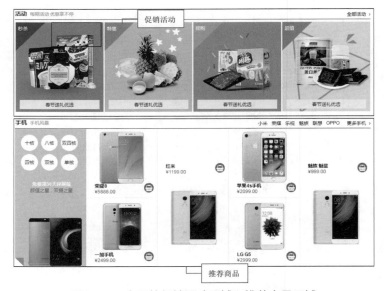

图 25.7　主页的促销活动区域和推荐商品区域

25.2.2　顶部区和底部区功能的实现

根据由简到繁的原则，首先实现网站顶部区和底部区的功能。顶部区主要由网站的

LOGO 图片、搜索框和导航菜单（登录、注册、手机端和商城首页等链接）组成，方便用户跳转到其他页面。底部区由制作公司和导航栏组成，链接到技术支持的官网。功能实现后的界面如图 25.8 所示。

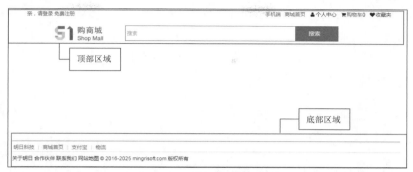

图 25.8　主页的顶部区和底部区

具体实现的步骤如下：

① 新建一个 HTML 文件，命名为 index.html。引入 bootstrap.css 文件、admin.css 文件、demo.css 文件和 hmstyle.css 文件，构建页面整体布局。关键代码如下：

```
01  <!DOCTYPE html>
02  <head>
03      <meta http-equiv="Content-Type" content="text/html; charset=utf-8"/>
04      <meta name="viewport" content="width=device-width, initial-scale=1.0,
05        minimum-scale=1.0, maximum-scale=1.0, user-scalable=no">
06      <title> 首页 </title>
07      <link rel="stylesheet" type="text/css" href="css/basic.css"/>
08      <link rel="stylesheet" type="text/css" href="css/admin.css"/>
09      <link rel="stylesheet" type="text/css" href="css/demo.css"/>
10      <link rel="stylesheet" type="text/css" href="css/hmstyle.css"/>
11  </head>
12  <body>
13  </body>
14  </html>
```

👑 说明：

    <meta> 标签中，name 属性值为 viewport，表示页面的浏览模式会根据浏览器的大小而动态调节，即适配移动端的浏览器大小。

② 实现顶部区的功能。重点说明搜索框的布局技巧，首先新建一个 <div> 标签，添加 class 属性，值为 search-bar，确定搜索框的定位。然后使用 <form> 标签，分别新建搜索框文本框和搜索按钮。关键代码如下：

```
01  <div class="nav white">
02      <!—网站 LOGO-->
03      <div class="logo"><a href="index.html"><img src="images/logo.png"/></div></a>
04      <div class="logoBig">
05          <li><img src="images/logobig.png"/></li>
06      </div>
07      <!-- 搜索框 -->
08      <div class="search-bar pr">
09          <a name="index_none_header_sysc" href="#"></a>
10          <form>
11              <input id="searchInput" name="index_none_header_sysc"
12                      type="text" placeholder=" 搜索 " autocomplete="off">
```

```
13                  <input id="ai-topsearch" class="submit mr-btn" value=" 搜索 "
14                       index="1" type="submit">
15            </form>
16        </div>
17    </div>
```

③ 实现底部区的功能。首先通过 <p> 标签和 <a> 标签，实现底部的导航栏。然后为 <a> 标签添加 href 属性，链接到商城主页页面。最后使用 <p> 段落标签，显示关于明日、合作伙伴和联系我们等网站制作团队相关信息。代码如下：

```
01 <div class="footer ">
02    <div class="footer-hd ">
03        <p>
04            <a href="http://www.mingrisoft.com/" target="_blank">明日科技 </a>
05            <b>|</b>
06            <a href="index.html">商城首页 </a>
07            <b>|</b>
08            <a href="#"> 支付宝 </a>
09            <b>|</b>
10            <a href="#"> 物流 </a>
11        </p>
12    </div>
13    <div class="footer-bd ">
14        <p>
15            <a href="http://www.mingrisoft.com/Index/ServiceCenter/aboutus.html"
16                target="_blank"> 关于明日 </a>
17            <a href="#"> 合作伙伴 </a>
18            <a href="#"> 联系我们 </a>
19            <a href="#"> 网站地图 </a>
20            <em>© 2016-2025 mingrisoft.com 版权所有 </em>
21        </p>
22    </div>
23 </div>
```

25.2.3　商品分类导航功能的实现

主页商品分类导航功能，将商品分门别类，便于用户检索查找。用户使用鼠标滑入某一商品分类时，界面会继续弹出商品的子类别内容，鼠标滑出时，子类别内容消失。因此，商品分类导航功能可以使商品信息更清晰易查，井井有条。实现后的界面效果如图 25.9 所示。

图 25.9　商品分类导航功能的界面效果

具体实现的步骤如下：

① 编写 HTML 的布局代码。通过 <li> 标签，显示商品分类信息。在 <li> 标签中，分别添加了 onmouseover 属性和 onmouseout 属性，为 <li> 标签增加鼠标滑入事件和鼠标滑出事件。关键代码如下：

```
01  <li class="appliance js_toggle relative "
02  onmouseover="mouseOver(this)" onmouseout="mouseOut(this)"  >
03      <div class="category-info">
04          <h3 class="category-name b-category-name">
05              <i><img src="images/cake.png"></i>
06              <a class="ml-22" title="家用电器">家用电器</a></h3>
07          <em>&gt;</em></div>
08      <div class="menu-item menu-in top" >
09          <div class="area-in">
10              <div class="area-bg">
11                  <div class="menu-srot">
12                      <div class="sort-side">
13                          <dl class="dl-sort">
14                              <dt><span >生活电器</span></dt>
15                              <dd><a  href="shopInfo.html"><span>取暖电器</span></a></dd>
16                              <dd><a  href="shopInfo.html"><span>吸尘器</span></a></dd>
17                              <dd><a  href="shopInfo.html"><span>净化器</span></a></dd>
18                              <dd><a  href="shopInfo.html"><span>扫地机器人</span></a></dd>
19                              <dd><a  href="shopInfo.html"><span>加湿器</span></a></dd>
20                              <dd><a  href="shopInfo.html"><span>熨斗</span></a></dd>
21                              <dd><a  href="shopInfo.html"><span>电风扇</span></a></dd>
22                              <dd><a  href="shopInfo.html"><span>冷风扇</span></a></dd>
23                              <dd><a  href="shopInfo.html"><span>插座</span></a></dd>
24                          </dl>
25                      </div>
26                  </div>
27              </div>
28          </div>
29      </div>
30      <b class="arrow"></b>
31  </li>
```

② 编写鼠标滑入滑出事件的 JavaScript 逻辑代码。mouseOver() 方法和 mouseOut() 方法分别为鼠标滑入和滑出事件方法，二者实现逻辑相似。以 mouseOver() 方法为例，首先当鼠标滑入 <li> 标签节点时，触发 mouseOver() 事件方法。然后获取事件对象 obj，设置 obj 对象的样式，找到 obj 对象的子节点（子分类信息），最后将子节点内容显示到页面。关键代码如下：

```
01  <script>
02                                                                  // 鼠标滑出事件
03      function mouseOver(obj){
04          obj.className="appliance js_toggle relative hover"; // 设置当前事件对象样式
05          var menu=obj.childNodes;                            // 寻找该事件子节点（商品子类别）
06          menu[3].style.display='block';                      // 设置子节点显示
07      }
08      // 鼠标滑入事件
09      function mouseOut(obj){
10          obj.className="appliance js_toggle relative";       // 设置当前事件对象样式
11          var menu=obj.childNodes;                            // 寻找该事件子节点（商品子类别）
12          menu[3].style.display='none';                       // 设置子节点隐藏
13      }
14  </script>
```

25.2.4　轮播图功能的实现

轮播图功能是根据固定的时间间隔，动态地显示或隐藏轮播图片，引起用户的关注和注意。轮播图片一般都是系统推荐的最新商品内容。界面的效果如图 25.10 所示。

图 25.10　主页轮播图的界面效果

具体实现步骤如下：

① 编写 HTML 的布局代码。使用 <ul> 标签和 <li> 标签引入 4 张轮播图，同时也新建了 1、2、3 和 4 的轮播顺序节点。关键代码如下：

```
01  <!-- 轮播图 -->
02  <div class="mr-slider mr-slider-default scoll"
03      data-mr-flexslider id="demo-slider-0">
04    <div id="box">
05      <ul id="imagesUI" class="list">
06        <li class="current" style="opacity: 1;"><img src="images/ad1.png"></li>
07        <li style="opacity: 0;"><img src="images/ad2.png" ></li>
08        <li style="opacity: 0;"><img src="images/ad3.png" ></li>
09        <li style="opacity: 0;"><img src="images/ad4.png" ></li>
10      </ul>
11      <ul id="btnUI" class="count">
12        <li class="current">1</li>
13        <li class="">2</li>
14        <li class="">3</li>
15        <li class="">4</li>
16      </ul>
17    </div>
18  </div>
19  <div class="clear"></div>
```

② 编写播放轮播图的 JavaScript 代码。首先新建 autoPlay() 方法，用于自动轮播图片。然后在 autoPlay() 方法中，调用图片显示或隐藏的 show() 方法。最后编写 show() 方法的逻辑代码，根据设置图片的透明度，显示或隐藏对应的图片。关键代码如下：

```
01  <script>
02  // 自动轮播方法
03  function autoPlay(){
04  play=setInterval(function(){              // 定时器处理
05  index++;
06  index>=imgs.length&&(index=0);
07  show(index);
08  },3000)
```

```
09  }
10  // 图片切换方法
11  function show(a){
12      for(i=0;i<btn.length;i++ ){
13          btn[i].className='';                    // 显示当前设置按钮。
14          btn[a].className='current';
15      }
16      for(i=0;i<imgs.length;i++){                 // 把图片的效果设置和按钮相同
17          imgs[i].style.opacity=0;
18          imgs[a].style.opacity=1;
19      }
20  }
21  // 切换按钮功能
22  for(i=0;i<btn.length;i++){
23      btn[i].index=i;
24      btn[i].onmouseover=function(){
25          show(this.index);                       // 触发 show() 方法
26          clearInterval(play);                    // 停止播放
27      }
28  }
29  </script>
```

25.2.5 商品推荐功能的实现

商品推荐功能是 51 购网站主要的商品促销形式，此功能可以动态显示推荐的商品信息，包括商品的缩略图、价格和打折信息等内容。通过商品推荐功能，还能将众多商品信息精挑细选，提高商品的销售率。界面效果如图 25.11 所示。

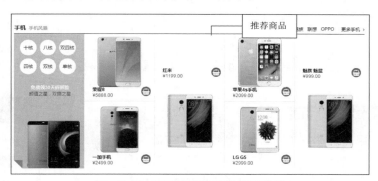

图 25.11 商品推荐功能的界面效果

具体实现方法如下：

编写 HTML 的布局代码。首先新建一个 <div> 标签，添加 class 属性，值为 word，布局商品的类别内容，如显卡、机箱和键盘等。然后通过 <div> 标签，显示具体的商品项目内容，如惠普（HP）笔记本和价格信息等内容。关键代码如下：

```
01  <div class="mr-u-sm-5 mr-u-md-4 text-one list ">
02      <div class="word">
03          <a class="outer" href="#">
04              <span class="inner"><b class="text">CPU</b></span></a>
05          <a class="outer" href="#">
06              <span class="inner"><b class="text"> 显卡 </b></span></a>
07          <a class="outer" href="#">
08              <span class="inner"><b class="text"> 机箱 </b></span></a>
09          <a class="outer" href="#">
10              <span class="inner"><b class="text"> 键盘 </b></span></a>
```

```
11              <a class="outer" href="#">
12                  <span class="inner"><b class="text"> 鼠标 </b></span></a>
13              <a class="outer" href="#">
14                  <span class="inner"><b class="text">U 盘 </b></span></a>
15          </div>
16          <a href="shopList.html">
17              <div class="outer-con ">
18                  <div class="title ">
19                      致敬 2016
20                  </div>
21                  <div class="sub-title ">
22                      新春大礼包
23                  </div>
24              </div>
25              <img src="images/computerArt.png" width="120px" height="200px">
26          </a>
27          <div class="triangle-topright"></div>
28      </div>
29      <div class="mr-u-sm-7 mr-u-md-4 text-two sug">
30          <div class="outer-con ">
31              <div class="title ">
32                  惠普（HP）笔记本
33              </div>
34              <div class="sub-title ">
35                  ¥4999.00
36              </div>
37              <i class="mr-icon-shopping-basket mr-icon-md  seprate"></i>
38          </div>
39          <a href="shopList.html"><img src="images/computer1.jpg"/></a>
40      </div>
41
```

👑 说明：

鼠标滑入某具体的商品图片时，图片会呈现闪动效果，引起读者的注意和兴趣。

25.2.6 适配移动端的实现

当前，手机用户越来越多，而且已经培养成用手机浏览网站的习惯。为此，51 购商城设计并实现了适配移动终端的功能页面。实现的方式采用了适配移动端的知识内容，使用 CSS3 的 @media 关键字，根据移动终端浏览器的不同宽度，适配不同的功能页面。界面效果如图25.12 所示。

具体实现步骤如下：

① 添加适配浏览器大小的 <meta> 标签。首先添加 name 属性，值为 viewport，表示浏览器在读取此页面代码时，会适配当前浏览器的大小。然后添加 content 属性，其中属性值 width=device-width，表示页面内容的宽度等于当前浏览器的宽度。代码如下：

图 25.12 商品推荐功能的界面效果

```
<meta name="viewport" content="width=device-width,
        initial-scale=1.0, minimum-scale=1.0, maximum-scale=1.0, user-scalable=no">
```

② 根据 CSS3 的 @media 关键字，动态调整页面大小。比如针对 <body> 标签，@media

关键字会检测当前浏览器的宽度，根据宽度的不同，动态调整 <body> 标签的 CSS 属性值。关键代码如下：

```
01  <style>
02      /* 适配移动端 */
03      @media only screen and (max-width: 640px) {
04          /**
05          * 如果当前浏览器的宽度小于等于 640px 时，body< 标签 > 的 word-wrap 属性值为 break-word
06          */
07          body {
08              word-wrap: break-word;
09              hyphens: auto;
10          }
11      }
12  </style>
```

👑 说明：

请参考 css 文件夹内的 basic.css 文件，包含适配移动端的 CSS3 样式代码。

25.3　商品列表页面的设计与实现

商品列表页面将商品分类分组，更好地展示商品信息。下面将从商品列表页面的设计、分类选项功能的实现和商品列表区的实现分别进行详细讲解。

25.3.1　商品列表页面的设计

商品列表页面是一般电子商城通用的功能页面。可以根据销量、价格和评价检索商品信息。可根据某种分类商品，比如手机类商品，按照商品的某种属性特征，比如手机内存或手机颜色等，进一步检索手机信息。界面效果如图 25.13 所示。

图 25.13　商品列表页面效果（PC 端和移动端）

👑 说明：

关于适配移动端的部分，请参考 25.2.6 小节的内容，本节不再讲解。

25.3.2　分类选项功能的实现

商品分类选项功能是电商网站通用的一个功能，可以对商品进一步检索分类范围，如手机的颜色，分成金色、白色和黑色等颜色分类，方便用户快速挑选商品，提升用户使用体验。界面效果如图 25.14 所示。

图 25.14　分类选项功能的界面效果

具体实现步骤如下：使用 <li> 标签，显示细分的分类选项。其中 class 属性值 selected，表示当前选中项目的样式为白底红色。关键代码如下：

```
01  <li class="select-list">
02      <dl id="select1">
03          <dt class="mr-badge mr-round">
04              运行内存
05          </dt>
06          <div class="dd-conent">
07              <dd class="select-all selected">
08                  <a href="#"> 全部 </a>
09              </dd>
10              <dd>
11                  <a href="#">2GB</a>
12              </dd>
13              <dd>
14                  <a href="#">3GB</a>
15              </dd>
16              <dd>
17                  <a href="#">4GB</a>
18              </dd>
19              <dd>
20                  <a href="#">6GB</a>
21              </dd>
22              <dd>
23                  <a href="#"> 无 </a>
24              </dd>
25              <dd>
26                  <a href="#">其他 </a>
27              </dd>
28          </div>
29      </dl>
30  </li>
```

👑 说明：

商品列表页面的顶部和底部布局，实现方法与主页相同，请自行编码实现。

25.3.3　商品列表区的实现

商品列表区由商品列表内容区、组合推荐区域和分页组件区域构成。商品列表内容区可以根据销量、价格和评价等参数动态检索商品信息；组合推荐区域方便用户购买配套商品，而且布局美观；分页组件区域是商品列表必备功能，显示商品列表的分页信息。界面效果如图 25.15 所示。

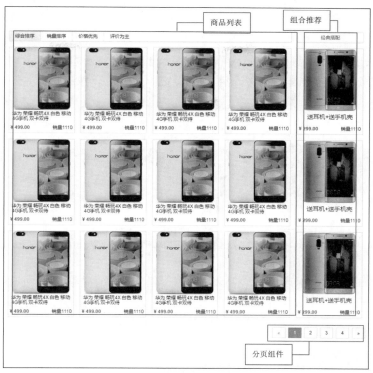

图 25.15　分类选项功能的界面效果

具体实现步骤如下：

① 编写商品列表区域的 HTML 布局代码。使用 <ul> 标签和 <li> 标签，显示单个手机商品的信息，包括手机名称、价格和销量等内容。关键代码如下：

```
01  <ul class="mr-avg-sm-2 mr-avg-md-3 mr-avg-lg-4 boxes">
02      <li>
03          <div class="i-pic limit">
04              <a href="shopInfo.html"><img src="images/shopcartImg.jpg" /></a>
05              <p class="title fl"> 华为 荣耀 畅玩 4X 白色 移动 4G 手机 双卡双待 </p>
06              <p class="price fl"> <b>&yen;</b> <strong>499.00</strong> </p>
07              <p class="number fl"> 销量 <span>1110</span> </p>
08          </div> </li>
09      <li>
10          <div class="i-pic limit">
11              <a href="shopInfo.html"><img src="images/shopcartImg.jpg" /></a>
12              <p class="title fl"> 华为 荣耀 畅玩 4X 白色 移动 4G 手机 双卡双待 </p>
13              <p class="price fl"> <b>&yen;</b> <strong>499.00</strong> </p>
14              <p class="number fl"> 销量 <span>1110</span> </p>
15          </div> </li>
16  </ul>
```

② 编写组合推荐区域的 HTML 布局代码。使用 <li> 标签，显示组合推荐功能的图片、内容和价格等信息内容，方便用户购买相关配套商品，同时布局效果美观。关键代码如下：

```
01  <li>
02      <div class="i-pic check">
03          <a href="shopInfo.html"><img src="images/shopcartImg-01.jpg" /></a>
04          <p class="check-title"> 送耳机 + 送手机壳 </p>
```

```
05        <p class="price fl"> <b>&yen;</b> <strong>299.00</strong> </p>
06        <p class="number fl"> 销量 <span>1110</span> </p>
07    </div>
08 </li>
```

③ 编写分页组件的 HTML 布局代码。使用 <ul> 和 <li> 标签，显示商品分页数。class 属性值为 mr-pagination-right，表示分组组件的定位信息。代码如下：

```
01 <ul class="mr-pagination mr-pagination-right">
02    <li class="mr-disabled"><a href="#">&laquo;</a></li>
03    <li class="mr-active"><a href="#">1</a></li>
04    <li><a href="#">2</a></li>
05    <li><a href="#">3</a></li>
06    <li><a href="#">4</a></li>
07    <li><a href="#">&raquo;</a></li>
08 </ul>
```

25.4 商品详情页面的设计与实现

在商品详情页面里，用户可以查看商品的详细信息。商品详情页面设计的好坏，直接关系到商品转换率（下单率）的成败。下面将从商品详情页面的设计、商品概要功能的实现、商品评价功能的实现和猜你喜欢功能的实现分别进行讲解。

25.4.1 商品详情页面的设计

商品详情是商品列表的子页面。用户单击商品列表的某一项商品后，则进入商品详情的页面。商品详情页面对用户而言，是至关重要的功能页面。商品详情页面的界面和功能直接影响用户的购买意愿。为此，51 购商城设计并实现了一系列的功能，包括商品概要信息、宝贝详情和评价等功能模块。方便用户消费决策，增加商品销售量。商品详情的界面效果如图 25.16 和图 25.17 所示。

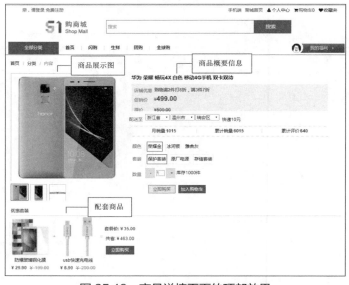

图 25.16　商品详情页面的顶部效果

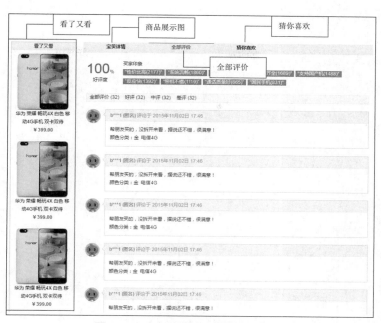

图 25.17　商品详情页面的底部效果

👑 **说明:**
　关于适配移动端的部分，请参考 25.2.6 小节的内容，本节不再讲解。

25.4.2　商品概要功能的实现

　　商品概要功能包含商品的名称、价格和配送地址等信息。用户快速浏览商品概要信息，可以了解商品的销量、可配送地址和库存等内容，方便用户快速决策，节省浏览时间。界面的效果如图 25.18 所示。

图 25.18　商品详情页面的底部效果

具体实现步骤如下：首先使用 <li> 标签，显示价格信息，class 属性值 sys_item_price，表示对价格加粗处理。然后通过 <select> 标签和 <option> 标签，读取配送地址信息。关键代码如下：

```
01  <div class="tb-detail-price">
02      <!-- 价格 -->
03      <li class="price iteminfo_price">
04          <dt> 促销价 </dt>
05          <dd><em>¥</em><b class="sys_item_price">499.00</b></dd>
06      </li>
07      <li class="price iteminfo_mktprice">
08          <dt> 原价 </dt>
09          <dd><em>¥</em><b class="sys_item_mktprice">599.00</b></dd>
10      </li>
11      <div class="clear"></div>
12  </div>
13  <!-- 地址 -->
14  <dl class="iteminfo_parameter freight">
15      <dt> 配送至 </dt>
16      <div class="iteminfo_freprice">
17          <div class="mr-form-content address">
18              <select data-mr-selected>
19                  <option value="a"> 浙江省 </option>
20                  <option value="b"> 吉林省 </option>
21              </select>
22              <select data-mr-selected>
23                  <option value="a"> 温州市 </option>
24                  <option value="b"> 长春市 </option>
25              </select>
26              <select data-mr-selected>
27                  <option value="a"> 瑞安区 </option>
28                  <option value="b"> 南关区 </option>
29              </select>
30          </div>
31          <div class="pay-logis">
32              快递 <b class="sys_item_freprice">10</b> 元
33          </div>
34      </div>
35  </dl>
36  <div class="clear"></div>
```

👑 说明：
商品详情页面的顶部和底部布局，实现方法与主页相同，请自行编码实现。

25.4.3 商品评价功能的实现

用户通过浏览商品评价列表信息，可以了解第三方买家对商品的印象和评价内容等信息。如今的消费者越来越看重评价信息，因此，评价功能的设计和实现十分重要。51 购商城设计了买家印象和买家评价列表两项功能。界面效果如图 25.19 所示。

具体实现步骤如下：

① 编写买家印象的 HTML 布局代码。使用 <dl> 标签和 <dd> 标签，显示买家印象内容，包括性价比高、系统流畅和外观漂亮等内容。关键代码如下：

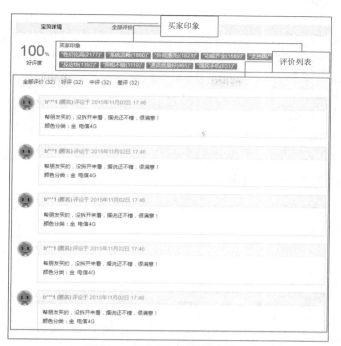

图 25.19　商品评价的页面效果

```
01  <dl>
02      <dt> 买家印象 </dt>
03      <dd class="p-bfc">
04          <q class="comm-tags"><span> 性价比高 </span><em>(2177)</em></q>
05          <q class="comm-tags"><span> 系统流畅 </span><em>(1860)</em></q>
06          <q class="comm-tags"><span> 外观漂亮 (</span><em>(1823)</em></q>
07          <q class="comm-tags"><span> 功能齐全 </span><em>(1689)</em></q>
08          <q class="comm-tags"><span> 支持国产机 </span><em>(1488)</em></q>
09          <q class="comm-tags"><span> 反应快 </span><em>(1392)</em></q>
10          <q class="comm-tags"><span> 照相不错 </span><em>(1119)</em></q>
11          <q class="comm-tags"><span> 通话质量好 </span><em>(865)</em></q>
12          <q class="comm-tags"><span> 国民手机 </span><em>(831)</em></q>
13      </dd>
14  </dl>
```

② 编写评价列表的 HTML 布局代码。首先新建一个 <header> 标签，显示评论者和评论时间。然后新建一个 <div> 标签，增加 class 属性值为 mr-comment-bd，布局评论内容区域。关键代码如下：

```
01  <div class="mr-comment-main">
02      <!-- 评论内容容器 -->
03      <header class="mr-comment-hd">
04          <!--<h3 class="mr-comment-title"> 评论标题 </h3>-->
05          <div class="mr-comment-meta">
06              <!-- 评论数据 -->
07              <a href="#link-to-user" class="mr-comment-author">b***1（匿名）</a>
08              <!-- 评论者 -->
09              评论于
10              <time datetime="">2015 年 11 月 02 日 17:46</time>
11          </div>
12      </header>
13      <div class="mr-comment-bd">
14          <div class="tb-rev-item " data-id="255776406962">
```

```
15          <div class="J_TbcRate_ReviewContent tb-tbcr-content ">
16              帮朋友买的，没拆开来看，据说还不错，很满意!
17          </div>
18          <div class="tb-r-act-bar">
19              颜色分类: 金    电信 4G
20          </div>
21      </div>
22  </div>
23  <!-- 评论内容 -->
24  </div>
```

25.4.4　猜你喜欢功能的实现

猜你喜欢功能为用户推荐最佳相似商品。实现的方式与商品列表页面相似，不仅方便用户立即挑选商品，也增加商品详情页面内容的丰富性，用户体验良好。界面效果如图 25.20 所示。

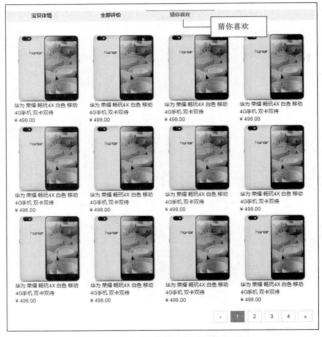

图 25.20　猜你喜欢的页面效果

具体实现步骤如下：

① 编写商品列表区域的 HTML 布局代码。使用 <li> 标签，显示商品概要信息，包括商品缩略图、商品价格和商品名称等内容。关键代码如下：

```
01  <li>
02      <div class="i-pic limit">
03          <img src="images/shopcartImg.jpg" />
04          <p>华为 荣耀 畅玩 4X 白色 移动 4G 手机 双卡双待 </p>
05          <p class="price fl">
06              <b>¥</b>
07              <strong>498.00</strong>
08          </p>
09      </div>
10  </li>
```

② 编写控制动画效果的 JavaScript 代码。用户单击顶部的"宝贝详情""全部评论"或"猜你喜欢"页面节点时，页面会动态显示和隐藏对应的页面节点内容。如单击"猜你喜欢"节点时，会显示"猜你喜欢"页面功能的内容。

因此，新建 goToYoulike() 方法，首先获取对应的页面节点元素，然后设置节点元素的样式属性，当单击"猜你喜欢"页面节点时，触发 goToYoulike() 方法，会显示"猜你喜欢"内容，隐藏其他节点。关键代码如下：

```
01  <script>
02      // 显示猜你喜欢内容区域
03      function goToYoulike(){
04          var info=document.getElementById("info");              // 获取宝贝详情节点
05          var comment=document.getElementById("comment");        // 获取全部评论节点
06          var youLike=document.getElementById("youLike");        // 获取猜你喜欢节点
07          var infoTitle=document.getElementById("infoTitle");
08          var commentTitle=document.getElementById("commentTitle");
09          var youLikeTitle=document.getElementById("youLikeTitle");
10          infoTitle.className="";
11          commentTitle.className="";
12          youLikeTitle.className="mr-active";
13          info.className="mr-tab-panel mr-fade ";                // 隐藏宝贝详情节点
14          comment.className="mr-tab-panel mr-fade ";             // 隐藏全部评价节点
15          youLike.className="mr-tab-panel mr-fade mr-in mr-active";  // 显示猜你喜欢节点
16  </script>
```

👑 说明：

宝贝详情、全部评价和猜你喜欢的动画效果，类似菜单栏的页面切换，由于篇幅的限制，不再详细讲解。具体内容请参考源代码部分。

25.5　购物车页面的设计与实现

购物车页面实现用户将选择的商品归类汇总的功能。下面，将从购物车页面的设计和购物车页面的实现进行详细讲解。

25.5.1　购物车页面的设计

电商网站都具有购物车的功能。用户一般先将自己挑选好的商品放到购物车中，然后统一付款，交易结束。购物车的界面要求包含订单商品的型号、数量和价格等信息内容，方便用户统一确认购买。购物车的界面效果如图 25.21 所示。

图 25.21　购物车的界面效果

25.5.2 购物车页面的实现

购物车页面的顶部和底部布局请参考 25.2.2 小节的内容，实现方法相同。重点讲解购物车页面中商品订单信息的布局技巧。界面效果如图 25.22 所示。

图 25.22 商品订单明细的界面效果

具体实现步骤如下：

① 编写商品类型和价格信息的 HTML 代码。使用 <li> 标签，显示商品类型信息，如颜色和包装等内容。新建 <div> 标签，读取商品价格信息。关键代码如下：

```
01  <!-- 商品类型 -->
02  <li class="td td-info">
03      <div class="item-props item-props-can">
04          <span class="sku-line"> 颜色: 白色 </span>
05          <span class="sku-line"> 包装: 裸装 </span>
06          <span tabindex="0" class="btn-edit-sku theme-login"> 修改 </span>
07          <i class="theme-login mr-icon-sort-desc"></i>
08      </div>
09  </li>
10  <!-- 价格信息 -->
11  <li class="td td-price">
12      <div class="item-price price-promo-promo">
13          <div class="price-content">
14              <div class="price-line">
15                  <em class="price-original">499.00</em>
16              </div>
17              <div class="price-line">
18                  <em class="J_Price price-now" tabindex="0">399.00</em>
19              </div>
20          </div>
21      </div>
22  </li>
```

② 实现增减商品数量的 HTML 代码。使用 3 个 <input> 标签，显示数量增减的表单按钮，value 属性值分别为 – 和 + 。关键代码如下：

```
01  <li class="td td-amount">
02      <div class="amount-wrapper ">
03          <div class="item-amount ">
04              <div class="sl">
05                  <input class="min mr-btn" name="" type="button" value="-" />
06                  <input class="text_box" name="" type="text"
07                          value="1" style="width:30px;" />
08                  <input class="add mr-btn" name="" type="button" value="+" />
09              </div>
10          </div>
11      </div>
12  </li>
```

25.6 付款页面的设计与实现

付款页面实现用户编辑收货地址、选择物流公司等功能。下面将从付款页面的设计和付款页面的实现分别进行讲解。

25.6.1 付款页面的设计

用户在购物车页面单击结算按钮后，进入付款页面。付款页面包括收货人姓名、手机号、收货地址、物流方式和支付方式等内容。用户需要再次确认上述内容后，单击提交按钮，完成交易。付款页面的界面效果如图 25.23 所示。

图 25.23　付款页面效果（PC 端和移动端）

25.6.2　付款页面的实现

付款页面的顶部和底部布局请参考 25.2.2 小节的内容，实现方法相同。重点讲解付款页面中用户收货地址、物流方式和支付方式的布局技巧。界面效果如图 25.24 所示。

图 25.24　付款功能的界面效果

具体实现步骤如下：

① 编写收货地址的 HTML 代码。使用 <li> 标签，显示用户收货相关信息，包括用户的收货地址、用户的手机号码和用户姓名等内容。关键代码如下：

```
01  <li class="user-addresslist">
02      <div class="address-left">
03          <div class="user DefaultAddr">
04              <span class="buy-address-detail">
05                  <span class="buy-user"> 李丹 </span>
06              <span class="buy-phone">15871145629</span>
07              </span>
08          </div>
09          <div class="default-address DefaultAddr">
10              <span class="buy-line-title buy-line-title-type"> 收货地址： </span>
```

第
4
篇　项目开发篇

```
11                              <span class="buy--address-detail">
12                                  <span class="province">吉林 </span>省
13                                  <span class="city">吉林 </span>市
14                                  <span class="dist">船营 </span>区
15                          <span class="street">东湖路 号众环大厦 2 栋 9 层 902</span>
16                          </span>
17                      </span>
18              </div>
19              <ins class="deftip hidden">默认地址 </ins>
20          </div>
21          <div class="address-right">
22              <span class="mr-icon-angle-right mr-icon-lg"></span>
23          </div>
24          <div class="clear"></div>
25          <div class="new-addr-btn">
26              <a href="#">设为默认 </a>
27              <span class="new-addr-bar">|</span>
28              <a href="#">编辑 </a>
29              <span class="new-addr-bar">|</span>
30              <a href="javascript:void(0);" onclick="delClick(this);">删除 </a>
31          </div>
32  </li>
```

② 编写物流信息的 HTML 代码。使用 <ul> 和 <li> 标签，显示物流公司的 LOGO 和名称，关键代码如下：

```
01  <div class="logistics">
02      <h3>选择物流方式 </h3>
03      <ul class="op_express_delivery_hot">
04          <li data-value="yuantong" class="OP_LOG_BTN   ">
05              <i class="c-gap-right"
06                  style="background-position:0px -468px"></i>圆通 <span></span>
07          </li>
08          <li data-value="shentong" class="OP_LOG_BTN   ">
09              <i class="c-gap-right"
10                  style="background-position:0px -1008px"></i>申通 <span></span>
11          </li>
12          <li data-value="yunda" class="OP_LOG_BTN   ">
13              <i class="c-gap-right" s
14                  tyle="background-position:0px -576px"></i>韵达 <span></span>
15          </li>
16      </ul>
17  </div>
```

③ 编写支付方式的 HTML 代码。使用 <ul> 和 <li> 标签，显示支付方式的 LOGO 和名称，关键代码如下：

```
01  <div class="logistics">
02      <h3>选择支付方式 </h3>
03      <ul class="pay-list">
04          <li class="pay card"><img src="images/wangyin.jpg"/>银联 <span></span></li>
05          <li class="pay qq"><img src="images/weizhifu.jpg"/>微信 <span></span></li>
06          <li class="pay taobao"><img src="images/zhifubao.jpg"/>支付宝 <span></span></li>
07      </ul>
08  </div>
```

25.7 登录注册页面的设计与实现

登录和注册功能是电商网站最常用的功能。下面将从登录注册页面的设计、登录页面的实现和注册页面的实现分别进行讲解。

25.7.1　登录注册页面的设计

登录和注册页面是通用的功能页面。51 购商城在设计登录和注册页面时，考虑 PC 端和移动端的适配兼容，同时使用简单的 JavaScript 方法，验证邮箱和数字的格式。登录注册的页面效果分别如图 25.25（PC 端登录页面）、图 25.26（PC 端注册页面）和图 25.27（手机端注册登录页面）所示。

图 25.25　PC 端登录页面效果

图 25.26　PC 端注册页面效果

图 25.27　手机端的登录和注册界面效果

25.7.2 登录页面的实现

登录页面由 <form> 标签组成的表单和 JavaScript 验证技术实现的非空验证组成。关于登录页面顶部和底部布局的实现，请参考 25.2.2 小节的内容。登录页面效果如图 25.28 所示。

图 25.28　登录页面效果

具体实现步骤如下：

① 编写登录页面的 HTML 代码。首先使用 <form> 标签，显示用户名和密码的表单信息。然后通过 <input> 标签，设置一个登录按钮，提交用户名和密码信息。关键代码如下：

```
01  <div class="login-form">
02      <form>
03          <div class="user-name">
04              <label for="user"><i class="mr-icon-user"></i></label>
05              <input type="text" name="" id="user" placeholder=" 邮箱 / 手机 / 用户名 ">
06          </div>
07          <div class="user-pass">
08              <label for="password"><i class="mr-icon-lock"></i></label>
09              <input type="password" name="" id="password" placeholder=" 请输入密码 ">
10          </div>
11      </form>
12  </div>
13  <div class="login-links">
14      <label for="remember-me"><input id="remember-me" type="checkbox"> 记住密码
15      </label>
16      <a href="register.html" class="mr-fr"> 注册 </a>
17      <br/>
18  </div>
19  <div class="mr-cf">
20      <input type="submit" name="" value=" 登 录 " onclick="login()"
21              class="mr-btn mr-btn-primary mr-btn-sm">
22  </div>
```

② 编写验证提交信息的 JavaScript 代码。首先新建 login() 方法，用于验证表单信息。然后分别获取用户名和密码的页面节点信息，最后根据 value 的属性值条件判断，弹出提示信息，代码如下：

```
01  <script>
02      function login(){
03          var user=document.getElementById("user");          // 获取账户信息
04          var password=document.getElementById("password");    // 获取密码信息
05          if(user.value!=='mr' || password.value!=='mrsoft' ){
```

```
06              alert(' 您输入的账户或密码错误! ');
07          }else{
08              alert(' 登录成功! ');
09          }
10      }
11  </script>
```

👑 说明:

默认正确账户名为mr，密码为mrsoft。若输入错误，则提示"您输入的账户或密码错误"，否则提示"登录成功"。

25.7.3 注册页面的实现

注册页面的实现过程与登录页面相似，在验证表单信息的部分稍复杂些，需要验证邮箱格式是否正确，验证手机格式是否正确等。注册页面效果如图25.29所示。

图 25.29　登录页面效果

具体实现步骤如下:

① 编写登录页面的 HTML 代码。首先使用 <form> 标签，显示用户名和密码的表单信息。然后通过 <input> 标签，设置一个注册按钮，提交用户名和密码信息。关键代码如下:

```
01  <form method="post">
02      <div class="user-email">
03          <label for="email"><i class="mr-icon-envelope-o"></i></label>
04          <input type="email" name="" id="email" placeholder=" 请输入邮箱账号 ">
05      </div>
06      <div class="user-pass">
07          <label for="password"><i class="mr-icon-lock"></i></label>
08          <input type="password" name="" id="password" placeholder=" 设置密码 ">
09      </div>
10      <div class="user-pass">
11          <label for="passwordRepeat"><i class="mr-icon-lock"></i></label>
12          <input type="password" name="" id="passwordRepeat" placeholder=" 确认密码 ">
13      </div>
14  </form>
```

② 编写验证提交信息的 JavaScript 代码。首先新建 mr_verify () 方法，用于验证表单信息。然后分别获取邮箱、密码、确认密码和手机号码的页面节点信息，最后根据 value 的属性值条件判断，弹出提示信息，代码如下:

```
01  <script>
02      function mr_verify(){
```

```
03              // 获取表单对象
04              var email=document.getElementById("email");
05              var password=document.getElementById("password");
06              var passwordRepeat=document.getElementById("passwordRepeat");
07              var tel=document.getElementById("tel");
08              // 验证项目是否为空
09              if(email.value==='' || email.value===null){
10                  alert(" 邮箱不能为空! ");
11                  return;
12              }
13              if(password.value==='' || password.value===null){
14                  alert(" 密码不能为空! ");
15                  return;
16              }
17              if(passwordRepeat.value==='' || passwordRepeat.value===null){
18                  alert(" 确认密码不能为空! ");
19                  return;
20              }
21              if(tel.value==='' || tel.value===null){
22                  alert(" 手机号码不能为空! ");
23                  return;
24              }
25              if(password.value!==passwordRepeat.value ){
26                  alert(" 密码设置前后不一致! ");
27                  return;
28              }
29              // 验证邮件格式
30              apos = email.value.indexOf("@")
31              dotpos = email.value.lastIndexOf(".")
32              if (apos < 1 || dotpos - apos < 2) {
33                  alert(" 邮箱格式错误! ");
34                  return;
35              }
36              // 验证手机号格式
37              if(isNaN(tel.value)){
38                  alert(" 手机号请输入数字! ");
39                  return;
40              }
41              if(tel.value.length!==11){
42                  alert(" 手机号是 11 个数字! ");
43                  return;
44              }
45              alert(' 注册成功! ');
46          }
47  </script>
```

👑 说明:

　　JavaScript 验证手机号格式是否正确的原理，是通过 isNaN() 方法验证数字格式，通过 length 属性值验证数字长度是否等于 11。

本章知识思维导图

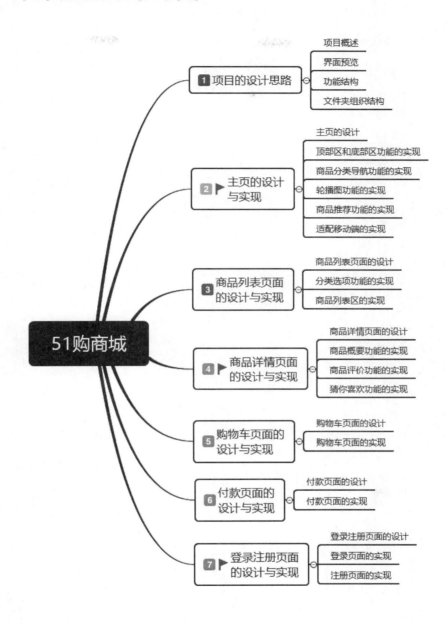